열여섯 번째 MATH LETTER 모음집을 발간하며...

유난히도 추웠던 이번 겨울이 지나고 따뜻한 봄이 다가오고 있습니다. 봄이 다가오는 만큼 저희 수학문제연구회에도 설렘이 가득 차고 있는데요, 그 이유는 2018년 올해가 수학문제연구회 창립 30주년이 되는 해이기 때문입니다. 올해로써 창립 30주년을 맞이한다고 하니 감회가 새롭지 않을 수 없습니다. 여러 사람들의 노력과 관심이 있었기에 저희 수학문제연구회가 지금까지 많은 사랑을 받을 수 있었다고 생각합니다.

올해 수학문제연구회가 30주년을 맞이함과 동시에 열여섯 번째 MATH LETTER 모음집을 발간하게 되었습니다. MATH LETTER 모음집 한 권을 발간하기 위해 여러 동아리원들이 머리를 맞대며 고민하고 끝없는 노력을 했을 모습을 상상하니 옛날 생각이 많이 나고 무척이나 감사하고 또 감사할 따름입니다. 수학을 좋아하는 사람들이 모여 수학에 대한 열정 하나만을 가지고 이와 같은 좋은 결과물을 내기까지 고생하는 모습이 참으로 아름답다는 생각이 듭니다.

MATH LETTER를 발간하는 데에는 많은 분들의 도움이 있었기에 가능할 수 있었다고 생각합니다. 먼저 저희 동아리를 아껴주시고 많은 도움을 주신 지도교수님께 감사의 말씀을 드립니다. 그리고 동아리가 지금의 자리에 오기까지 주춧돌 역할을 해주신 선배님들과 MATH LETTER를 만드는 데 온 힘을 다하고 있을 후배님들, 그리고 모음집 발간에 물심양면으로 도와주신 셈틀로미디어 출판사측에 감사의 말씀을 드립니다. 끝으로 MATH LETTER를 사랑해주시는 독자 여러분들께 진심으로 감사하다는 말씀을 드리며 앞으로 더욱더 발전해나가는 수학문제연구회가 되도록 노력하겠습니다.

수학문제연구회 2010년도 회장 심기성

Contents

통권 180 호

알아봅시다	Metric Space와 Normed Linear Space	1
알아봅시다	Burnside's Lemma	5
알아봅시다	정수 원소 skew symmetric 행렬의 행렬식	15
알아봅시다	수열의 무작위성과 분포	18
올림피아드	2007 제1회 전국 대학생 공학수학 경시대회	24
올림피아드	2007 한국 수학올림피아드 2차시험 중등부 풀이	27
프로포절	Proposals Solutions	32

통권 181 호

알아봅시다	단일기간 이항 나무 방법으로 본 배추의 가격	37
알아봅시다	Convex Functions	40
알아봅시다	Logistic differential equation	44
알아봅시다	란체스터의 전략(Lanchester's strategy)	50
올림피아드	2007 미국 수학올림피아드	54
올림피아드	2007 한국 수학올림피아드 2차시험 고등부 풀이	55
올림피아드	2006 캐나다 수학올림피아드 풀이	65
프로포절	Proposals Solutions	70

통권 182 호

알아봅시다	수학적 게임	73
알아봅시다	이항 나무 방법으로 본 배추의 가격 (2)	76
알아봅시다	Theme Talk – 수학과 논리 (1)	80
올림피아드	2007 제 26회 전국 대학생 수학 경시대회	86
올림피아드	2007 중미 수학올림피아드	88
올림피아드	2007 제 1회 전국 대학생 공학수학 경시대회 풀이	90
올림피아드	2007 미국 수학올림피아드 풀이	99
프로포절	Proposals Solutions	104

통권 183 호

알아봅시다	적분가능성	109
알아봅시다	Theme Talk – 수학과 논리 (2)	115
올림피아드	2007 북유럽 수학올림피아드	122
올림피아드	2007 일본 수학올림피아드	123
올림피아드	2006 폴란드 수학올림피아드 2차시험 풀이	124
올림피아드	2006 페루 수학올림피아드 최종선발전 풀이	130
올림피아드	2007 제 26회 전국 대학생 수학 경시대회 풀이 (1)	135
올림피아드	2007 중미 수학올림피아드 풀이	137

| 프로포절 | Proposals Solutions | 143 |

통권 184 호

알아봅시다	A Prime Representing Sequence	145
알아봅시다	합동식 탐구	148
알아봅시다	직관논리	153
올림피아드	2007 제 26회 전국 대학생 수학 경시대회 풀이 (2)	159
올림피아드	2007 북유럽 수학올림피아드 풀이	165
올림피아드	2007 일본 수학올림피아드 풀이	169
올림피아드	2008 캐나다 수학올림피아드	174
프로포절	Proposals Solutions	175

통권 185 호

알아봅시다	Double bubble problem	181
알아봅시다	Tarski's Infinity	186
알아봅시다	도형의 무게중심(Geometric Centroid)	191
알아봅시다	Propositional Logic—Compactness Theorem	197
올림피아드	2008 제 22회 한국수학올림피아드 1차시험 (중등부)	203
올림피아드	2008 제 22회 한국수학올림피아드 1차시험 (고등부)	206

올림피아드	2008 캐나다 수학올림피아드 풀이	210
프로포절	Proposals Solutions	214

통권 186 호

알아봅시다	Erdös-Szekeres 정리와 순열 개수 세기	217
알아봅시다	세 방향의 상이 같은 입체와 그 상 사이의 관계	224
올림피아드	2008 제 22회 한국수학올림피아드 2차시험 (중등부)	230
올림피아드	2008 제 22회 한국수학올림피아드 1차시험 (중등부) 풀이	232
프로포절	Proposals Solutions	248

통권 187 호

알아봅시다	Evaluation of contour Integral	253
알아봅시다	Quartic Equation: Ferrari 해법 정리	260
올림피아드	2008 제 22회 한국수학올림피아드 2차시험 (고등부)	266
올림피아드	2008 제 22회 한국수학올림피아드 1차시험 (고등부) 풀이	268
프로포절	Proposals Solutions	286

통권 188 호

축하의글	수학문제연구회의 지난 20년과 향후 10년	289
축하의글	수문연의 20주년을 맞이하여	290
알아봅시다	Optional Skipping Theorem	292
알아봅시다	암호의 역사	295
올림피아드	2008 발칸 수학올림피아드	302
올림피아드	2008 주니어발칸 수학올림피아드	303
올림피아드	2008 제 22회 한국수학올림피아드 2차시험 (중등부) 풀이	304
프로포절	Proposals Solutions	313
영재교육	KAIST Math Problems of the Week	316

통권 189 호

알아봅시다	미분에 대한 직관적 이해	325
알아봅시다	Borel set	329
알아봅시다	Binary quadratic form	331
올림피아드	2008 제 27회 전국 대학생 수학 경시대회	340
올림피아드	2008 제 2회 전국 대학생 공학수학 경시대회	342
올림피아드	2008 제 22회 한국수학올림피아드 2차시험 (고등부) 풀이	344
프로포절	Proposals Solutions	354
영재교육	KAIST Math Problems of the Week	356

Metric Space와 Normed Linear Space

KAIST 수리과학과 이준경

"대전에서 부산까지 거리가 얼마나 되나요?"

"학교에서 가려면 어떤 방향으로 가야 하죠?"

거리와 방향 : 우리가 사는 공간에서 어떤 위치를 주변을 이용해 설명할 때 흔히 이용하는 개념이다. 그렇다면, 수학적인 공간에서는 이 개념들을 어떻게 표현하고 있을까?

1. Metric Space : 거리가 정의된 공간

수학적인 '거리' 즉 metric은 다음과 같이 정의된다.

정의

함수 $d: X \times X \to \mathbb{R}$이 다음 조건들을 만족하면 metric이라 한다.
(i) 모든 $x, y \in X$에 대해 $d(x, y) \geq 0$
(ii) $d(x, y) = 0$일 필요충분조건은 $x = y$이다.
(iii) 모든 $x, y \in X$에 대해 $d(x, y) = d(y, x)$
(iv) (삼각부등식) 모든 $x, y, z \in X$에 대해 $d(x, y) + d(y, z) \geq d(x, z)$
그리고 어떤 $\varepsilon > 0$과 $x \in X$에 대해 $B_\varepsilon(x) = \{y \in X | d(x, y) < \varepsilon\}$으로 정의하고, $\{B_\varepsilon(x) | \varepsilon > 0, x \in X\}$를 basis로 가지는 topology를 X에 주었을 때, X를 metric space, 즉 **거리공간**이라고 한다.

지극히 자연스럽다. 어떤 두 점 사이의 '거리'가 정의되는 공간이 바로 metric space인 것이다. 하지만, 이러한 metric space 조차도 우리의 직관에서 적잖이 벗어남을 잠시 후에 확인할 수 있을 것이다.

2. Normed Linear Space : 거리와 방향이 있는 공간

이제 '거리'와 '방향'이 모두 존재하는 공간인 Normed Linear Space에 대해 알아보자.

정의

어떤 real(or complex) vector space V에 대해 함수 $||\cdot|| : V \to \mathbb{R}$이 다음의 조건을 만족하면 이 함수를 norm이라 하고, V를 Normed Linear Space라 한다.
(i) 모든 $x \in V$에 대해 $||x|| \geq 0$
(ii) $||x|| = 0$일 필요충분조건은 $x = 0$
(iii) 모든 $x \in V, \lambda \in \mathbb{R}(\text{or } \mathbb{C})$에 대해 $||\lambda x|| = |\lambda|||x||$
(iv) (삼각부등식) 모든 $x, y \in V$에 대해 $||x|| + ||y|| \geq ||x + y||$

눈치가 빠른 독자라면 위 두 정의의 (i), (ii), (iii), (iv)가 각각 대응관계라는 것을 알아챘을 것이다. 즉 $d(x, y) = ||x - y||$라고 생각하면, V 위에서의 metric이 자연스럽게 정의된다. 이 metric으로 V에도 topology를 줄 수 있으며, 이를 norm topology on V라고 일컫는다.

그런데 도대체 '방향'은 어떻게 정의되어 있는 것일까? 두번째 정의의 (iii)을 유심히 살펴보자. 어떤 $x \in V$에 대해 εx의 뜻을 잘 생각하면, '벡터 x'의 방향으로 ε만큼 간다'하는 것을 알 수 있을 것이다. 이에 비해 첫번째 정의의 (iii)은 방향에 대한 어떤 내용도 포함하고 있지 않다.

3. Metric Space와 Normed Linear Space의 차이

여기까지 알아본 Metric Space와 Normed Linear Space의 차이 : 한마디로 '방향'은 어떤 결과를 가져오는 것일까? 다음의 정리를 통해 그 차이를 확인해 보도록 하자.

정리

모든 complete normed linear space V에서 공집합이 아닌 closed ball들의 나열인 $\{\overline{B_{\delta_n}(x_n)}\}_{n=1}^{\infty}$이 모든 $i = 1, 2, \ldots$에 대해 $\overline{B_{\delta_i}(x_i)} \supset \overline{B_{\delta_{i+1}}x_{i+1}}$과 $\delta_i > \delta_{i+1} > \cdots > 0$을 만족할 때 $B = \cap_{n=1}^{\infty} \overline{B_{\delta_n}(x_n)}$은 공집합이 아닙니다. 하지만, normed linear space를 metric space로 바꾸면 성립하지 않는다.

증명 각 closed ball들의 중심들의 수열인 $\{x_n\}_{n=1}^{\infty}$이 cauchy sequence임을 보이면 충분하다.(V가 complete이므로 $x_n \to x$인 $x \in V$가 존재하고, B는 closed set이고 각각의 $x_n \in B$이므로 $x \in B$이다.)$\{\delta_n\}_{n=1}^{\infty}$은 감소하는 양의 실수로 된 수열이므로, $\lim_{n\to\infty} \delta_n - \delta_{n+1} = 0$임을 상기하자.

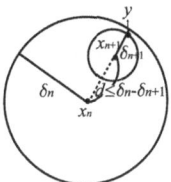

이제 그림과 같이 생각하여 $\|x_n - x_{n+1}\| \leq \delta_n - \delta_{n+1}$임을 보일 것이다. 주어진 x_n, x_{n+1}에 대해 다음과 같이 $y \in X$를 잡자.

$$y = \left(1 + \frac{\delta_{n+1}}{\|x_n - x_{n+1}\|}\right)(x_{n+1} - x_n) + x_n$$

매우 복잡해 보이지만, 'x_n에서 x_{n+1}로 가는 방향으로 x_{n+1}에서 시작해 $\overline{B_{\delta_{n+1}}(x_{n+1})}$안에서 최대한 간 곳' 이 곧 y가 되는 것이다. 여기서 $\|x_{n+1} - y\| = \delta_{n+1}$이므로, $y \in \overline{B_{\delta_{n+1}}(x_{n+1})}$임을 확인할 수 있다. 또한 $B_{\delta_{n+1}}(x_{n+1}) \subset B_{\delta_n}(x_n)$이므로 $y \in \overline{B_{\delta_n}(x_n)}$도 성립한다. □

이제 $\|x_n - y\|$를 계산해보자.

$$\|x_n - y\| = \left|1 + \frac{\delta_{n+1}}{\|x_n - x_{n+1}\|}\right| \|x_n - x_{n+1}\| = \|x_n - x_{n+1}\| + \delta_{n+1}$$

그러므로 $\|x_n - x_{n+1}\| = \|x_n - y\| - \delta_{n+1}$이 성립하고, $\|x_n - y\| \leq \delta_n$이므로 $\|x_n - x_{n+1}\| \leq \delta_n - \delta_{n+1}$이다. 이를 이용하여 $\lim_{n\to\infty} \delta_n = \delta$로 두면, 임의의 $n, m (n < m)$에 대해 $\|x_n - x_m\| \leq \delta_n - \delta_m < \delta_n - \delta$가 성립하므로 $\{x_n\}_{n=1}^{\infty}$이 cauchy sequence임을 확인할 수 있다.(자세한 과정은 독자들이 채워보기 바란다.)

이로써 normed linear space V에 대한 증명이 끝났다. 이제 metric spaec에서는 이 명제가 참이 아닐 수 있음을 반례를 통해 알아보자.

자연수의 집합 $\mathbb{N}$에 대해 다음과 같이 metric d를 정의하자.

$$d(x, y) = \begin{cases} 0 & \text{if } x = y \\ 1 + \dfrac{1}{\max(x, y)} & \text{othcwise} \end{cases}$$

d가 metric임을 확인하는 과정 역시 독자들에게 맡기겠다. 이제 이 metric space에서 $x_n = n$이라 하고, $\delta_n = 1 + \frac{1}{n+1}$로 놓자. 그러면

$$\overline{\frac{1}{B_{\delta_n}(x_n)}} = \left\{ k \in \mathbb{I} | d(n,k) \leq 1 + \frac{1}{n+1} \right\} = \{n+1, n+2, \dots, \}$$

가 됨을 알 수 있다. 당연히 모든 n에 대해 $\overline{B_{\delta_n}(x_n)} \supset \overline{B_{\delta_{n+1}}(x_{n+1})}$이 성립하므로, normed linear space에서 말했던 조건들이 모두 만족된다. 하지만,

$$\cap_{n=1}^{\infty} \{n+1, n+2, \dots\} = \phi$$

이므로 $\cap_{n=1}^{\infty} \overline{B_{delta_n}(x_n)}$이 공집합이 된다.

위 정리에서 normed linear space와 metric space의 차이점을 볼 수 있겠는가? 정리하자면, normed linear space에서는 '특정 방향으로' 원하는 만큼 가서 멈출 수 있었지만, metric space에서는 그러한 것이 불가능하기 때문에 이러한 반례가 나와버린 것이다.

이제 독자들이 다음의 정리를 normed linear space의 특징인 '방향성'을 이용하여 직접 해결해 보길 바라면서 이 원고를 마친다.

정리

임의의 normed linear space V에서 unit ball, 즉 $\{x \in V | \|x + \| < 1\}$은 connected다.

참고문헌

Bollobas, <Limear Analysis>, Cambridge University Press.

Burnside's Lemma

KAIST 07학번 이병찬

1. 서론

가령 우리가 세 종류(빨간색(R), 흰색(W), 파란색(B))의 장갑을 가지고 있다고 하자. 왼쪽 장갑과 오른쪽 장갑을 각각 임의로 고른다고 하자. 몇가지 경우가 발생하는가? 분명히 왼쪽 장갑에서 3가지 경우, 오른쪽 장갑에서 3가지 경우가 발생하고, 각각의 경우는 독립이므로 전체의 경우의 수는 $3^2 = 9$가 된다. 이걸 나열해보면

$$RR, RW, RB, WR, WW, WB, BR, BW, BB$$

가 된다. 자 이제 장갑이 아니라 양말을 생각해 보자. 양말에는 일반적으로 좌우의 구분이 없으므로 앞서서 셈을 할 때와는 다른 방법을 이용해야 한다. 즉, RW와 WR은 같은 경우이고, WB와 BW도 같은 경우, RB와 BR도 같은 경우가 된다. RR, WW, BB는 그대로 유지되므로 총 경우의 수는 6가지가 된다. 이걸 다시 생각해보면, 좌우의 바꿈을 고려한 후의 경우의 수를 N, 좌우의 바꿈을 고려하지 않은 경우를 T, 대칭적인 경우(즉 좌우를 같게 뽑은 경우)를 C라고 하면

$$N = \frac{1}{2}(T - C) + C$$
$$= \frac{1}{2}(T + C)$$

가 성립함을 알 수 있다. 이 경우에서는 $T = 9, C = 3, N = 6$의 경우가 되어 주어진 식을 만족한다. 이러한 논의는 더 일반적인 경우를 생각할 수 있어서 어떠한 대상을 세는 과정에서 회전이나 대칭을 고려해 주어야 할 때 그 회전이나 대칭 등에 대해서 불변인(invariant) 대상들을 이용하면 쉽고 빠르게 셀 수 있다. 그것을 가능하게 해 주는 대수학적인 정리가 바로 Burnside's Lemma이다.

2. Burnside's Lemma

Burnside's Lemma를 본격적으로 소개하기에 앞서 대수학에 익숙하지 않은 독자들을 위해서 몇가지 정의들을 언급하고자 한다. 현대대수학1을 수강한 독자들은 넘어가도 좋다.

정의

유한집합 A가 주어졌을 때 A에서 A로 가는 어떤함수 Φ가 전단사이면(1-1이고 공역=치역)이면 이 함수를 집합 A에 대한 **순열(permutation of a set A)**라고 한다. 흔히 집합 $A = 1, 2, \ldots, n$와 그 집합에 대한 순열 Φ가 주어졌을 때, $\Phi = (1\Phi 2\Phi \cdots n\Phi)$으로 표기한다.

예제

원소가 3개인 집합 $A = \{1, 2, 3\}$에 대한 순열은 6개((123), (132), (213), (231), (312), (321))가 있다. 일반적으로 원소가 n개인 집합에 대한 순열은 $n!$개 존재한다.

정의

공집합이 아닌 어떤 집합 G 위에서 정의된 이항 연산 $*$이 다음 공리(axiom)
1. G의 모든 원소 a, b, c에 대해 $(a*b)*c = a*(b*c)$이 성립한다.(결합법칙, associativity)
2. G의 원소 e가 존재해서, 모든 $x \in G$에 대해 $e*x = x*e = x$가 성립한다.(항등원, identity element)
3. 역원의 존재 : 각각의 원소 $a \in G$에 대해, G의 원소 a'가 존재해서 $a*a' = a'*a = e$가 성립한다.(역원, inverse)
를 만족하면 이 집합을 군$<G, *>$이라 한다.

예제

$<\mathbb{Z}, +>, <\mathbb{Z}_p, +>$는 군이지만 $<\mathbb{Z}^+, +>$는 군이 아니다. 그리고 수들만 군을 이루는 것은 아니어서 다항식 집합 $<\mathbb{Z}[x], +>$나 순열들의 집합 $<\{(1,2,3), (2,3,1), (3,1,2)\}, \cdot>$ 또한 군을 이룬다.

> 정의

어떤 군 G가 있고 그 군의 부분집합 H가 원래집합의 연산에 의한 군이 될 경우에 H를 G에 대한 **부분군**이라고 한다.

> 예제

모든 군 G는 부분군 e를 갖는다.(단 e는 항등원) 또 $G=<Z4,+>$는 군이고 이것의 부분집합인 $H=<\{0,2\},+>$ 또한 군이 되므로 H는 G의 부분군이다.

> 정의

G가 군이고, H가 그 부분군이며, g가 G의 원소일 때, $gH=\{gh|h\in H\}$를 H의 **좌잉여류(Left Coset)**라 하고, $Hg=\{hg|h\in H\}$를 H의 **우잉여류(Right Coset)**라 한다.

> 정의

G가 군이고, H가 그 부분군일 때, H의 좌잉여류의 개수를 **지표(Index)**라고 하고 $(G:H)$로 표기한다. 만일 G가 유한군인 경우에는 $(G:H) = |G|/|H|$가 된다.(모든 H의 잉여류는 $|H|$개의 원소를 갖기 때문)

> 예제

$G =< Z4,+ >$와 그 부분군 $H =< \{0,2\},+ >$가 있을 때, H의 좌잉여류는

$$0 + H = \{0,2\} = H$$
$$1 + H = \{1,3\}$$
$$2 + H = \{2,0\} = H$$
$$3 + H = \{3,1\}$$

이 되어서 $(G:H) = 2$가 된다.

정의

G는 군이고 X는 어떤 집합이라고 하자. 대응(map) $* : X \times G \to X$가 다음 두 조건
1. 군 G의 항등원을 e라고 하면 모든 $x \in X$에 대해서 $xe = x$.
2. 모든 $g1, g2 \in G$와 X의 원소가 $x \in X$에 대해서 $x(g1g2) = (xg1)g2$.
을 만족할때 이 대응을 G의 X에 대한 작용(Action)이라고 하고 X를 G-집합이라 한다.

예제

모든 군 G 자신은 G-집합이다. 또한 군 G의 어떤 부분군(subgroup)을 H라고 하면 G는 H-집합이다.

정의

어떤 군 G가 X에 작용한다고 하자. $x \in X$에 대한 궤도(Orbit)는 G의 원소들에 의해 x가 움직여질 수 있는 원소들의 집합이다. 즉, $xG = \{gx | g \in G\}$를 x에 대한 **궤도**라고 한다.

궤도를 이렇게 정의하면 $x, y \in X$일 때, $xG = yG$인 것과 $xg = y$를 만족시키는 $g \in G$가 존재하는 것은 필요충분 조건이 되어 궤도에 속하는 것은 동치관계(Equivalence Relaton)가 되고, 궤도들은 집합 X를 분할(Partition)한다.

> **예제**
>
> $X = \{1, 2, 3, 4\}, G = \{(1234), (2134), (1243), (2143)\}$라고 하면 G는 군이 되고 X는 $G-$집합이 된다. 그리고 $1G = 2G = 1, 2, 3G = 4G = 3, 4$가 되어서 이 두 궤도들은 집합 X를 분할한다.

> **정의**
>
> G는 군이고 X는 $G-$집합이라 하자. $x \in X, g \in G$라고 할 때 $Gx = \{g \in G | xg = x\}$는 부분군을 이루고 이것을 x에 관한 **부동군(Isotropy Subgroup, Stabilizer Subgroup)**이라고 부른다.

정리 (Orbit-Stabilizer Theorem)

G는 유한군이고 X는 유한개의 원소를 가진 $G-$집합이라고 하자. $x \in X$라고 할 때 $|xG| = (G : Gx)$이다. (단 $-A-$는 집합 A의 원소의 개수)

증명 증명은 xG에서 Gx의 우잉여류로 보내는 $1-1$ Mapping을 찾는 것으로 충분하다. 이 증명은 독자에게 맡긴다.[1] □

자 이제 우리가 증명하고자 하는 정리를 소개하는데 필요한 모든 도구들을 갖추었다. 이제 Burnside 's Lemma를 소개한다.

---

[1] John B, Fraleigh, A First Course in Abstract Algebra, Addison Wesley, p. 155, Theorem 16.3

정리 (Burnside 's Lemma)

G를 유한군이라고 하고 X는 유한개의 원소를 가진 G-집합이라고 하자. N을 G에 의한 X에 있는 궤도의 개수라고 하면

$$N = \frac{1}{|G|} \sum_{g \in G} |X_g|$$

가 성립한다.(단, $Xg = \{x \in X | xg = x\}$이다.)

증명 M을 $xg = x$를 만족하는 모든 순서쌍 (x, g)의 개수라고 하자. 각각의 $g \in G$에 대해서, $|Xg|$개 만큼의 순서쌍들이 두번째 항으로 g를 갖는다. 따라서,

$$M = \sum_{g \in G} |X_g|$$

이다. 마찬가지로, 각각의 $x \in X$에 대해서, $|Gx|$개 만큼의 순서쌍들이 첫번째항으로 x를 갖는다. 따라서,

$$M = \sum_{x \in X} |G_x|$$

이다. 앞서 소개한 정리에 의해서 $|xG| = (G : Gx)$인데 지표의 성질에 의해서 $(G : Gx) = |G|/|Gx|$가 성립한다. 따라서 $|xG| = |G|/|Gx|$이고 이것에 의해서

$$M = \sum_{x \in x} \frac{|G|}{|xG|} = |G| \sum_{x \in X} \frac{1}{|xG|}$$

이다. 그런데 궤도들은 집합 X를 분할하고, 각각의 궤도 O에 대해서

$$\sum_{x \in O} \frac{1}{|xG|} = 1$$

이 되므로

$$M = |G| \sum_{x \in X} \frac{1}{|xG|} = |G| \cdot N$$

가 된다.(단, N은 G에 의한 X에 있는 궤도의 개수)

그런데 $M = \sum_{g \in G} |X_g|$이므로

$$N = \frac{1}{|G|} \sum_{g \in G} |X_g|$$

가 성립한다. □

이 정리 자체는 매우 대수적인 정리여서 이 글을 읽고 있는 독자들은 어째서 이걸로 대칭이나 회전을 고려해서 대상을 셀 수 있는지 궁금해 할 것으로 생각된다. 몇마디 부연설명을 하면, X를 대칭이나 회전을 고려하지 않고 센 대상들이라고 하고, G를 이러한 X들을 대칭변환하거나 회전변환하는 함수의 집합으로 생각하면(우리는 유한한 대상들에 대해서만 생각하므로 순열들의 집합으로 생각해도 무방하다) 대칭변환 혹은 회전변환을 통해서 같은 대상이 되는 것은 하나로 세야 한다. 그러므로 변환을 통해서 하나로 취급할 수 있는 대상들을 하나로 묶어주고, 이것은 궤도의 개념과 맞아 떨어지고, 중복된 것을 고려하며 세는 것은 궤도들의 개수를 세는 것으로 충분하다.

이것으로도 이해가 되지 않은 독자들을 위해서 아래쪽에 몇 가지 예를 만들었다.

3. Burnside's Lemma의 이용

시론에서 들었던 양말의 예를 다시 생각해 보자.

예제

세 종류(빨간색(R), 흰색(W), 파란색(B))의 양말을 가지고 있다고 하자.
양말을 두 켤레 임의로 고른다고 하자. 몇가지 경우가 발생하는가?

우리가 이 문제에서 고려해야 하는 대칭성들을 살펴보자. 장갑에서는 좌우의 개념이 있었으나 양말에서는 좌우가 존재하지 않기 때문에 장갑에서 좌우를 없애는(좌우를 같게 보는) 과정이 필요하다. 그러므로 $g1 = (12), g2 = (21)$라고 놓아서 $G = \{g1, g2\}$라고 하면 G는 순열의 곱셈이라는 연산에 대한 군이 된다. $X = (RR), (RW), (RB), (WR), (WW), (WB), (BR), (BW), (BB)$라고 하자.

그러면 $X_{g1} = X$를 만족하고(항등원의 성질) $X_{g2} = \{RR, WW, BB\}$가 되어서 여기서 발생하는 경우의 수(= 궤도의 수)는

$$\frac{1}{|G|} \cdot \sum_{g \in G} |X_g| = \frac{1}{2}(9+3)6$$

이 되어 앞에서 말한 것과 일치한다.

자 이제 좀 더 복잡한 예를 들어 보자.

예제

4×4 정사각형 아크릴 판에 두 칸을 칠한다고 하자. 모든 대칭성을 고려했을 때 나오는 경우의 수를 구하여라.

먼저 어떠한 대칭성들을 고려해야하는지 생각해 보자. 우선 이 판을 시계 반대 방향으로 0°(즉, 항등원), 90°, 180°, 270° 돌리는 것을 생각할 수 있다.(이것들을 각각 $\rho_0, \rho_1, \rho_2, \rho_3$이라고 부르자.)

다음으로 이 판을 위아래로 뒤집는 것과 좌우로 뒤집는 것을 생각할 수 있다.(이것들을 각각 μ_0, μ_1라고 부르자)

마지막으로 두 대각선에 대해서 뒤집는 것을 생각할 수 있다.(이것들을 각각 δ_0, δ_1라고 부르자)

그렇다면 $G = \{\rho_0, \rho_1, \rho_2, \rho_3, \mu_0, \mu_1, \delta_0, \delta_1\}$는 군이 된다.(대수학에서 말하는 D_4)

이제 Burnside's Lemma를 적용하자. 우선 $X =$ (아크릴 판의 각각의 칸에 번호를 붙였을때 두 칸을 칠하는 경우)라고 하면, X의 원소의 개수는 $\binom{16}{2} = 120$개가 된다. 이제 각각의 부동부분군을 따져보면,

$|X\rho_0| = 120$이다(항등원임을 생각하자). 그리고

$|X\rho_1| = |X\rho_3| = 0$이다(90° 또는 270° 돌리면 색칠된 칸중 적어도 한 칸은 빈 칸으로 대응된다). 또

$|X\rho_2| = 8$이다.(이 판을 위 아래로 나누면 위의 칸 하나와 아래 판 하나가 정확히 대응된다). 또한

$|X\mu_1| = |X\mu_2| = 8$이다 (위와 비슷한 이유이다). 마지막으로

$|X\delta_1| = |X\delta_2| = 6 + (4·2) = 12$가 된다.(대각선에서 두개를 고르거나, 대각선이 아닌 두 대칭이 되는 점을 고르는 경우) 이것을 종합하면,

$$N = \frac{1}{|G|} \sum_{g \in G} |X_g|$$
$$= \frac{1}{8}(120 + 0 + 8 + 0 + 8 + 8 + 12 + 12 = 21$$

이 되어 총 가지수는 21가지가 된다.

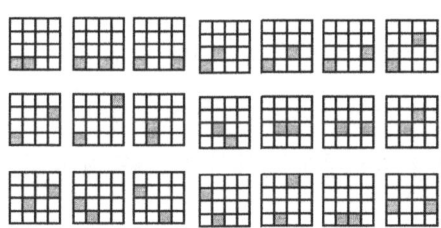

또 다른 예를 들어보자.

예제

정육면체의 각 면에 색깔을 칠하는데 6가지의 색깔을 각 면에 한 번씩만 사용한다고 한다. 몇 가지 경우가 존재하는가?

먼저, 정육면체의 각 면을 구별할 수 있어서(가령 서로 다른 숫자를 써놓는다거나) $6! = 720$가지의 경우가 X에 존재한다고 하자. 그리고 G는 정육면체 위에서 정의된 회전들의 집합이라고 하자.(3차원 상의 도형이기 때문에 대칭은 고려할 필요가 없다)

그러면 G는 24개의 원소를 가지는 군이다.(항등원, 붙어있는 두 면으로 $\pm 90°$ 돌리는 경우 6가지, $180°$로 돌리는 경우 6가지, 붙어있는 두 모서리로 $180°$ 돌리는 경우 6가지, 마주보는 두 꼭지점을 축으로 $\pm 120°$ 돌리는 경우 8가지)

그런데 $|X_g|(g \in G)$를 보면 g가 항등원인 경우는 $|X_g| = 720$이지만 g가 항등원이 아닌 경우에는 0이 된다.(어떠한 방향이던 회전 시키면 서로 다른 경우가 되기 때문에 부동부분군의 원소가 존재하지 않는다.) 따라서 전체 경우의

수는

$$N = \frac{1}{|G|} \sum_{g \in G} |X_g|$$
$$= \frac{720}{24} = 30$$

가 된다.

4. 연습문제

혹시나 Burnside's Lemma를 이용하는것에 관심있는 독자들을 위해 연습문제를 첨부한다.

1. 이등변삼각형에 있는 3개의 모서리를 4가지의 색으로 칠하는 경우의 수는 몇 개인가?
2. 정팔면체의 모서리를 6가지 색깔로 칠한다고 한다. 몇 가지 경우의 수가 생기는가?
3. 전선으로 된 정사면체가 있는데, 각각의 모서리에 1Ω 혹은 2Ω의 저항을 삽입하려고 한다. 1Ω 혹은 2Ω의 저항은 6개 이상 있다고 가정하자. 저항을 연결하는 방법에는 몇 가지가 있는가? 또 만들 수 있는 전체 저항의 값은 몇 가지인가?
4. 탄소화합물 $C_{10}H_{18}Cl_4$의 이성질체의 개수를 구하여라(단, 탄소는 고리를 만들지 않고, 모든 결합은 단일결합이다).
5. 정육면체의 면에 3개의 검은색을 칠하고 3개의 흰색을 칠하는 경우는 몇 개인가?

References

[1] Solomon W, Golomb, Polynominoes, Princeton University Press 6

[2] John B, Fraleigh, A First Course in Abstract Algebra, Addison Wesley

[3] John Riordan, An Introduction to Combinatorial Analysis, John Wiley &Sons 7

정수 원소 skew symmetric 행렬의 행렬식

KAIST 수리과학과 박사과정 김장수

$n \times n$ 행렬 A가 $A^t = -A$일 때 skew symmetric 이라 한다. n이 홀수라면 다음식으로 부터 A의 행렬식이 0임을 쉽게 알 수 있다.

$$\det(A) = \det(A^t) = \det(-A) = (-1)^n \det(A) = \det(A)$$

몇 개의 정수를 원소로 갖는 4×4 skew symmetric 행렬들의 determinant를 구해보았더니 $4, 9, 1, 36, 169, 4, 9, 9, 25, 16, 25$이 나왔다. 우리는 여기서 n이 짝수일 경우 $\det(A)$가 완전제곱수가 될 것이라고 추측할 수 있다. 이것을 증명해 보자.

이제부터 n을 짝수라 하고 A를 정수를 원소로 갖는 $n \times n$ skew symmetric 행렬이라 하자. S_n을 $\{1, 2, \ldots, n\}$의 순열들의 집합이라 하자. 모든 순열은 몇 개의 교환순열(transposition)들의 곱으로 표시할 수 있다. 순열 σ가 k개의 교환순열의 곱으로 표시될 때 이 순열의 부호(sign)는 $\text{sgn}(\sigma) = (-1)^k$로 정의된다. 한 순열을 교환순열늘의 곱으로 표현하는 방법은 여러가지가 있지만 이 때 교환순열들의 개수의 기우성(홀짝)은 변하지 않는다는 것을 어렵지 않게 증명할 수 있다.

순열 $\sigma \in S_n$가 있으면 σ는 1부터 n까지의 자연수들의 집합에서 자기자신으로 가는 일대일대응이다. 즉, $\sigma = 51762438$이면 σ는 1을 5로, 2를 1로, 3을 7로, 4를 6으로, 5를 2로, 6을 4로, 7을 3으로, 8을 8로 보내는 일대일대응이다. 그러면 1이 5로 가고 5는 2로가며 다시 2는 1로 돌아오게 된다. 이것을 싸이클(cycle) $(1,5,2)$로 표현하면 임의의 순열은 공통부분이 없는 싸이클들의 곱으로 표현된다. 예를 들어 위의 σ는 싸이클로 표현하면 $(1,5,2)(3,7)(4,6)(8)$이 된다.

길이가 r인 사이클은 다음과 같이 $r-1$개의 교환순열의 곱으로 표현된다.

$$(a_1, a_2, \ldots, a_r) = (a_1, a_2)(a_2, a_3) \cdots (a_{r-1}, a_r)$$

그러므로 순열 σ의 부호는 짝수길이의 싸이클의 개수를 k라고 했을 때 $(-1)^k$와 같다.

$n \times n$ 행렬 A의 (i, j) 원소를 $A_{i,j}$라 하면 A의 행렬식은 다음과 같이 정의된다.

$$\det(A) = \sum_{\sigma \in S_n} \text{sgn}(\sigma) \prod_{i=1}^{n} A_{i, \sigma_i}$$

이제 다시 $2n \times 2n$ skew symmetric 행렬 A를 생각하자. 위의 행렬식 표현에서 σ가 고정점 ($\sigma_i = i$)을 갖는다고 하자. A가 skew symmetric이므로 $A_{i,i} = 0$이 되어 이러한 순열들은 합에 영향을 주지 않는다. 또한 σ가 길이가 1보다 큰 홀수길이의 싸이클을 갖는다고 가정하자. 그러면 이러한 싸이클중 가장 작은 숫자를 포함하는 싸이클의 순서를 거꾸로 하여 얻어진 순열을 σ'라 하면 싸이클의 길이에는 변화가 없으므로 $\text{sgn}(\sigma) = \text{sgn}(\sigma')$이 된다. 한편, i가 바뀐 싸이클에 속하지 않으면 $A_{i,\sigma'_i} = A_{i,\sigma_i}$이고 속하면 $A_{i,\sigma'_i} = A_{i,(\sigma^{-1})_i}$이므로

$$\prod_{i=1}^n A_{i,\sigma_i} = -\prod_{i=1}^n A_{i,\sigma'_i}$$

가 되어 이러한 순열들도 합에서 서로 상쇄되어 0이 된다. 그러므로 우리는 짝수 싸이클로만 구성된 순열들만 생각해도 된다.

$\{1, 2, \ldots, 2n\}$의 매칭(matching)이란 모든 원소들을 둘 씩 짝지은 것을 의미한다. $\sigma \in S_{2n}$이 짝수 길이 cycle만 갖는다면 σ는 다음과 같이 매칭의 순서쌍(π_1, π_2)와 일대일 대응이 된다.

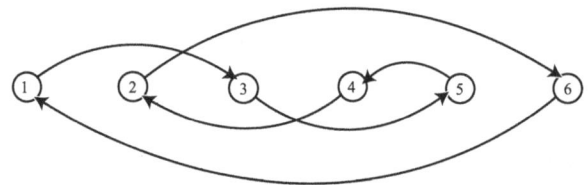

만약 순열이 짝수 싸이클 하나로 구성되었을 때 경우를 나누어 잘 따져주면 교차점의 개수와 거꾸로(오른쪽에서 왼쪽으로) 가는 화살표의 개수의 합은 항상 홀수임을 증명할 수 있다. 이제 매칭 pi의 부호를 $\text{sgn}(\pi) = (-1)^{cr(\pi)}$로 정의하자. 여기서 $cr(\pi)$는 교차점의 개수를 의미한다. 그러면 σ가 (π_1, π_2)와 대응되면 순열의 부호는 짝수 싸이클의 개수이므로 $\text{sgn}(\sigma) = \text{sgn}(\pi_1)\text{sgn}(\pi_2)(-1)^s$, s는 거꾸로 가는 화살표의 개수임을 알 수 있다.

이제 M_n을 $\{1, 2, \ldots, 2n\}$의 모든 매칭들의 집합이라 하자. $2n \times 2n$ skew symmetric 행렬 A의 Pfaffian을 다음과 같이 정의한다.

$$\text{pf}(A) = \sum_{\pi \in M_n} \text{sgn}(\pi) \prod_{\{i,j\} \in \pi, i<j} A_{i,j}$$

지금까지의 결과들을 종합하여 $2n \times 2n$ skew symmetric 행렬 A에 대해 다음이 성립함을 알 수 있다.

$$\det(A) = (\text{pf}(A))^2$$

따라서 A가 $2n \times 2n$ skew symmetric 행렬이고 모든 원소가 정수라면 $\det(A)$는 제곱수이다.

우리는 이 결과를 이용하여 재미있는 사실을 증명할 수가 있다. 단순그래프 G의 perfect matching은 G의 꼭지점들의 집합을 둘 씩 짝을 짓되 모든 짝지어진 두 점을 지나는 선분이 G에 있는 matching을 말한다. 단순그래프 G의 꼭지점들의 집합을 $\{1, 2, \ldots, 2n\}$라 하고 G의 각 선분에 임의로 방향을 주자. $2n \times 2n$행렬 A를 $i \to j$이면 $A_{i,j} = 1$ $j \to i$이면 $A_{i,j} = -1$, 아니면 $A_{i,j} = 0$라 하자. 그러면 A는 skew symmetric 행렬이고 $\det(A) \neq 0$이면 $\text{pf}(A) \neq 0$이므로 G의 perfect matching이 존재함을 알 수 있다.

연습문제

[1] M_n은 몇 개의 원소를 갖는가?

[2] 순열 $\sigma = \sigma_1 \sigma_2 \cdots \sigma_n$에서 (i,j)가 σ의 inversion이라 함은 $i < j$이고 $\sigma_i > \sigma_j$임을 의미한다. σ의 inversion의 개수를 $\text{inv}(\sigma)$라 할 때, $\text{sgn}(\sigma) = (-1)^{\text{inv}(\sigma)}$임을 보이시오.

[3] A가 대각선 위가 모두 1인 $2n \times 2n$ skew symmetric 행렬일 때 $\text{pf}(A) = 1$임을 보이시오.

참고문헌

Godsil, C. D. Algebraic combinatorics Chapman & Hall, 1993, xvi+362

수열의 무작위성과 분포

KAIST 수리과학과 김치헌

리사주 도형에 대해 들어 본 적이 있는가? 리사주 도형이란 서로 수직인 방향으로 진동하는 단진동을 합성하여 얻어지는 2차원 운동의 자취를 말하는데, 가장 간단하게는 좌표평면에 시간 t에 따라 $(\cos \alpha t, \cos \beta t)$의 꼴로 자취를 표현할 수 있다. 그런데 이 운동이 주기성을 지닐 것인가? α와 β의 비에 따라 주기성을 지닐지 아닐지가 결정되는데, 이 비가 유리수일때는 주기성을 지니고 무리수일때는 주기성을 지니지 않는다.

이처럼, 무리수는 매우 무작위적인 수이다. 예를 들어 수열 $\langle \alpha n \rangle$(αn의 소수부)을 생각해 보자. 만일 α가 유리수면 이 수열은 주기적이겠지만, α가 무리수면 이 수열은 주기적이지 않으며, 구간 $[0,1]$에 고르게 분포된다는 좋은 성질을 갖고 있다. 이 글에서는 고르게 분포된다는 것을 수학적으로 정의하고 그에 관련된 흥미로운 사실들을 알아보고자 한다.

정의

수열 $\{u_n\}_{n=1}^{\infty}$가 모든 n에 대해 $0 \leq u_n \leq 1$을 만족한다고 하자. 이 때, 구간 $[a,b] \subset [0,1]$에 대해 $s_n(a,b)$를

$$s_n(a,b) = |\{u_k \mid 1 \leq k \leq n\} \cup [a,b]|$$

로 정의하자. 이 때, 모든 $[a,b] \subset [0,1]$에 대해

$$\lim_{n \to \infty} \frac{s_n(a,b)}{n} = b - a$$

이면 $\{u_n\}$이 $[0,1]$에 고르게 분포되어 있다(equidistributed)고 한다.

$s_n(a,b)$는 구간 $[a,b]$에서 u_n의 밀도라고 할 수 있고, 이 밀도가 일정한지 아닌지가 이 수열이 고르게 분포되어 있는지 아닌지를 결정한다. 한편, 일반적인 실수열에 대해서도 비슷한 개념을 정의할 수 있는데, 실수열의 소수부를 취해서 그 소수부가 $[0,1]$에서 고르게 분포되어 있는지를 살펴보는 방법이다.

> 정의

수열 $\{u_n\}$에 대해 $\langle u_n \rangle$을 u_n의 소수부로 정의하자.
만일 $\langle u_n \rangle$이 $[0,1]$에서 고르게 분포되어 있으면, $\{u_n\}$이 법 1에 대해 고르게 분포되어 있다고 한다.

이제 고르게 분포되어 있는 수열의 예를 살펴보자.

먼저 보조정리를 하나 소개하겠는데, $[0, \alpha]$꼴의 구간에 대해서만 밀도가 일정한지 확인해도 충분하다는 보조정리다.

> 보조정리 수열 $\{u_n\}_{n=1}^{\infty}$가 모든 n에 대해 $0 \le u_n \le 1$을 만족한다고 하자.
> 만일 임의의 $0 \le \alpha \le 1$에 대해
> $$\lim_{n \to \infty} \frac{s_n(0, \alpha)}{n} = \alpha$$
> 이면 $\{u_n\}$은 $[0,1]$에서 고르게 분포되어 있다. □

> 증명

$$D_N = \sup_{0 \le a \le b \le 1} \left\{ \left| \frac{s_N(a,b)}{N} - (b-a) \right| \right\},$$

$$D_N^* = \sup_{0 \le \alpha \le 1} \left\{ \left| \frac{s_N(0, \alpha)}{N} - \alpha \right| \right\}$$

라 하자. 그러면, $[0, \alpha]$는 $[a, b]$의 특정한 경우이므로 $D_N^* \le D_N$이다.
임의의 $\epsilon > 0$에 대해, $s_N(a, b) \le s_N(0, b) - s_N(0, a - \epsilon)$이다. 따라서,

$$\begin{aligned}\frac{s_N(a,b)}{N} - (b-a) &\le \frac{s_N(0,b)}{N} - \frac{s_N(0, a-\epsilon)}{N} - (b-a) + \epsilon \\ &\le \frac{s_N(0,b)}{N} - b - \left[\frac{s_N(0, a-\epsilon)}{N} - (a-\epsilon) \right]\end{aligned}$$

같은 방법으로, $s_N(a,b) \ge s_N(0,b) - s_N(0, a+\epsilon)$이므로,

$$\frac{s_N(a,b)}{N} - (b-a) \ge \frac{s_N(0,b)}{N} - b - \left[\frac{s_N(0, a+\epsilon)}{N} - (a+\epsilon) \right]$$

이다. 위 두 식에 의해,

$$\left| \frac{s_N(a,b)}{N} - (b-a) \right|$$
$$\leq \left| \frac{s_N(0,b)}{N} - b \right|$$
$$+ \max\left\{ \left| \frac{s_N(0,a+\epsilon)}{N} - (a+\epsilon) \right|, \left| \frac{s_N(0,a+\epsilon)}{N} - (a+\epsilon) \right| \right\}$$
$$\leq D_N^* + D_N^* = 2D_N^*$$

이고, 우변이 a, b와 관계없으므로, $D_N \leq 2D_N^*$이다.
따라서, $D_N^* \leq D_N \leq 2D_N^*$이고, $D_N^* \to 0$이면 $D_N \to 0$임을 알 수 있다.
□

문제 1

$\sqrt{n}$은 법 1에 대해 고르게 분포되어 있는가?

풀이 고르게 분포되어 있다.
보조정리에 의해, $[0, \alpha]$꼴의 구간에 대해서만 살펴보면 된다.
$\alpha \in (0,1)$이 주어져 있다.
자연수 n에 대해 $d = [\sqrt{n}]$이라 하자. 이 때, $0 \leq \langle\sqrt{n}\rangle \leq \alpha$이려면 $d \leq \sqrt{n} \leq d + \alpha$이고, $d^2 \leq n \leq d^2 + 2d\alpha + \alpha^2$이다.
반대로 생각했을 때, 주어진 자연수 d에 대해 $d^2 \leq n \leq d^2 + 2d\alpha + \alpha^2$을 만족하는 n은 $1 + [2d\alpha + \alpha^2]$개 있고, 이런 n은 각각의 d에 대해 겹치지 않는다($(d+\alpha)^2 < (d+1)^2$이기 때문에).
따라서,

$$s_{d^2}(0, \alpha) = \sum_{i=0}^{d-1} \left(1 + [2i\alpha + \alpha^2]\right)$$

이다. 이 식을 이용하면,

$$\begin{aligned}
|s_n(0,\alpha) - n\alpha| &= \left|s_n(0,\alpha) - s_{[\sqrt{n}]^2}(0,\alpha) + s_{[\sqrt{n}]^2}(0,\alpha) - n\alpha\right| \\
&\leq \left|s_n(0,\alpha) - s_{[\sqrt{n}]^2}(0,\alpha)\right| + \left|s_{[\sqrt{n}]^2}(0,\alpha) - n\alpha\right| \\
&\leq n - [\sqrt{n}]^2 + \left|\sum_{i=0}^{[\sqrt{n}]-1} \left(1 + [2i\alpha + \alpha^2]\right) - n\alpha\right| \\
&< 2[\sqrt{n}] + 1 + \left|\sum_{i=0}^{[\sqrt{n}]-1} \left(1 + [2i\alpha + \alpha^2]\right) - n\alpha\right|
\end{aligned}$$

이다. 한편,

$$\begin{aligned}
&\sum_{i=0}^{[\sqrt{n}]-1} \left(1 + [2i\alpha + \alpha^2]\right) - n\alpha \\
&\leq \sum_{i=0}^{[\sqrt{n}]-1} \left(\alpha^2 + 2i\alpha + 1\right) - n\alpha \\
&\leq (\alpha^2 + 1)[\sqrt{n}] + 2\alpha \frac{[\sqrt{n}]([\sqrt{n}] - 1)}{2} - [\sqrt{n}]^2 \alpha \\
&= (\alpha^2 + 1)[\sqrt{n}] - \alpha[\sqrt{n}] \\
&\leq (\alpha^2 + 1)[\sqrt{n}] \leq 2[\sqrt{n}]
\end{aligned}$$

$$\begin{aligned}
&\sum_{i=0}^{[\sqrt{n}]-1} \left(1 + [2i\alpha + \alpha^2]\right) - n\alpha \\
&\geq \sum_{i=0}^{[\sqrt{n}]-1} \left(2i\alpha + \alpha^2\right) - n\alpha \\
&\geq [\sqrt{n}]\alpha^2 + 2\alpha \frac{[\sqrt{n}]([\sqrt{n}] - 1)}{2} - ([\sqrt{n}]^2 + 2[\sqrt{n}] + 1)\alpha \\
&= (\alpha^2 - 3\alpha)[\sqrt{n}] - \alpha \geq \alpha(\alpha - 3)[\sqrt{n}] - 1 \geq -3[\sqrt{n}] - 1
\end{aligned}$$

따라서,

$$\left|\sum_{i=0}^{[\sqrt{n}]-1} \left(1 + [2i\alpha + \alpha^2]\right) - n\alpha\right| \leq 3[\sqrt{n}] + 1$$

이고, 이 식을 위의 식에 넣으면

$$|s_n(0,\alpha) - n\alpha| < 5[\sqrt{n}] + 2 \leq 5\sqrt{n} + 2$$

이다. 즉,

$$\left| \frac{s_n(0,\alpha)}{n} - \alpha \right| < \frac{5}{\sqrt{n}} + \frac{2}{n}$$

이다. 이 값이 $n \to \infty$일 때 0으로 수렴하므로 $\langle\sqrt{n}\rangle$이 고르게 분포되어 있음을 알 수 있다. ◇

문제 2

$\langle ln(n+1) \rangle$이 고르게 분포되어 있는가?

풀이 아니다.

$\sqrt{n}$과 비슷한 방법으로, $s_{e^d}(0,\alpha)$에 대한 식을 얻을 수 있다. 특별히 $\alpha = 1/2$일 때,

$$s_{e^d}\left(0, \frac{1}{2}\right) = \sum_{i=0}^{d-1} [e^i(e^{1/2} - 1)] < (\sqrt{e} - 1)\sum_{i=0}^{d-1} e^i = \frac{e^d - 1}{\sqrt{e} + 1}$$

이다. 따라서,

$$\frac{1}{e^d} s_{e^d}\left(0, \frac{1}{2}\right) = \frac{1}{\sqrt{e} + 1} - \frac{1}{e^d(\sqrt{e} + 1)}$$

이고, 극한을 취하면

$$\lim_{d \to \infty} \frac{1}{e^d} s_{e^d}\left(0, \frac{1}{2}\right) = \frac{1}{\sqrt{e} + 1} \approx 0.377 \neq \frac{1}{2}$$

이다. 즉, $\langle ln(n+1) \rangle$은 고르게 분포되어 있지 않다. ◇

위의 두 문제는 간단한 경우로 직접 빈도를 세어보아 문제를 해결하였다. 하지만 이런 간단한 방법으로 풀지 못하는 경우가 더 많은데, 그런 문제에도 적용시킬 수 있는 좋은 정리를 하나 소개한다.

정리 (Weyl's criterion)

$\{u_n\}$이 법 1에 대해 고르게 분포되어 있다면, 그리고 이 때에만 모든 자연수 k에 대해

$$\lim_{N \to \infty} \frac{1}{N} \sum_{n=0}^{N} e^{2\pi i k u_n} = 0$$

이다.

이 정리의 증명은 여기서 하지 않겠다. 이 정리를 이용하여 처음에 언급했던 수열 $\langle n\gamma \rangle$이 고르게 분포되어 있다는 것을 증명하자.

정리

γ가 무리수일 때, $\langle n\gamma \rangle$는 고르게 분포되어 있다.

증명 γ가 무리수이므로, 임의의 자연수 k에 대해 $e^{2\pi i k \gamma} \neq 1$이다. 따라서,

$$\left| \sum_{n=1}^{N} e^{2\pi i k n \gamma} \right| = \left| \frac{e^{2\pi i k (N+1) \gamma} - e^{2\pi i k \gamma}}{e^{2\pi i k \gamma} - 1} \right| \leq \frac{2}{|e^{2\pi i k \gamma} - 1|}.$$

따라서 $N \to \infty$일 때 $\left| \frac{1}{N} \sum_{n=1}^{N} e^{2\pi i k n \gamma} \right| \to 0$이다.

∴ Weyl's criterion에 의해, $\langle n\gamma \rangle$는 고르게 분포되어 있다. □

이미 밝혀진 사실 중, 실수계수 다항식 P가 무리수 계수를 가지면 $\{P(n)\}$이 법 1에 대해 고르게 분포되어 있다는 것이 있다. $n\gamma$는 이 정리의 선형 버전이라고 할 수 있겠다. 또, 소수를 순서대로 p_n이라고 할 때 $p_n \gamma$도 고르게 분포되어 있다는 사실이 알려져 있다.

아직도 임의의 수열, 그리고 특정한 수열 조차도 고르게 분포되어 있는지 아닌지를 알아낼 방법은 없다. 수열 α^n이 법 1에 대해 고르게 분포되어 있을 α의 조건은 아직 발견되지 않았으며, 단지 **거의 모든** 실수 α에 대해 α^n이 법 1에 대해 고르게 분포되어 있다는 사실이 알려져 있다.

2007 제1회 전국 대학생 공학수학 경시대회

제1차 문제
2007년 11월 3일
(10:00-12:00)

180-1-1 적분 $\int_0^1 \int_0^x (3-x-y)dydx$를 계산하여라.

180-1-2 곡선 $C(t) = (\cos t, \sin t), 0 \leq t \leq 2\pi$에 대하여 다음 선적분을 계산하여라.
$$\int_C \frac{ydx - xdy}{x^2 + y^2}$$

180-1-3 꼭지점의 좌표가 각각 $(0,0,0), (1,2,3), (3,1,2), (7,4,7)$인 사각형의 넓이를 계산하여라.

180-1-4 함수 $f(x) = \frac{e^x}{x}, 1 \leq x \leq 2$의 역함수 g에 대하여 적분 $\int_e^{\frac{e^2}{2}} [g(x)]^2 dx$를 계산하여라.

180-1-5 다음 방정식을 만족시키는 함수 $x(t), y(t)$를 구하여라.
$$x'(t) = -y(t), \quad y'(t) = x(t), \quad (x(0), y(0)) = (1,1)$$

180-1-6 연립방정식
$$x_1 - 2x_2 - x_3 + 3x_4 = a$$
$$2x_1 + 4x_2 + 6x_3 - 2x_4 = b$$
$$x_1 + x_3 + x_4 = c$$
가 해를 갖기 위해 a, b, c가 만족시켜야 하는 관계식을 구하여라.

180-1-7 행렬 $\begin{bmatrix} 1 & -3 & 0 \\ 0 & 1 & 3 \\ 2 & -10 & 2 \end{bmatrix}$을 하삼각행렬 L과 상삼각행렬 U의 곱 LU로 써라.

180-1-8 3차원 공간 $\mathbb{R}^3$의 세 단위벡터 v_1, v_2, b_3에 의하여 결정되는 평행육면체의 부피가 $\frac{1}{2}$이다. 두 벡터 v_i, v_j가 이루는 사잇각이 θ_{ij}일 때, ij-성분이 $\cos\theta_{ij}$인 3×3행렬 A의 행렬식의 값을 계산하여라.

2007 제1회 전국 대학생 공학수학 경시대회

제2차 문제
2007년 11월 3일
(14:00-16:00)

180-2-1 3차원 공간에서 다음 영역의 부피를 구하여라.

$$x = (p-q)\cos t, \quad y = (p-q)\sin t, \quad z = p+q$$

$$0 \le t \le 2\pi, \quad 1-\epsilon \le p \le 1+\epsilon, \quad -\delta \le q \le \delta, \quad \delta < 1-\epsilon$$

180-2-2 다음 적분값을 가장 작게 만드는 상수 a, b를 구하여라.

$$\int_0^\pi [\sin x - (ax+b)]^2 dx$$

180-2-3 일차독립인 $\mathbb{R}^3$의 세 벡터 v_1, v_2, v_3가 다음 조건을 만족시킨다.

$$\|v_i\| = 1, \quad v_i \cdot v_j = -\frac{1}{3}(i \ne j)$$

이 때 $\|x\| = 1$인 벡터 x에 대하여 다음의 최대값과 최소값을 구하여라.

$$\sum_{i=1}^3 \|x - v_i\|^2$$

180-2-4 실수 y에 대하여 다음 적분을 계산하여라.

$$\int_{-\infty}^\infty \frac{e^{-2\pi i y x}}{\cos h\pi x} dx$$

180-2-5 양의 실수 p에 대하여 다음 극한값을 구하여라.

$$\lim_{n \to \infty} \frac{1}{n^2} \sum_{k=1}^n (1^p + 2^p + 3^p + \cdots + k^p)^{\frac{1}{(p+1)}}$$

2007 한국 수학올림피아드 2차시험 풀이

중등부
2007년 8월 18일
제한시간 4시간

177-1-1 양의 정수 2 또는 3으로 이루어진 수열 $a_1, a_2, \cdots, a_{2007}$에 대하여, 정수열 $x_1, x_2, \cdots, x_{2007}$이 다음 조건을 만족시킨다고 하자.

(i) 각각의 $i = 1, 2, \cdots, 2005$에 대하여, $a_i x_i + x_{i+2}$가 5의 배수이고,

(ii) $a_{2006} x_{2006} + x_1$과 $a_{2007} x_{2007} + x_2$도 5의 배수이다.

이 때, $x_1, x_2, \cdots, x_{2007}$이 모두 5의 배수임을 보여라.

|풀이|

KAIST 07학번 이동민

귀류법을 이용하자. $x_1, x_2, \ldots, x_{2007}$중 하나가 5의 배수가 아니라면 모두 5의 배수가 아니다.

$x_1, x_2, \ldots, x_{2007}$이 모두 5의 배수가 아니라고 가정하자.

$ax + y \equiv 0 \pmod{5}$에서 x, y가 5의 배수가 아니라고 가정하자. $a = 2$일 때, 얻을 수 있는 x, y는 $x \equiv 1 \pmod{5}, y \equiv -2 \pmod{5}$ or $x \equiv 2 \pmod{5}, y \equiv 1 \pmod{5}$ or $x \equiv -2 \pmod{5}, y \equiv -1 \pmod{5}$ or $x \equiv -1 \pmod{5}, y \equiv 2 \pmod{5}$

$a = 3$일 때, x, y는 $x \equiv 1 \pmod{5}, y \equiv 2 \pmod{5}$ or $x \equiv 2 \pmod{5}, y \equiv -1 \pmod{5}$ or $x \equiv -2 \pmod{5}, y \equiv 1 \pmod{5}$ or $x \equiv -1 \pmod{5}, y \equiv -2 \pmod{5}$

위의 결과에서 x, y를 각각 5로 나눈 나머지의 절대값을 취했을 때, 반드시 하나는 1이고 다른 하나는 2가 된다.

만일, x_1의 나머지의 절대값이 1이라면

x_1	x_3	$\cdots$	x_{2007}	$\to$	x_2	$\to$	x_4	$\to$	$\cdots$	$\to$	x_{2006}	$\to$	x_1
1	2	$\cdots$	2		1		2		$\cdots$		1		2

x_1의 나머지 값이 두 개가 되는 모순이 생긴다.

한편, x_1의 나머지의 절대값이 2일 때, 같은 방법으로 하면 모순이 생긴다.
$\therefore x_1, x_2, \ldots, x_{2007}$은 5의 배수

177-1-2 n이 양의 정수일 때, 서로 소인 양의 정수 a, b에 대하여, $a+b$와 $a^n + b^n$의 최대공약수를 구하여라.

─────────── 풀이 ───────────

KAIST 06학번 박준형

① n이 홀수일 때
$a^n + b^n = (a+b)(a^{n-1} - a^{n-2}b + \cdots + b^{n-1})$
$\therefore \gcd(a+b, a^n + b^n) = a+b$

② n이 짝수일 때

$$a^n + b^n \equiv a^n + (-a)^n \pmod{a+b}$$
$$\equiv 2a^n \pmod{a+b}$$
$$a^n + b^n = (a+b)k + 2a^n$$

$\gcd(a+b, a^n+b^n) = d$라고 하면 $d|a+b, d|a^n+b^n \Rightarrow d|2a^n$
한편 $a^n + b^n = (a+b)l + 2b^n$에서 $d|2b^n$이다.
a와 b가 서로소이므로 $d = 1$ 또는 $d = 2$
$\therefore a, b$ 모두 홀수이면 $\gcd(a+b, a^n + b^n) = 2$
 a, b가 홀수, 짝수이면 $\gcd(a+b, a^n + b^n) = 1$

177-1-3 세 문자 a, b, c로 이루어진 길이 6인 문자열들을 생각하자. 각 문자열에 대하여, 두 개의 a가 이웃해 있거나, 두 개의 b가 이웃해 있으면, aa는 b로, bb는 a로 바꾼다. 또한, a와 b가 이웃해 있거나, 두 개의 c가 이웃해 있으면 그 이웃한 두 문자를 모두 지운다. 즉 ab, ba, cc는 모두 지운다. 이렇게 계속 줄여서 길이 1인 문자열 c를 만들 수 있는 길이 6인 문자열은 모두 몇개인가?

─────────── 풀이 ───────────

KAIST 07학번 김효섭

c가 두 개씩 없어지므로 홀수개임은 자명하다. 그럼 세 경우가 나온다. c가

5개, 3개, 1개

먼저, $a \to bb, b \to aa$로 바꾸는 것을 '확장'이라 하자. 5개일 때는 없음이 자명하다.

3개일 때를 보자. 남은 세 문자열은 a와 b로 구성되었을 것이다. 그리고 c를 한개끼고 독립된 한개의 문자는 없어질 수 없다.

3개의 문자열이 없어질 수 있는 경우는 aaa와 bbb뿐이다. 그리고 한개의 문자 c는 양 끝에만 올 수 있다. 문자열 cc는 어디든지 들어갈 수 있다. 그럼

$$\left. \begin{array}{l} cccbbb \to cbccbb \to cbbccb \to cbbbcc \\ bbbccc \to bbccbc \to bccbbc \to ccbbbc \end{array} \right\} 8\text{개} \times 2(aaa\text{를 고려}) \ 16\text{개}$$

1개일 때는 c가 문자열 양 극단에 위치한 경우와 중간에 위치한 두 경우를 보자.

(i) 중간에 위치한 경우 문자 1개는 없어질 수 없으니 c를 중심으로 양쪽에 2개, 3개가 위치한다. 2개의 문자열이 없어질 수 있는 경우는 ab, ba 두 경우, 3개의 경우는 aaa, bbb 두 경우이다. 그러므로 $2 \times 2 \times 2 = 8$개의 경우가 생긴다. (자리를 바꾸는 것까지 고려)

(ii) c가 끝에 있는 경우, 없어질 수 있는 4개의 문자열을 보자.

aaa와 bbb에서 확장된 $aabb, bbaa, baab, abba$ 4가지, ab, ba를 결합시키는 $abab, baba, baab, abba$ 4가지에서 중복을 빼면 6가지

이 6가지를 모두 확장시켜서 5개의 없어질 수 있는 문자열을 만들고 중복을 제외하면 10가지
$$\begin{array}{ll} aaaab & bbabb \\ bbbab & bbbba \\ babbb & aaaba \\ aabaa & abaaa \\ baaaa & abbbb \end{array}$$
경우가 나온다. c의 위치는 두 가지이므로 총 20가지

도합 44가지 경우가 나온다.

177-1-5 임의의 양의 실수 a, b, c에 대하여, 다음 부등식이 성립함을 증명하여라.
$$\frac{a}{c+5b} + \frac{b}{a+5c} + \frac{c}{b+5a} \geq \frac{1}{2}$$

풀이

KAIST 06학번 박준형

코시·슈와르쯔 부등식에 의해

$$\left(\frac{a}{c+5b} + \frac{b}{a+5c} + \frac{c}{b+5a}\right)(a(c+5b) + b(a+5c) + c(b+5a)) \geq (a+b+c)^2$$

$$\frac{a}{c+5b} + \frac{b}{a+5c} + \frac{c}{b+5a} \geq \frac{(a+b+c)^2}{6(ab+bc+ca)} \geq \frac{1}{2}$$

$$\because (a+b+c)^2 = a^2 + b^2 + c^2 + 2(ab+bc+ca)$$
$$\geq 3(ab+bc+ca)$$

$$\therefore \frac{a}{c+5b} + \frac{b}{a+5c} + \frac{c}{b+5a} \geq \frac{1}{2}$$

177-1-6 집합 $T = \{1, 2, \cdots, 10\}$에 대하여, 다음 성질을 모두 만족하는 전단사함수 $f : T \to T$는 모두 몇 개인가?

(i) 모든 $x \in T$에 대하여, $f(f(x)) = x$이고,

(ii) 모든 $x \in T$에 대하여, $|f(x) - x| \geq 2$이다.

풀이

KAIST 07학번 이동민

먼저 $f(f(x)) = x$이고 $|f(x) - x| > 0$인 전단사 함수 f의 개수는 10개의 숫자를 5개의 묶음으로 분할하는 가짓 수 이다.

$$_{10}C_2 \times _8C_2 \times _6C_2 \times _4C_2 \times \frac{1}{5!}$$

$|f(x) - x| = 1$이 되는 경우들을 배제시키면 된다. 포함 배제의 원리를 쓴다.

5개의 묶음 중에서 인접한 숫자묶음(예 1/2, 3/4, $\cdots$)이 1개 있을 경우의 수는 1/2, 2/3, 3/4, $\cdots$, 9/10 총 9개이다. 이제 나머지 8개 숫자를 4개의 묶음으로 나누므로 경우의 수는 $9 \times (_8C_2 \times _6C_2 \times _4C_2 \times \frac{1}{4!})$

인접한 숫자 묶음이 2개 이상인 경우를 구할 때는 수형도를 이용하여 비슷한 방법으로 전체 경우의 수를 구하면

$$_{10}C_2 \times {}_8C_2 \times {}_6C_2 \times {}_4C_2 \times \frac{1}{5!} - 9 \times ({}_8C_2 \times {}_6C_2 \times {}_4C_2 \times \frac{1}{4!})$$
$$\times 28 \times ({}_6C_2 \times {}_4C_2 \times \frac{1}{3!}) - 35 \times ({}_4C_2 \times \frac{1}{2!}) + 15 \times {}_2C_2 - 1$$
$$= 945 - 945 + 420 - 105 + 15 - 1 = 329$$

177-1-7 삼각형 ABC의 내접원과 변 BC, CA, AB의 교점을 각각 J, K, L이라 하고, 점 $D(\neq B, J), E(\neq C, K), F(\neq A, L)$를 각각 선분 BJ, CK, AL위의 점이라고 하자. 삼각형 ABC의 내심과 삼각형 DEF의 외심이 일치하고, $\angle BAC = \angle DEF$일 때, 삼각형 ABC와 삼각형 DEF가 모두 이등변삼각형임을 보여라.

KAIST 06학번 박준형

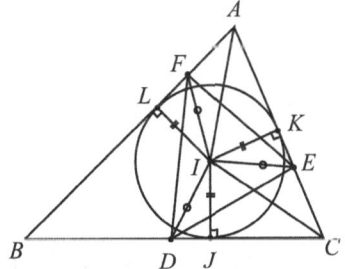

$\triangle ABC$의 내심을 I라 하자. I가 $\triangle DEF$의 외심이므로 $FI = EI - DI$이다.
$$\triangle ILF \equiv \triangle IKE \equiv \triangle IJD (\text{RHS합동})$$
$$\angle LIF = \angle KIE = \angle DIJ$$
$$\angle LIK = 180 - \angle A = \angle FIE$$

$\therefore A, F, I, E$는 한 원상의 네 점이다.
$\angle FEI = \angle FAI = \frac{\angle A}{2}$, $\angle FED = \angle A$이므로 $\angle FEI = \angle IED = \frac{\angle A}{2}$
$\therefore \triangle DEF$는 $\angle D = \angle F$인 이등변삼각형이다.
마찬가지로 $\angle KIJ = \angle DIE$에서 C, D, I, E가 한 원상의 네 점임을 얻고, $\angle IED = \angle ICD$, $\frac{\angle A}{2} = \frac{\angle C}{2}$므로 $\angle A = \angle C$, $\triangle ABC$도 이등변삼각형이다.

☐ Proposals Solutions

Proposals Solutions코너는 독자분들과 함께 문제를 생각해보는 코너입니다. 독자분들 중에서 자신이 창작한 문제가 있는 분이나 Proposals란에 실린 문제를 푸신 분은 수학문제연구회로 보내주시면 실어드리겠습니다. 보낼 때는 **FAX**나 우편, 홈페이지 등으로 보내시면 됩니다. 이미 풀이가 실린 문제일지라도 색다른 풀이를 보내주시면 실어드리겠습니다.

☐ PROPOSLAS

180-1
한국과학영재학교
곽우석

양의 실수를 정의역으로 하고 음아닌 정수를 치역으로 하는 함수 $f(x)$를 "반지름이 x인 원에 겹치지 않고 완전히 들어갈 수 있는 반지름 1인 원의 최대 갯수"라고 정의하자. $f(x)$의 일반식을 x에 관한 식으로 쓸 수 있는가?

"겹치지 않고"는 반지름 1인 원끼리 둘 이상의 점에서 만날 수 없다는 뜻이고, "완전히"는 말 그대로 반지름 x인 원에 각 반지름 1인 원이 모두 완전히 포함되어야 한다는 뜻이다.

180-2
숭실중 2
김철영

$i = 1, 2, \ldots, n$와 양의 실수열 a_i와 b_i에 대해 다음이 성립함을 보이자. 모든 $i = 1, 2, \ldots, n$에 대해 $\frac{b_i}{n} \geq \frac{a_i + b_i - 1}{a_i + n - 1}$가 성립할 때, $\frac{\sum_{i=1}^{n}(a_i^{b_i} - 1)}{n} \geq \sum_{i=1}^{n}(a_i - 1)$가 성립함을 보이자.

☐ SOLUTIONS

173-9
대전 어은중
임준혁

삼각형 ABC에서 $\angle A = 45°$ 이다. B에서 CA에 내린 수선의 발을 D라 하고, C에서 AB에 내린 수선의 발을 E라고 하자. 또, AB, BC의 중점을 각각 X, Y라고 하고, 삼각형 ABC의 외심을 O라고 한다면, 세 직선 DE, XY, BO는 한 점에서 만남을 보여라.

삼천중 강성경

보조정리 $\overline{XY}$에 상관없이, 문제에서 $\overline{BO} \cap \overline{DE} = P$라 하면 $\overline{BP} = \overline{PK}$이다. □

보조정리의 증명 1)

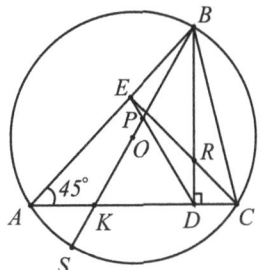

만약 △ABC가 예각삼각형이라면 △ABC, $\overline{BO}$의 교점을 S, $\overline{EC} \cap \overline{BD} = R$이라 하면 $\angle BAC = 45$이므로

$$\angle ECA = 45 \rightarrow \angle DRC = 45$$

또 $\angle BAS = 90$이므로

$$\angle CAS = 45 \rightarrow \angle SBC = \angle CAS = 45$$

$\angle PDB = \theta$라 하면 사각형 $EBCD$는 내접사각형이니까(trivial)

$$\angle ECB = \theta \rightarrow \angle DBC = \angle DRC - \angle ECB = 45 - \theta.$$

이때 $\angle SBC = 45$라 했으므로

$$\angle PBD = \angle SBC - \angle DBC = 45 - (45 - \theta) = \theta$$

가 되고, 따라서 $\angle PBD = \angle PDB$, 즉 $\overline{PD} = \overline{PB} \cdots$ ①
이때 △KDB는 직각 △이므로 $\angle PKD = 90 - \angle PBD = 90 - \angle PDB = \angle PDK$가 된다. 즉 $\overline{D} = \overline{PD} \cdots$ ②
①, ②에서 $\overline{PB} = \overline{PD} = \overline{PK}$가 된다. 즉 $\overline{BP} = \overline{PK}$

2)

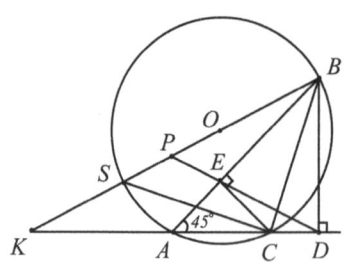

만약 △ABC가 둔각삼각형이라면 편의상 ∠BCA > 90라 가정.
△ABC, $\overline{BO}$의 교점을 S, $\overline{EC} \cap \overline{BD} = R$이라 하면 ∠BAC = 45이므로

$$\angle ECA = 45 \to \angle BSC = 45$$

∠PDK = θ라 하면 사각형 EBDC는 내접사각형이니까(trivial)

$$\angle EBC = \theta \to \angle ASC = \theta \to \angle BSA = \angle BSC + \angle ASC = 45 + \theta$$

이때 ∠SAK = ∠SBC = 180−(∠SAB+∠CAB) = 180−(90+45) = 45가 되므로 ∠SKC = ∠BSA − ∠SAC = (45 + θ) − 45 = θ가 되고, 따라서 ∠PKD = ∠PDK, 즉 $\overline{PK} = \overline{PD} \cdots$ ①
이때 ∠KDB는 직각 △이므로 ∠PBD = 90 − ∠PKD = 90 − ∠PDK = ∠PDB가 된다. 즉 $\overline{PB} = \overline{PD} \cdots$ ②
①, ②에서 $\overline{PB} = \overline{PD} = \overline{PK}$가 된다. 즉 $\overline{BP} = \overline{PK}$.
이로서 보조정리가 증명되었다. □

이제 본 문제로 돌아가자.(점들의 정의는 위의 [보조정리]에서의 정리를 참고하라.)

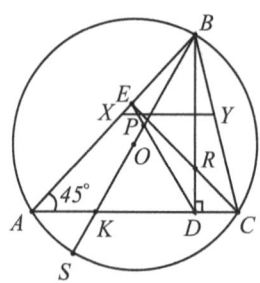

[보조정리]에 의해 P는 $\overline{BK}$의 중점이고, ($\overline{XY}$와 상관없이 풀었기 때문에 쓸 수 있다.)

문제의 조건에서 X, Y는 각각 $\overline{AB}, \overline{BC}$의 중점이므로

$\triangle ABK$에서 중점연결정리 : $\overline{XP} \parallel \overline{AK} \parallel \overline{AC}$ ······ ①

$\triangle CBK$에서 중점연결정리 : $\overline{PY} \parallel \overline{KC} \parallel \overline{AC}$ ······ ②

①, ②에서 $\overline{XP} \parallel \overline{PY}$이다.

이때 $\overline{XP}, \overline{PY}$는 한 점 P를 공통으로 가지기 때문에 $\overline{XP}$와 그 연장선, 또 $\overline{PY}$와 그 연장선은 완전히 일치해야 한다. 즉, 세 점 X, P, Y는 일직선에 있어야 하고, 따라서 다음의 세 선분 $\overline{BO}, \overline{DE}, \overline{XY}$는 한 점 (P)에서 만나야 한다.

이로서 문제가 증명되었다.

단일기간 이항 나무방법으로 본 배추의 가격

KAIST 수리과학과 김민규

수학나라 셈마을에 버거짱이라는 햄버거 가게가 있었다. 햄버거를 만들기 위해서는 빵과 배추, 햄이 필요하다. 빵과 햄은 가격이 언제나 일정하지만 배추는 흉년과 풍년에 따라 가격이 크게 변한다. 구체적으로 현재 배추 가격은 1포기당 100원인데, 내년의 배추 가격은 흉년인 경우 폭등하여 포기당 1000원이 되고, 풍년인 경우 폭락하여 포기당 50원이 된다고 가정하자.

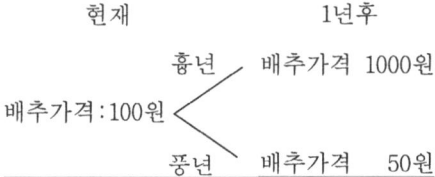

버거짱 사장인 상규는 내년 배추가격이 폭등하는 여부에 상관없이 포기낭 500원 이상에 구입하고 싶지 않다. 그래서 배추장수 승진이를 찾아갔다. 그러자 배추장수 승진이는 우대권을 제시했다. 이 우대권은 한장에 백원인데 내년에 배추를 살 때 우대권을 제시하면 배추 가격에 상관없이 400원에 배추를 살 수 있다고 한다. 이때 지나가던 셈마을 최고 장로인 민규가 이 말을 듣고 우대권 한장에 백원은 너무 비싸다며 가격을 낮추라고 했다.

예제 1

우대권 가격으로 100원은 적정한가? 단, 이자율은 10%라고 가정한다.

과거 수학자들은 이런 종류의 문제를 다음과 같이 접근하였다.

```
           현재                    1년후
                    흉년 ╱ 배추가격 1000원→우대권 행사→이득:600원
        배추가격:100원
                    풍년 ╲ 배추가격   50원→우대권 행사→이득:0원
```

흉년이 들 확률을 p라 하면($0 < p < 1$)

$$1년 지난 시점에서 우대권의 가치 = p \times 600 + (1-p) \times 0$$
$$= 600p$$

여기서 이자를 감안하여 현재 우대권의 가치$= \frac{600p}{1.1}$으로 계산한다.

그런데 이런 방식의 문제점은 신이 아닌 이상 흉년이 들 확률을 정확히 알 수 없다는데 있다. 그리하여 사람마다 p를 다르게 추정하여 우대권의 가격을 누구나 수긍할 수 있게 정할 수는 없게 된다.

1973년 블랙(Fischer Black)과 숄즈(Scholes)는 이런 종류의 문제에 대해 누구나 수긍할 수 있는 가격 계산법을 발표하였으며 이로 인해 숄즈는 노벨 경제학상까지 받게 된다.

그들은 우대권의 가치를 배추와 은행으로 복제하여 계산을 한다. 구체적으로 보면

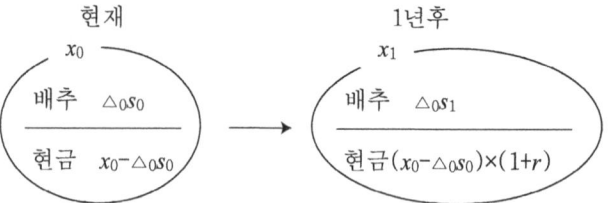

현재 배추가격을 s_0, 1년후 배추가격을 s_1, x_0원의 현금으로 $\triangle_0$만큼 배추를 사는 경우 1년 후의 가치를 x_1이라 하면 $x_1 = \triangle_0 s_1 + (1+r)(x_0 - \triangle_0 s_0)$가 된다.

$$x_1(흉년) = 600 = \triangle_0 s_1(흉년) + (1+r)(x_0 - \triangle_0 s_0)$$
$$x_1(풍년) = 0 = \triangle_0 s_1(풍년) + (1+r)(x_0 - \triangle_0 s_0)$$

다시 쓰면

$$600 = 1000\triangle_0 + \frac{11}{10}(x_0 - 100\triangle_0)$$
$$0 = 50\triangle_0 + \frac{11}{10}(x_0 - 100\triangle_0)$$

풀면 $x_0 = \frac{7200}{209}, \triangle_0 = \frac{12}{19}$이 된다.

즉, $x_0 = \frac{7200}{109} = 34$원의 돈이 있으면 배추 $\frac{12}{19}$개를 사 두면 배추는 개당 100원이므로 배추의 총 가치는

$$100 \times = \frac{12}{19} = \frac{1200}{900} \fallingdotseq 63원$$

현금은 $\frac{7200}{209}$원에서 $\frac{1200}{19}$원치 배추를 구입하였으므로

$$\frac{7200}{209} - 120019 = -\frac{6000}{209} = -29원 \text{ 보유(빚 29원)}$$

이 된다.

즉 34원의 현금이 있다면 은행에서 29원을 빌려와 배추를 63원치 사면 된다.

이때 흉년인 경우 배추 가격이 100원에 1000원으로 오르므로 배추자산의 가격은 $\frac{12}{19} \times 100 = \frac{12000}{19} = 632$원이 되며 은행 빚은 $\frac{6000}{209} \times \frac{11}{10} = \frac{600}{19} = 32$원이 된다.

이때 배추를 모두 팔면 빚을 갚고 600원의 현금이 남게 된다.

풍년인 경우는 배추자산 $\frac{12}{19} \times 500 = \frac{600}{19} = 32$원으로 폭락하고 빚은 32원이므로 1년후 배추를 모두 갚아 빚을 갚으면 아무것도 남지 않는다.

우대권을 한개 보유하고 있는 경우와 현금 $\frac{7200}{209} = 32$원은 풍년, 흉년 모두 가치가 같으므로 같은 가격이다. 즉 우대권은 34원이 된다. 따라서 배추장사 승진이가 우대권의 가격을 100원이라 한것은 바가지이다.

다음 시간에는 조금 더 일반적인 경우의 배추 가격에 대해 알아보자.

Convex Functions

KAIST 수리과학과 석사과정 이승진

이 article에서는 볼록함수의 성질과 Jensen's inequality, Karamata's inequality를 소개할 것이다. 볼록함수 (Convex functions)라는 말은 보통 f'가 증가함수라는 조건으로도 정의하지만 일반적으로는 미분가능하지 않으며 정의는 아래와 같다.

정의

함수 $f : [a, b] \to \mathbb{R}$이 볼록(convex)하다는 말은

$$f(\lambda x_1 + (1-\lambda)x_2) \leq \lambda f(x_1) + (1-\lambda)f(x_2)$$

$$\forall x_1, x_2 \in [\lambda, b]$$

$$\forall \lambda \in (0, 1)$$

이 성립할 때이다.

기하학인 관점으로 살펴보자. 임의의 $x_3 \in (x_1, x_2)$를 잡고 $x_3 = \lambda x_1 + (1-\lambda)x_2$로 표현하였을 때에 $f(x_3)$는 f의 그래프상에 있지만 $\lambda f(x_1)+(1-\lambda)f(x_2)$는 정의에 의해 $f(x_3)$보다 위에 있어야 한다. 즉 $(x, f(x_1))$과 $(x_2, f(x_2))$를 잇는 선분은 항상 f의 그래프 위에 있어야 한다.

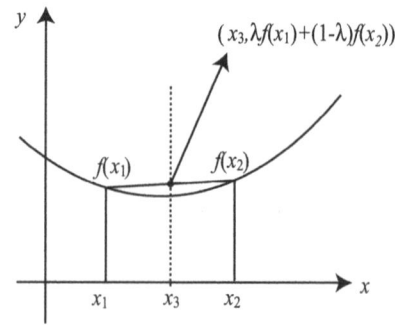

미분가능한 볼록함수 f에 대하여 $f' \geq 0$이 성립하지만 일반적인 볼록함수 f에 대해서는 무엇을 말할 수 있을까? $f' \geq 0$과 유사한 정리를 보도록 하자.

정리 1

f를 $[a,b]$에서 정의되는 볼록함수라 하자. $a \leq x_1 < x_3 < x_2 \leq b$를 만족하는 임의의 x_1, x_2, x_2에 대하여 아래의 부등식이 성립한다.

$$\frac{f(x_3) - f(x_1)}{x_3 - x_1} \leq \frac{f(x_2) - f(x_1)}{x_2 - x_1} \leq \frac{f(x_3) - f(x_2)}{x_3 - x_2}$$

증명 $\lambda = \frac{x_2 - x_3}{x_2 - x_1}$라 두면 $x \in (0,1)$가 성립한다. 그러면 f의 정의에 의해 $f(x_3) \leq \frac{x_2 - x_3}{x_2 - x_1} f(x_1) + \frac{x_3 - x_1}{x_2 - x_1} f(x_2)$가 성립하며 양변에 $f(x_1)$을 빼면 $f(x_3) - f(x_1) \leq \frac{x_2 - x_1}{x_2 - x_1}(f(x_2) - f(x_1))$이 성립하고 이는 왼쪽 부등식과 동치이다. 오른쪽 부등식도 유사하게 증명된다. $\square$

f가 미분가능한 경우에는 x_3을 x_1 또는 x_2로 보내서 $f'(r_1) \leq \dfrac{f(x_2) - f(x_1)}{x_2 - x_1} \leq f'(x_2)$임을 쉽게 알 수 있다.

f가 미분가능하지 않더라도 f'_-와 f'_+는 정의할 수 있다. 즉, $\varphi(t) = \frac{f(t) - f(x)}{t - x}$ ($t \neq x$)에서 $\varphi(t)$의 x에서의 좌극한, 우극한은 항상 존재한다. 이는 $\varphi(t)$가 위의 정리로부터 증가함수임을 알고 $\varphi(t) \in [\varphi(a), \varphi(b)]$이므로 쉽게 증명할 수 있다. 특히, f는 연속함수이다.

이제 Jensen's inequality와 Karamata's inequality를 소개하도록 하자.

정리 2 (Jensen's inequality)

f가 볼록함수이고 $\alpha_1, \alpha_2, \ldots, \alpha_n$이 합이 1이 되는 양수라 할 때 임의의 실수가 $x_1, \ldots, x_n$에 대하여 다음이 성립한다.

$$f(\alpha_1 x_1 + \cdots + \alpha_n x_n) \leq \alpha_1 f(x_1) + \cdots + \alpha_n f(x_n)$$

정리 3 (Karamata's inequality)

f가 볼록함수이고 $x_1, \ldots, x_n, y_1, \ldots, y_n$은 두개의 증가하지 않는 실수수열이라고 하자. 만약 아래의 두 조건 중 하나가 성립한다면 $\sum_{i=1}^{n} f(x_i) \geq \sum_{i=1}^{n} f(y_i)$가 성립한다.

조건 : (a) $\sum_{i=1}^{k} x_i \geq \sum_{i=1}^{k} y_i$ for all $k = 1, 2, \ldots, n-1$

$$\sum_{i=1}^{n} x_i = \sum_{i=1}^{n} y_i$$

(b) $\sum_{i=1}^{k} x_i \geq \sum_{i=1}^{k} y_i$ for all $k = 1, 2, \ldots, n$

f는 증가함수

Jensen's inequality는 사실 볼록함수의 정의에 의해 자명하다. 이는 연습문제로 남긴다.

Karamata's inequality이 Jensen 부등식보다는 덜 유명하지만 꽤나 강력한 부등식이다. 앞으로 이 부등식의 증명과 연습문제를 마지막으로 이 article을 마칠까 한다.

Karamata's inequality의 증명 c_i를 $x_i \neq y_i$인 경우에는 $\frac{f(x_i) - f(y_i)}{x_i - x_i}$로 $x_i = y_i$인 경우에는 $f'_t(x_i)$로 정의하자. f가 볼록이고 x_i, y_i는 각각 감소함수이므로 c_i는 증가하지 않는 수열이다. 이는 정리 1로 알수 있다. 이제 증명하자.

$$\sum_{i=1}^{n} f(x_i) - \sum_{i=1}^{n} f(y_i) = \sum_{i=1}^{n} c_i(x_i - y_i) = \sum_{i=1}^{n} c_i x_i - \sum_{i=1}^{n} c_i y_i$$
$$= \sum_{i=1}^{n} (c_i - c_{i+1})(x_1 + \cdots + x_i)$$
$$- \sum_{i=1}^{n} (c_i - c_{i+1})(y_1 + \cdots + y_i)$$

(여기서 c_{n+1}은 0으로 정의한다.)

$A_i = x_1 + \cdots + x_i, B_i = x_1 + \cdots + x_i$로 정의하면 위 식은 아래와 같다.

$$\sum_{i=1}^{n} f(x_i) - f(x_i) = \sum_{i=1}^{n-1} (c_i - c_{i+1})(A_i - B_i) + c_n(A_n - B_n)$$

우변의 첫번째 term은 $c_i \geq c_{i+1}$이고 $A_i \geq B_i$이므로 0이상이며 두번째 term은 조건 (a)에서는 0이고 (b)에서는 $c_n \geq 0$이므로 (f는 증가함수) $A_n \geq B_n$이므로 이도 0이상이다. □

예제 2

$a_1 \geq a_2 \geq \cdots \geq a_n$과 $b_1 \geq \cdots \geq b_n$는 두 개의 양수 수열이며 $\Pi_{i=1}^{k} a_i \geq \Pi_{i=1}^{k} b_i (k = 1, \ldots, n)$을 만족한다. 이 때 $\sum_{i=1}^{a} a_i \geq \sum_{i=1}^{n} b_i$임을 보여라.

예제 3

만약 $x_1, \ldots, x_n \in [-\frac{\pi}{6}, \frac{\pi}{6}]$일 때 다음을 증명하여라.

$$\cos(2x_1 - x_2) + \cos(2x_2 - x_3) + \cdots + \cos(2x_n - x_1)$$
$$\geq \cos x_1 + \cos x_2 + \cdots + \cos x_n$$

Logistic differential equation

KAIST 07학번 김효섭

이 글에서 다룰 logistic differential equation 이란, logistic equation의 구체적인 내용 중 하나입니다. logistic equation은 Pierre Verhulst가 처음 만들어낸 인구증가에 관한 모델입니다.

logistic differential equation은 다음과 같이 나타내어 집니다.

$$a_{n+1} = ra_n(1-a_n)$$

여기서 첫 번째 항 a_0가 이 수열의 특성을 결정하게 됩니다. 이 글에서는 초항 a_0를 $0 < a_0 < 1$범위 내에서 변화시키면서 어떠한 특성을 가지는지 관찰할 것입니다. 여기서 (0,1)이란 범위는 왜 나온 것일까요? 이는 값을 양수로 한정하기 위해서입니다. 증명은 남겨둡니다. (힌트 : $a_n = \frac{1}{2} + b_n$로 두면 됩니다) 용이한 관찰을 위해 MAPLE 9.5 라는 수학 툴을 사용하였습니다.

일단 n에 따라 a_n이 어떻게 변화하는지 보기 위하여 메이플을 사용하여 procedure를 만들었습니다. procedure 자체는 중요한 것이 아니니 무시하고 넘어가도 되나 혹시 궁금해 하실 분이 계실까 몰라 여기에 추가합니다.

```
> Mn :=proc(m, r, a0)
    local i, a, x, n, j, q; print(a0); a := a0;
    for i from 1 to m do
      a := r * a * (1 - a);
      print(a);
      x[i] := a;
    od;
  q :=[seq([seq(x[n] * j + n * (1 - j), j = 0 ... 1)], n = 1 ... m)];
    plot(q, style=point);
  end proc;
```

procedure에 대해 간단한 해설 : procedure $Mn(m, r, a0)$를 생성하였습니다. 이 procedure Mn의 변수 m은 주어진 식에서 n을 어디까지 나타낼지 정하는 수이고, r은 r, $a0$는 초항을 나타냅니다. 예를 들어 봅시다. $Mn(100, 3/4, 0.3)$이란 procedure가 나타내는 값은 그래프의 형태를 띱니다. $m = 100$이므로

a_{100}까지의 값을 $r = 3/4, a_0 = 0.3$ 으로 두고, 계산하여 x축을 n, y축을 a_n으로 한 그래프를 출력해 냅니다.

n을 x축으로 두고, a_n을 y축으로 두었습니다. 그리고 $a_0 = 0.3, r = 3/4$로 하고 n을 100까지 하여 그래프를 그렸습니다.

그래프상으로 보기에는 위의 수열은 0으로 수렴하는 것 같습니다. 좀 더 알아보기 위하여 초항 를 0.1부터 0.9까지 0.1간격으로 변화시켜가면서 그래프를 그려보았습니다. 모든 그래프들이 0으로 수렴하는 듯한 모습을 보였습니다. 그래프는 지면관계상 덧붙이지 않습니다. 0으로 수렴하는 것 같은 모습만으로는 부족하므로 증명을 시도해 보았습니다. 여기 그 증명도 덧붙여봅니다.

증명 수열 $b_n = \frac{3}{4}b_{n-1} = (\frac{3}{4})^n a_0 < 1$이라 합니다. 주어진 식에 의하여,

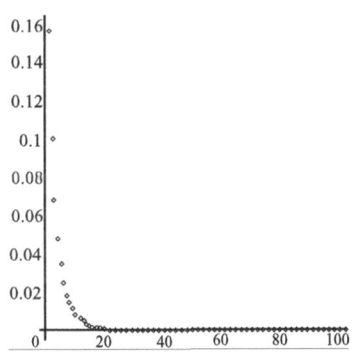

그림 1 $Mn(100, 3/4, 0.3)$

$$a_1 = \frac{3}{4}a_0(1-a_0) < \frac{3}{4}a_0 b_1 \because 0 < a_0 1 \Rightarrow 0 < 1 - a_0 < 1$$

이제, $a_n \leq b_n$임을 가정합니다.

$$a_{n+1} = \frac{3}{4}a_n(1-a_n) < \frac{3}{4}a_n < \frac{3}{4}b_n = b_{n+1}$$

$\therefore a_{n+1} \leq b_{n+1}$ if $a_n \leq b_n$

$\therefore a_n \leq b_n$ for all natural number$n$

$\therefore \lim_{n\to\infty} a_n$ ' $\lim_{n\to\infty} b_n = 0$ so $\lim_{n\to\infty} a_n = 0$ for any value of $0 < a_0 < 1$

□

여기서 주목해봐야 할 점을 r의 값입니다. 증명에 사용된 수열 b_n은 r의 값에 지대한 영향을 받습니다. $r = 1$일 때는 여러분이 고려해보시기 바랍니다.

과연, r을 변화시키면 어떻게 될까요? r을 (1,3)사이에서 변화시킨 그래프를 덧붙입니다.

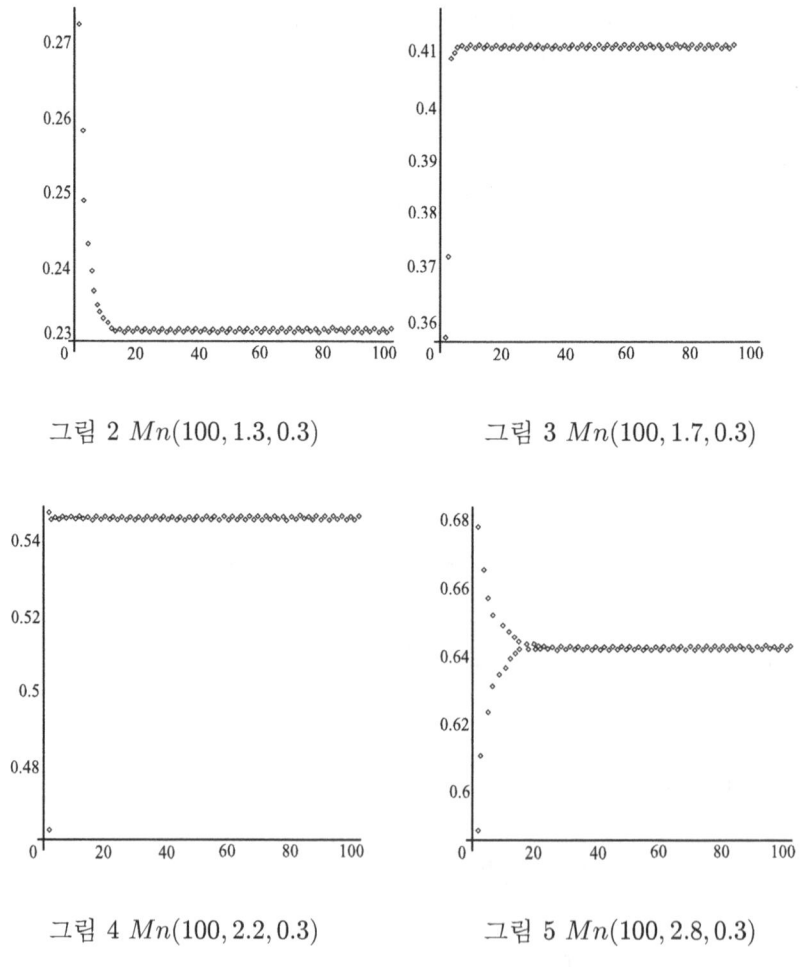

그림 2 $Mn(100, 1.3, 0.3)$ 그림 3 $Mn(100, 1.7, 0.3)$

그림 4 $Mn(100, 2.2, 0.3)$ 그림 5 $Mn(100, 2.8, 0.3)$

이들은 극한값이 존재하는 것 같습니다. 그럼 약간의 트릭을 써서 극한값을 구해봅니다. 수열이 수렴하므로, n이 충분히 크다면, $a_{n+1} \approx a_n$임을 알 수 있습니다. 그럼 식 $x = rx(1-x)$를 풀음으로써, $\frac{r-1}{r}$이란 극한값을 구할 수 있습니다.

r을 더 변화시켜 볼까요?

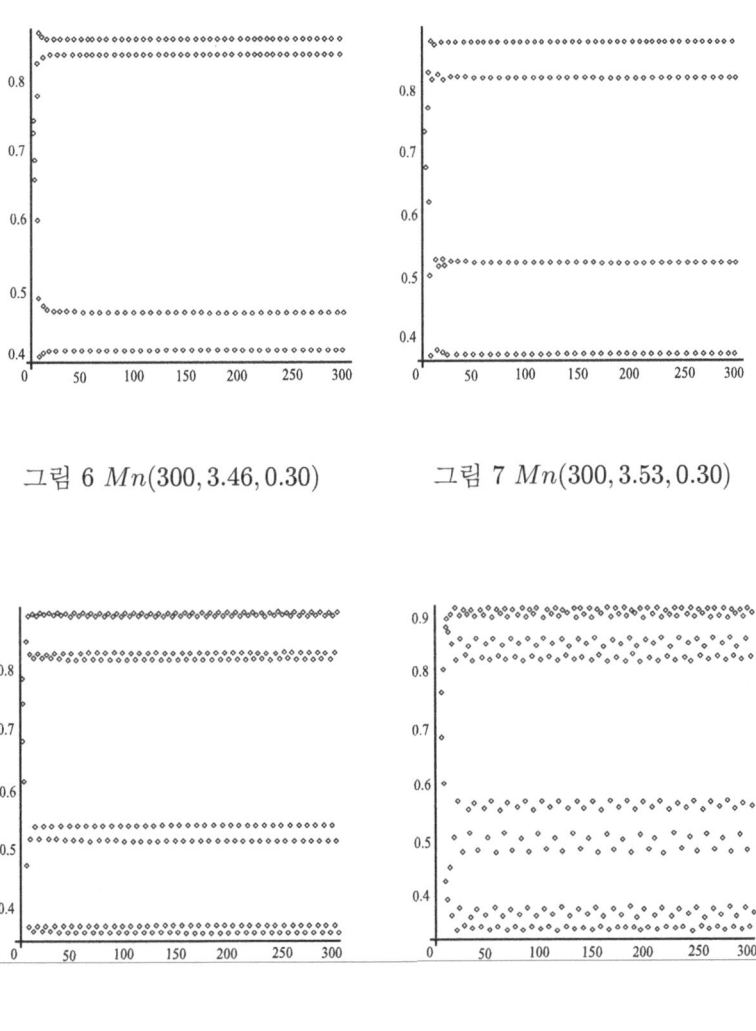

그림 6 $Mn(300, 3.46, 0.30)$

그림 7 $Mn(300, 3.53, 0.30)$

그림 8 $Mn(300, 3.547, 0.30)$

그림 9 $Mn(300, 3.5695, 0.30)$

r이 커지니까 수열이 점점 더 복잡한 양상을 띠게 됩니다. 수렴하는 값이(엄밀히는 수렴값은 존재하지 않습니다만..) 2^n으로 증가하지요? $1, 2, 4, 8, \ldots$ 그런데 언제까지나 이렇게 나갈까요? r이 임계값에 다다르게 되면 카오스적 양상을 띠게 됩니다. 초항 a_0에 크게 영향을 받게 되지요.

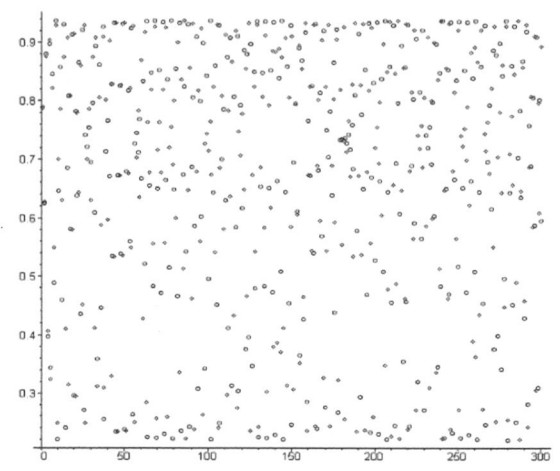

그림 10 $Mn(300, 3.75, 0.3, 0.301)$

위 그림은 초항이 0.3과 0.301일 때를 겹쳐 그린 겁니다.

과연 r의 변화를 어떻게 설명할 수 있을까요? r이 $(0,1)$일때는 0으로 수렴, $(1,3)$일 때는 $\frac{r-1}{r}$로 수렴, 그 이후부터는 위에 언급된 대로입니다. 그럼, 한번 $y = rx(1-x)$와 $x = ry(1-y)$의 그래프를 같이 그려보겠습니다.

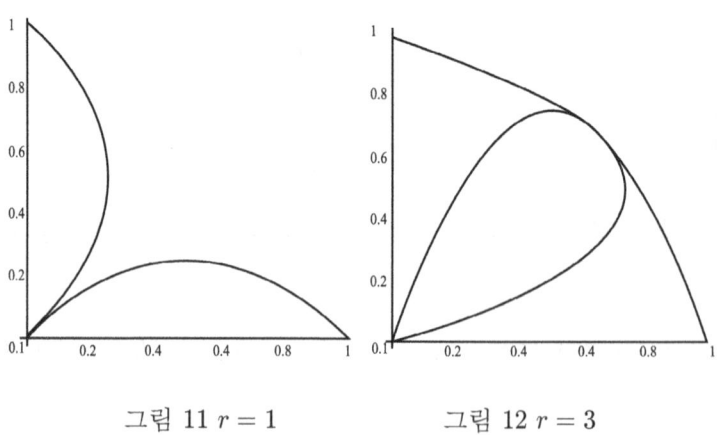

그림 11 $r = 1$ 그림 12 $r = 3$

이 그림들은 무슨 의미일까요? 초항을 x축에 찍어봅시다. 그리고 위로 볼록한 그래프에 닿을때까지 수직선을 긋습니다. 그리고 그 교점에서 오른쪽으로 볼록한 그래프에 닿을때까지 수평선을 긋습니다. 이제 그 교점에서 다시 처음 그래프까지 수직선을 긋습니다. 이 과정을 무한 반복하면 수렴값, 즉 두 그래프의 교점에 닿게 되는 것입니다.

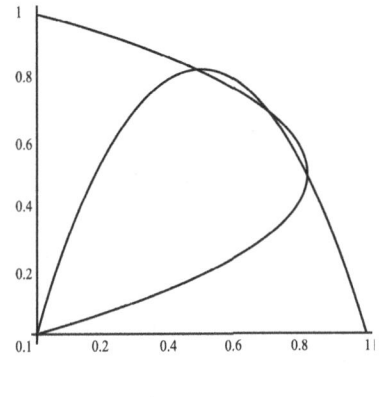

그림 13 $r = 3.3$

r이 더 커지니 교점이 세 개가 생겼습니다. 이 이후부터는 이 방법으로 해석이 힘든 것 같습니다. 수렴하는 곳의 개수가 늘어나는 것과 위의 그래프 사이의 연관성을 찾기가 힘이 듭니다. 그리고 종국에 가서는 카오스 형태를 보이는 것도 이해하기가 힘든듯 합니다. 좀 더 심화된 탐구를 하기 위해서는 관련된 논문을 찾아보는 것이 좋을 것 같습니다.

Reference

http://en.wikipedia.org/wiki/Logistic_map

란체스터의 전략(Lanchester's strategy)

KAIST 07학번 이동민

1. 서론

스타크래프트와 같은 전략 시뮬레이션 게임을 할 때 물량의 위력이 얼마나 엄청난 것인가를 경험한 사람들이 많을 것이다. 처음엔 비슷한 수의 물량이지만 물량이 조금 떨어지는 쪽이 점점 피해가 아주 커짐을 알 것이다. 이 글에서는 이러한 현상을 설명하기 위해 영국의 항공공학자 란체스터(Frederick William Lanchester)가 고안한 란체스터의 전략에 대해 알아보고 이를 수학적으로 고찰해보고자 한다.

2. 란체스터의 전략

란체스터는 제1차 세계대전에서 영국군과 독일군간의 전투를 계기로 2가지 법칙을 고안해내었다. 먼저 1법칙은 아래와 같다.

란체스터의 제 1법칙

공중전과 같이 1 대 1로 승부할 경우에는 전투기의 수가 많은 쪽이 손해가 적으므로 무기 효율을 높여야 손해량을 줄일 수 있다.

사실 지극히 자연스럽다. 이를 좀 더 생각해보면 전투에서 공격력은 물량과 무기의 효율에 비례한다고 볼 수 있다.

곧, 공격력=물량×무기효율 이라 할 수 있겠다.

아래의 2법칙은 좀 더 흥미롭다

란체스터의 제 2법칙

지상전과 같은 그룹 간 전투에서 병기의 성능이나 기능이 분화된 확률병기 전투를 하는 경우에는 손해는 병력수의 제곱비율로 증가하므로 병력수가 적은 쪽이 압도적 손해를 입는다.

지상전에서도 마찬가지로 물량과 무기효율의 영향을 받지만 물량의 영향이 매우 크다는 것을 알 수 있다 2법칙을 수식으로 표현한다면 공력력= (물량)^2×무기효율이라 할 수 있겠다.

여기서 독자들은 왜 물량의 제곱에 비례해야 되는가에 의문을 품을 것이다. 지금부터는 이 란체스터의 제 2법칙에 대해 수학적으로 고찰해보도록 하자.

3. 란체스터의 제 2법칙의 수학적 고찰

한 가지 예를 들어보자.

> **예제**
>
> A, B 두 그룹이 총격전을 벌인다고 하자. A 그룹에는 9명의 병사들이, B 그룹에는 6명의 병사들이 있다. 두 그룹이 가진 총은 사격 명중률이 $\frac{1}{3}$으로 동일하다고 한다. 한쪽이 전멸하면 전투가 종결되는 것으로 본다면 어느 쪽이 승리하고 생존율은 어느 정도일까?

> **풀이**   (i) 첫 번째 일제 사격
> A 그룹의 생존자 $= 9 - 6 \times \frac{1}{3} = 7$명(2명 사망)
> B 그룹의 생존자 $= 6 - 9 \times \frac{1}{3} = 3$명(3명 사망)
>
> (ii) 두 번째 일제 사격
> A 그룹의 생존자 $= 7 - 3 \times \frac{1}{3} = 6$명(1명 사망)
> B 그룹의 생존자 $= 3 - 7 \times \frac{1}{3} = \frac{2}{3}$명(2명 사망, 1명 부상)
> B 그룹의 경우 생존자가 정수로 나타나지 않는데 이 경우 부상으로 생각하도록 하자.
>
> (iii) 세 번째 일제 사격
> A 그룹의 생존자 $= 6 - \frac{2}{3} \times \frac{1}{3} = \frac{52}{9}$명(1명 부상)
> B 그룹의 생존자 = 전멸
>
> 위 과정에서 A 그룹은 6명이 생존했다(1명 부상). 단순히 생각해보면 9명과 6명이 교전하면 3명이 남을 것이라 생각할 수 있다. 그러나 확률 병기의 싸움에서는 위와 같이 물량이 작은 쪽이 압도적으로 불리해진다는 것을 알 수 있다. 특히, 시간이 지날수록 피해가 기하급수적으로 커진다는 것 또한 알 수 있다.   ◇

이제 좀 더 이를 일반화시켜 보기로 하자. A, B 두 그룹의 처음 병력의 수를 a_0, b_0(단, $a_0 > b_0$)라고 하고 n번의 사격후의 각각의 병력의 수를 a_n, b_n이라 하자. 두 그룹이 사용하는 총의 사격 명중률은 k로 일정하다고 가정하자. $n+1$번째 사격 후, 각 그룹 병력 변화를 식으로 표현하면

$$a_{n+1} = a_n - kb_n, b_{n+1} = b_n - ka_n$$

이고 이를 행렬식으로 표현하면

$$\begin{pmatrix} a_{n+1} \\ b_{n+1} \end{pmatrix} = \begin{pmatrix} a_n \\ b_n \end{pmatrix} - k \begin{pmatrix} b_n \\ a_n \end{pmatrix} = \begin{pmatrix} 1 & -k \\ -k & 1 \end{pmatrix} \begin{pmatrix} a_n \\ b_n \end{pmatrix}.$$

$$\begin{pmatrix} 1 & -k \\ -k & 1 \end{pmatrix}^2 = \begin{pmatrix} 1+k^2 & -2k \\ -2k & 1+k^2 \end{pmatrix}, \begin{pmatrix} 1 & -k \\ -k & 1 \end{pmatrix}^3 = \begin{pmatrix} 1+3k^2 & -k^3-3k \\ -k^3-3k & 1+3k^2 \end{pmatrix},$$
……

만일, k가 1보다 적당히 작고 n이 유한번이라면 $\begin{pmatrix} 1 & -k \\ -k & 1 \end{pmatrix}^n \approx \begin{pmatrix} 1 & -nk \\ -nk & 1 \end{pmatrix}$으로 근사시킬 수 있다. 따라서,

$$\begin{pmatrix} a_n \\ b_n \end{pmatrix} = \begin{pmatrix} 1 & -k \\ -k & 1 \end{pmatrix}^n \begin{pmatrix} a_0 \\ b_0 \end{pmatrix} \approx \begin{pmatrix} a_0 - nkb_0 \\ b_0 - nka_0 \end{pmatrix}$$

$a_0 > b_0$이므로 $a_n > b_n$이고 $b_n \approx 0$일 때 전투가 종결된다. 이 때, $b_n \approx b_0 - nka_0 \approx 0$이므로

이고

위 식을 이용해 예제에 이용하면 결과는 5명으로 나타난다. 이것은 어디까지나 근사식이므로 결과가 정확할 수는 없다. 사격명중률이 $\frac{1}{3}$으로 1보다 적당히 작은 숫자라 할 수는 없으므로 결과값에 오차가 생기게 된다.

이번에는 횟수마다 사격을 하는 것이 아니라 사격이 연속적일 수 있음을 염두에 두고 미분방정식을 이용해서 고찰해보겠다.

일정시간 t시간이 지난 후에 A, B 그룹의 병력을 각각 $a(t), b(t)$라 하자.
t시간이 지난 시점에서 각 그룹의 병력손실은 $\frac{da(t)}{dt}, \frac{db(t)}{dt}$이다.
이 때, $\frac{da(t)}{dt} : \frac{db(t)}{dt} = b(t) : a(t)$일 것이다.
따라서, $a(t)\dfrac{d}{dt}a(t) = b(t)\dfrac{d}{dt}b(t)$이고 양변을 적분하면 결과는 $a(t)^2 = b(t)^2 + C$
$t=0$일 때, $a(0) = a_0, b(0) = b_0$이므로 $C = a_0^2 - b_0^2$이다.

$$\therefore a(t) = \sqrt{b(t)^2 + (a_0^2 - b_0^2)}$$

전투가 종결되고 난 후, $a(t) = \sqrt{(a_0^2 - b_0^2)}$가 된다. 점화식을 이용해 구한 근사식과 비교해보면 결과값이 유사하게 나타남을 알 수 있으며 제곱 항이 둘 다 들어가 있다는 사실을 알 수 있다. 이것은 그룹의 공격력이 물량의 제곱에 비례한다는 것을 보여준다 하겠다.

4. 결론 및 연습문제

앞에서 우리는 란체스터 전략에 대해 알아보았고 란체스터 제 2법칙에 대해 수학적으로 고찰해보았다. 란체스터 전략은 군사학에서만 쓰이는 것이 아니라 경영학에서도 강자를 이기는 기업경영전략으로 주목받고 있다. 이상으로 글을 마치며 관심 있는 독자들을 위해 연습문제 몇 개를 남긴다.

1. A, B 두 그룹의 병력비는 5:3이라 한다. 이들이 연속적으로 발사가 불가능한 곡사포로 싸운다면 어느 쪽이 이길 것인가? 이긴 쪽의 생존율은?

2. 갑, 을 두 나라가 해상에서 전투를 벌인다고 한다. 두 나라의 전투함은 동일하며 갑, 을의 전투함 수는 각각 17척, 15척이다. 어느 정도 시간이 지나자 을이 6척이 남자 퇴각을 시작했다. 이 때 갑의 남아 있는 전투함 수는?

3. 임진왜란 도중 한산도 앞바다에 100척으로 구성된 일본함대가 다가온다고 한다. 이순신 장군은 다른 전투 때문에 전력을 쪼개야 하는 상황이다. 한산도의 일본함대를 몰아내기 위해 필요한 군선의 최소수는? (조선 군선은 일본 군선보다 무기효율이 2배 좋다고 하자.)

2007 미국 수학올림피아드

181-1-1 n은 자연수이다. $a_1 = n$ 이고, 각각의 $k > 1$ 에 대해 a_k는 $a_1 + a_2 + \cdots + a_k$ 가 k의 배수가 되는 $0 \leq a_k \leq k-1$ 범위의 유일한 정수로 정의하자. 예를 들어, $n = 9$ 이면 수열은 $9, 1, 2, 0, 3, 3, 3, \ldots$ 이 된다. 임의의 n에 대해 수열 $a_1, a_2, \ldots$ 는 항상 결국 상수가 됨을 증명하여라.

181-1-2 유클리드 평면이 격자선에 의해 정수 좌표의 꼭지점을 갖는 단위정사각형칸으로 분할되어있다. 서로 겹치지 않은 무한개의 원판으로 모든 격자점을 덮는데, 각 원판의 반지름이 모두 5 이상이 되도록 할 수 있는가?

181-1-3 n은 자연수이고, S는 n^2+n-1개의 원소를 갖는 집합이다. n개의 원소를 갖는 S의 부분집합들을 두 그룹으로 나누었다. 그럼 어느 한 쪽 그룹에는 둘씩 서로 소인 n개의 부분집합이 있음을 증명하여라.

181-1-4 같은 크기의 n개의 칸을 연결하여 구성된 그림을 **n칸 동물**이라 부르자. 2007개 이상의 칸으로 구성된 동물을 **공룡**이라고 한다. 둘 이상의 공룡으로 분할시킬 수 없는 공룡을 **원시적** 공룡이라고 한다. 원시적 공룡은 최대 몇 개의 칸으로 구성될 수 있는가?

181-1-5 임의의 음 아닌 정수 n에 대해, $7^{7^n} + 1$ 은 $2n + 3$개 이상의 (서로 다를 필요는 없는) 소수들의 곱임을 증명하여라.

181-1-6 예각삼각형 ABC의 내접원과 외접원을 각각 ω, S라 하고, 외접원의 반지름을 R이라 하자. S와 A에서 내접하고 ω에 외접하는 원을 ω_A라 하자. 또, S와 A에서 내접하고 ω가 내접하는 원을 S_A라 하자. 원 ω_A와 S_A의 중심을 각각 P_A와 Q_A라 하자. 점 P_B, Q_B, P_C, Q_C도 비슷하게 정의한다. 다음을 증명하고, 등호가 성립할 조건은 ABC가 정삼각형일 때임을 보여라.

$$8P_AQ_A \cdot P_BQ_B \cdot P_CQ_C \leq R^3$$

2007 한국 수학올림피아드 2차시험

고등부
2007년 8월 18일
제한시간 4시간

177-2-1 중등부 3번과 중복

177-2-2 볼록사각형 $A_1B_1B_2A_2$에 대하여, $A_1B_1 \neq A_2B_2$일 때, 다음을 만족시키는 점 M이 존재함을 보여라.

$$\frac{A_1B_1}{A_2B_2} = \frac{MA_1}{MA_2} = \frac{MB_1}{MB_2}$$

풀이

KAIST 08학번 나기훈

$A_1B_1 \neq A_2B_2$이므로 일반성을 잃지 않고 $A_1B_1 < A_2B_2$라고 할 수 있다.
$\frac{A_1B_2}{A_2B_2} = \frac{NA_1}{NA_2}$을 만족하는 점 N들의 집합이 중심이 A_1A_2위에 있는 원이 되는데 이것은 아폴로니우스의 원이라는 매우 유명한 정리에 의한 것이다.
이 원과 A_1A_2이 만나는 두 점을 C, D라고 하면 $A_1B_1 < A_2B_2$이므로 점 C, D는 각각이 $A_1B_1 : A_2B_2 = A_1C : CA_2 = A_1D : DA_2$가 되도록 하는 내분점과 외분점이 되므로 이 점들은 점 A_1을 중심으로 서로 반대편에 있게 된다.
즉, 점 A_1이 아폴로니우스의 원 안에 포함되므로 선분 A_1B_1은 반드시 원과 만나게 된다.
이 점을 X라 하자.
같은 방법으로 B_1B_2에서 Y를 정의해 줄 수 있다.
A_1A_2와 B_1B_2에서 만들어진 원을 구분을 위해 각각 O_A, O_B라고 하자.
원래 문제는 $\frac{A_1B_1}{A_2B_2} = \frac{MA_1}{MA_2} = \frac{MB_1}{MB_2}$를 만족하는 점 M을 찾는 것이다.
그런데 생각해보면 O_A와 O_B의 교점이 이 조건을 만족시킴을 알 수 있다.

즉, 우리는 O_A와 O_B의 교점이 있음을 보이면 되는 것이다.

이는 O_A와 O_B의 내부에 공통적으로 들어가는 점이 적어도 하나있음을 증명하는 것과 동치이다.

위에서 증명한 것에 따라 선분A_1X은 O_A에 선분B_1Y은 O_B에 포함됨을 알 수 있다.

즉, A_1X와 B_1Y가 공통구간을 가짐을 증명하면 되는 것이다.

다시 말해 $A_1X + B_1Y \geq A_1B_1$임을 보이면 되는 것이다.

이를 귀류법으로 보이도록 하자.

$A_1X + B_1Y < A_1B_1$라고 가정하도록 하자.

$A_1B_1 - A_1X - B_1Y = XY > 0$이 우선 성립한다.

$\dfrac{A_1B_1}{A_2B_2} = \dfrac{A_1X}{A_2X} = \dfrac{B_1Y}{B_2Y}$가 성립하므로 $A_2X = kA_1X$라 하면 $B_2X = kB_1X$가 된다. ($k = \dfrac{A_2B_2}{A_1B_1}$이므로 $k > 1$이다.)

$A_2B_2 < A_2X + XY + YB_2$가 성립함은 자명하다.

즉, $A_2B_2 - A_2X - B_2Y = k(A_1B_1 - A_1X - B_1Y) = kXY < XY$인데 $k > 1$이라 했으므로 모순이다.

따라서 귀류법에 의하여 $A_1X + B_1Y \geq A_1B_1$이고

이는 $\dfrac{A_1B_1}{A_2B_2} = \dfrac{MA_1}{MA_2} = \dfrac{MB_1}{MB_2}$를 만족하는 M이 존재함과 동치라는 사실은 위에서 보였었다.

177-2-3 각 자리의 수가 1 또는 2로 이루어진 양의 정수 전체의 집합을 S라고 하자. 양의 정수 n의 배수 전체의 집합을 T_n이라 할 때, $S \cap T_n$이 무한집합이 되도록 하는 양의 정수 n을 모두 구하여라.

|풀이|

KAIST 07학번 이재석

s의 어떤 수가 순환하는 수라 하자.

| a | a | a | a | $\cdots$

a가 2^k의 배수가 될수 있음을 보이고 순환하는 수를 a로 나눈 수가 모든 홀수의 배수로 표현이 가능함을 보이자.

수학적 귀납법을 이용하여 2^k는 k자리수의 숫자가 2^k으로 나누어 질 수 있음을 보일 것이다.

k가 경우에 성립한다고 가정하자.

$k+1$인 경우 (순환마디 a가 k자리수 일 때)

　i) $a \equiv 0 \pmod{2^{k+1}}$인 경우
　　$2 \cdot 10^k \equiv 0 \pmod{2^{k+1}}$이므로 $2^{k+1} | a + 2 \cdot 10^k$이므로 새로운 순환마디를 $a + 2 \cdot 10^k$으로 만들면 된다.

　ii) $a \equiv 2^k \pmod{2^{k+1}}$인 경우
　　$10^k \equiv 2^k \pmod{2^{k+1}}$이므로 $2^{k+1} | a + 10^k$이므로 새로운 순환마디를 $a + 10^k$으로 만들면 된다.

즉, a가 k자리수일 때 2^k으로 나누어진다고 가정하면 a가 $k+1$ 자리수 일 때 2^{k+1}로 나누어 질 수 있게 a를 잡을 수 있다.

순환수를 a로 나눈 수를 보자.

$$\underbrace{1001\cdots 01}_{k\text{자리수}}000\cdots 1\cdots 0001$$

이 수가 홀수인 모든 수의 배수를 표현할 수 있음을 보이자.

집합 $\{a_k | k\text{는 마디가 } k\text{개인 수}\}$를 잡아보자.

여기서 $\{a_1, a_2 \ldots, a_k\}$가 k가 홀수일 때 k의 배수가 존재함을 보일 것이다.

$\{a_1, a_2, \ldots, a_k\}$의 나머지들을 보면 비들기집 원리에 의해서 나머지가 0이거나 나머지가 같은 수를 찾을 수 있다.

이 때 나머지가 0인것이 없다고 가정하면 나머지가 같은 $a_i > a_j$를 찾을 수 있다. $a_i - a_j = a_{ij} \cdot 100\cdots 0$인데 k의 배수이므로 모순이다.

반드시 k의 배수인 것이 있다. 그러면 그 수를 a_r이라 하면 k의 배수인 a_{mr}(m은 자연수)인 무한 집합을 찾을 수 있다.

그러므로 $5 \nmid n$인 모든 n에 대하여 무한집합을 찾을 수 있다.($5 \nmid n$인 경우 공집합인 것은 매우 당연하다.)

177-2-4 두 실수열 $x_0, x_1, x_2, \cdots$ 과 $y_0, y_1, y_2, \cdots$ 이 다음 점화식을 만족시킨다고 하자.

$$x_0 = 1, x_{n+1} = x_n - (x_n y_n + x_{n+1} y_{n+1} - 2)(y_n + y_{n+1}),$$
$$y_0 = 2007, y_{n+1} = y_n - (x_n y_n + x_{n+1} y_{n+1} - 2)(x_n + x_{n+1})$$

이 때, 모든 정수 $n \geq 0$에 대하여, $|x_n| \leq \sqrt{2007}$임을 보여라.

|증명|

KAIST 07학번 김효섭

$(x_n y_n + x_{n+1} y_{n+1} - 2)(y_n + y_{n+1}) = x_n - x_{n+1}$
$(x_n y_n + x_{n+1} y_{n+1} - 2)(y_n + y_{n+1})(x_n - x_{n+1}) = (x_n - x_{n+1})^2$
$(x_n y_n + x_{n+1} y_{n+1} - 2)(x_n y_n - x_{n+1} y_{n+1} + x_n y_{n+1} - x_{n+1} y_n)$
$= (x_n - x_{n+1})^2 \cdots ①$

$(x_n y_n + x_{n+1} y_{n+1} - 2)(x_n + x_{n+1}) = y_n - y_{n+1}$
$(x_n y_n + x_{n+1} y_{n+1} - 2)(x_n + x_{n+1})(y_n - y_{n+1}) = (y_n - y_{n+1})^2$
$(x_n y_n + x_{n+1} y_{n+1} - 2)(x_n y_n - x_{n+1} y_n - x_n y_{n+1} - x_{n+1} y_{n+1})$
$= (y_n - y_{n+1})^2 \cdots ②$

①+②하면

$2(x_n y_n + x_{n+1} y_{n+1} - 2)(x_n y_n - x_{n+1} y_{n+1}) = (x_n - x_{n+1})^2 + (y_n - y_{n+1})^2$

$2((x_n y_n - 1)^2 - (x_{n+1} y_{n+1} - 1)^2) = (x_n - x_{n+1})^2 + (y_n - y_{n+1})^2 \geq 0$

$(x_{n+1} y_{n+1} - 1)^2 \leq (x_n y_n - 1)^2 \leq (x_0 y_0 - 1)^2 = 2006^2$
$(x_n y_n - 1)^2 \leq 2006^2$
$\Leftrightarrow -2006 \leq x_n y_n - 1 \leq 2006$
$\Leftrightarrow -2005 \leq x_n y_n \leq 2007$
$\Rightarrow (x_n y_n)^2 \leq 2007^2 \cdots ㉠$

$$(x_ny_n + x_{n+1}y_{n+1} - 2)(y_n + y_{n+1})(x_n + x_{n+1}) = x_n^2 - x_{n+1}^2$$
$$(x_ny_n + x_{n+1}y_{n+1} - 2)(x_n + x_{n+1})(y_n + y_{n+1}) = y_n^2 - y_{n+1}^2$$

$$x_n^2 - x_{n+1}^2 = y_n^2 - y_{n+1}^2$$
$$\Leftrightarrow x_0^2 - x_n^2 = y_0^2 - y_n^2$$
$$\Leftrightarrow y_n^2 = 2007^2 - 1 + x_n^2$$

㉠에 대입

$$x_n^2(2007^2 - 1 + x_n^2) \leq 2007^2$$
$$\Leftrightarrow x_n^2(x_n^2 - 1) \leq 2007^2(1 - x_n^2)$$
$$\Leftrightarrow 0 \leq (1 - x_n^2)(2007^2 + x_n^2)$$
$$\Rightarrow 0 \leq 1 - x_n^2$$

$$\therefore |x_n| \leq 1$$

177-2-5 모든 양의 실수 a, b, c에 대하여 다음 부등식을 만족시키는 양의 상수 k의 범위를 구하여라.

$$\frac{a}{c + kb} + \frac{b}{a + kc} + \frac{c}{b + ka} \geq \frac{1}{2007}$$

―― 풀이 ――

KAIST 07학번 이동민

$$\frac{a}{c + kb} + \frac{b}{a + kc} + \frac{c}{b + ka} \geq \frac{1}{2007}$$

$A = bk + c, B = ck + a, C = ak + b$라 놓자.

$$c = \frac{k^2(ck + a) + bk + c - k(ak + b)}{k^3 + 1} = \frac{Bk^2 - Ck + A}{k^3 + 1}$$
$$b = \frac{k^2(bk + c) + ak + b - k(ck + a)}{k^3 + 1} = \frac{Ak^2 - Bk + C}{k^3 + 1}$$
$$a = \frac{k^2(ak + b) + ck + a - k(bk + c)}{k^3 + 1} = \frac{Ck^2 - Ak + B}{k^3 + 1}$$

$$
\begin{aligned}
(\text{준식}) &= \frac{a}{A} + \frac{b}{B} + \frac{c}{C} \\
&= \frac{1}{k^3+1}\left(\frac{Ck^2 - Ak + B}{A} + \frac{Ak^2 - Bk + C}{B} + \frac{Bk^2 - Ck + A}{C}\right) \\
&= \frac{1}{k^3+1}\left[\left(\frac{C}{A} + \frac{A}{B} + \frac{B}{C}\right)k^2 - 3k + \left(\frac{B}{A} + \frac{C}{B} + \frac{A}{C}\right)\right] \\
&\geq \frac{1}{k^3+1}\left(3^3\sqrt{\frac{C}{A}\cdot\frac{A}{B}\cdot\frac{B}{C}}k^2 - 3k + 3^3\sqrt{\frac{B}{A}\cdot\frac{C}{B}\cdot\frac{A}{C}}\right) \\
&= \frac{3}{k^3+1}(k^2 - k + 1) = \frac{3}{k+1} \geq \frac{1}{2007}
\end{aligned}
$$

$\therefore 6020 \geq k$

177-2-6 이등변삼각형이 아닌 예각삼각형 ABC가 있다. 삼각형 ABC의 외심과 수심을 각각 O와 H라 하고, 점 A, B, C에서 변 BC, CA, AB에 내린 수선의 발을 각각 D, E, F라고 하자. 직선 AD가 삼각형 ABC의 외접원과 만나는 점을 $K(\neq A)$, 두 선분 OK와 BC의 교점을 L, 변 BC의 중점을 M, 점 L을 지나고 직선 BC에 수직인 직선이 선분 AM과 만나는 점을 P, 점 P를 지나고 직선 MH에 평행인 직선이 선분 AD와 만나는 점을 Q, 직선 EQ가 변 AB와 만나는 점을 R, 두 선분 FD와 BE의 교점을 S라 하자. 이때 $OL = KL$이면, 두 직선 OH와 RS가 서로 직교함을 보여라.

─────── 증명 ───────

KAIST 08학번 나기훈

우리가 익히 아는 정리로써 $DK = DH$임과 $AH = 2OM$임이 있다.

우리는 $OL = KL$이라는 조건에서 $ML = DL$과 $OM = KD$임을 알 수 있다. ($\because OM$과 HK는 평행하므로)

이것을 정리해 보면 $AH = 2OM = 2KD = 2HD$가 된다. ··· ①

$ML = KL$이라 했으므로 $AP = PM$이 성립한다.($\because AD$는 PL과 평행하므로)

또한 $AP = PM$이므로 $AQ = QH$도 성립한다.($\because PQ$는 OH와 평행하므로)

이 결과를 ①과 종합해보면

$AQ = QH = HD$이고 $HD = OM$임을 알 수 있다. ··· ②

$HD = OM$이고 두 선분은 DM과 수직하며 ABC가 이등변삼각형이 아니므로 D, M은 일치하지 않으므로 $OHDM$은 직사각형이다.

즉, OH는 HD가 직교한다.

따라서 우리가 보여야 하는 조건 OH와 RS가 직교함을 보이는 것은 RS와 AD가 평행함을 보이는 것과 동치이다.

그리고 이것을 보이기 위해서는 $FR : RA = FS : SD$임을 보이는 것과 같다.

우선 BO와 AC의 교점을 X라 하자. 그리고 DBF, ABC, AEF는 서로 닮음이다.

또한 $\angle XBA = \angle SBM$이므로 S의 대응점은 X이다. ··· ③

②에서 Q는 AH의 중점이므로 직각삼각형 AFH와 AEH의 외심은 Q가 된다. 그러므로 AEF의 외심은 Q가 된다.

그러므로 X의 대응점은 R이 된다. ··· ④

서로 닮음인 삼각형 DBF, ABC, AEF에서 ③, ④에 의하여 S, X, R은 각 삼각형에서 서로 같은 위치에 있으므로 결과적으로 $FR : RA = CX : XA = FS : SD$가 성립한다.

이로써 RS와 AD는 평행함이 증명되었으므로 OH와 RS는 직교한다.

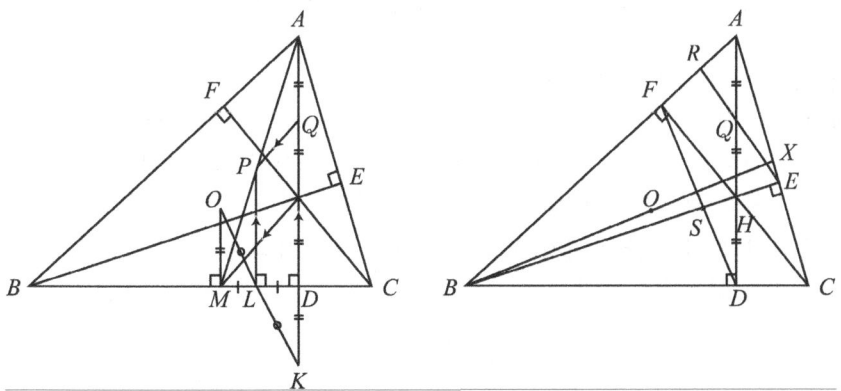

177-2-7 2007×2007 모양의 체스판에 있는 2007^2개의 단위 정사각형 각각에 동전이 하나씩 앞면이 위를 향하도록 놓여 있다. 같은 행에 연속하여 놓여 있는 네 개의 동전을 뒤집거나, 같은 열에 연속하여 놓여 있는 네 개의 동전을 뒤집는 시행을 생각하자. 이러한 시행을 유한번 시행하여, i번째 행과 j번째 열이 만나는 곳에 놓인 하나의 동전을 제외한 모든 동전의 뒷면이 위

를 향하도록 만들려고 한다. 이것이 가능하기 위한 필요충분조건은 i, j가 모두 4의 배수임을 보여라.

풀이

1	2	3	4	1	2	3	4		1	2	3
3	4	1	2	3	4	1	2	...	3	4	1
2	1	4	3	2	1	4	3		2	1	4
4	3	2	1	4	3	2	1		4	3	2
1	2	3	4								
3	4	1	2								
2	1	4	3			...				...	
4	3	2	1								
		...									
1	2	3	4						1	2	3
3	4	1	2			...			3	4	1
2	1	4							2	1	4

와 같이 수를 부여하도록 하자.

여기서 1의 개수는 $4 \times 501^2 + 2 \times 3 \times 501 + 3$개이고, $2, 3, 4$는 $4 \times 501^2 + 2 \times 3 \times 501 + 2$개씩 있게 된다.

그런데 위와 같이 수를 배치해 놓으면 언제나 $1, 2, 3, 4$를 한 개씩 뒤집게 되므로 계속 시행을 하더라도 $1, 2, 3, 4$의 각각의 모든 칸위에 뒤집혀 있는 동전의 개수의 기우성은 같게 된다.

따라서 문제 조건과 같이 시행한 후에 1개만 앞면이고 나머지는 모두 뒤집혀 있기 위해서는 그 한 개의 앞면인 동전의 위치는 전체칸의 수가 다른 것과 기우성이 다른 1번이 써져있는 칸의 것일 수 밖엔 없다.

그런데 칸을 위와 같이 지정해 놓을 수 있지만 다음과 같이 거꾸로 놓아도 위의 명제는 성립해야만 한다.

4	1	2	3	4	1	2		3	4	1	2
1	4	3	2	1	4	3	...	2	1	4	3
3	2	1	4	3	2	1		4	3	2	1
2	3	4	1	2	3	4					
4	1	2	3	4	1	2	...				
1	4	3	2	1	4	3			...		
3	2	1	4	3	2	1					
	...				...						
2	3	4						1	2	3	4
4	1	2			...			3	4	1	2
1	4	3						2	1	4	3
3	2	1						4	3	2	1

그런데 위와 아래의 표를 비교해 보면 공통적으로 1이 있는 위치는 i, j가 모두 4의 배수 인 곳 뿐임을 쉽게 알 수 있다.

따라서 하나의 동전을 제외한 나머지 모두만 뒤집혀져 있을 때 앞면인 동전이 있는 곳의 위치는 행과 열로 모두 4의 배수인 위치만이 됨을 보였다.

이번에는 반대로 임의의 행과 열이 모두 4의 배수인 위치에 있는 동전을 제외한 나머지 동전만 뒤집혀져있는 상태로 만들 수 있음을 보이자.

A	B	C
D	E	F
G	H	I

우리가 위에서 E만을 남기고 바꾸고 싶다면 A, B, D, E를 한 번에 뒤집고, B, C, E, F를 한번에 뒤집고, 같은 방법으로 D, E, G, H와 E, F, H, I를 뒤집은 다음, 마지막으로 B, E와 D, E와 E, F와 E, H를 뒤집으면 E 한 칸만 남고 모두 뒤집어져 있는 상태가 된다.

따라서 필요충분조건임을 보였다.

177-2-8 임의의 양의 정수 $n \geq 2$에 대하여, n이하인 모든 소수들의 곱이 4^n보다 작음을 보여라.

풀이

KAIST 07학번 이병찬

귀납법을 이용하자.

i) $n = 2$ 자명하게 성립한다.

ii) $n = 2, \ldots, 2k$까지 성립한다고 가정하자.

귀납가설에 의해 $\prod_{l=2, prime}^{k+1} l < 4^{k+1}$이다. 한편,

$$\prod_{l=k+2, prime}^{2k+1} l \binom{2k+1}{k} = \frac{(2k+1)\cdots(k+2)}{k\cdots 1}$$

이 성립한다.(분명히 $\binom{2k+1}{k}$은 자연수이고, $k+2 \leq p \leq 2k+1$인 모든 소수는 $1, \ldots, k$에 의해 나누어 떨어지지 않기 때문)
따라서 $\prod_{l=k+1, prime}^{2k+1} l \leq \binom{2k+1}{k}$가 성립한다.
이제 $\binom{2k+1}{k} < 4^k$임을 보이자.
① $k=1, \binom{3}{1} = 3 < 4$ 성립한다.
② $k=m$일 때 성립한다고 가정하자. 즉, $\binom{2m+1}{m} < 4^{m+1}$이다. 그런데

$$\binom{2(m+1)+1}{m+1} = \binom{2m+3}{m+1}$$
$$= \binom{2m+1}{m} \cdot \frac{(2m+2)(2m+3)}{(m+1)(m+2)}$$
$$< \binom{2m+1}{m} \cdot 4$$
$$< 4^m \cdot 4 = 4^{m+1}$$

이므로 $k=m+1$일때 성립하고, ①, ②에 의해 모든 $k \geq 1$에 대해 성립한다.
따라서

$$\prod_{l=2, prime}^{2k+1} l = \left(\prod_{l=2, prime}^{k+1} l \right) \left(\prod_{l=k+2, prime}^{2k+1} l \right)$$
$$< 4^{k+1} \cdot \binom{2k+1}{k} < 4^{k+1} \cdot 4^k = 4^{2k+1}$$

이 되어서 $n = 2k+1$일 때도 성립한다.
한편, $2k+2$는 항상 소수가 아니므로

$$\prod_{l=2, prime}^{2k+2} l = \prod_{l=2, prime}^{2k+1} l < 4^{2k+1} < 4^{2k+2}$$

가 되어 $n = 4k+2$일 때도 성립한다.
i), ii)에 의해 $n \geq 2$인 모든 자연수에서 성립한다.

2006 캐나다 수학올림피아드

179-1-1 k개의 사탕을 n명의 아이들에게 나누어 줄 때, 각각의 아이가 최대 2개의 사탕을 받도록 나누어 주는 방법의 수를 $f(n,k)$라 하자. 예를 들면 $n=3$일 때 $f(3,7)=0, f(3,6)=1, f(3,4)=6$이다. 다음 식의 값을 구하여라.

$$f(2006,1) + f(2006,4) + f(2006,7) + \cdots + f(2006,1000) + f(2006,1003)$$

│풀이│

KAIST 07학번 김효섭

사탕이 n개 있다 하자. $(n \geq 3)$ 사람은 m명 있다 하자. $(m \geq 2n)$

이제 어떤 한명을 선택해 보자. 그 아이는 사탕을 0개, 1개, 2개를 받을 수 있다. 0개를 받은 경우 나머지 $m-1$명은 사탕 n개를 나눠 갖는다.

$\Rightarrow f(m-1, n)$

1개를 받은 경우 나머지 $m-1$명은 사탕 $n-1$개를 나눠 갖는다.

$\Rightarrow f(m-1, n-1)$

2개를 받은 경우 나머지 $m-1$명은 사탕 $n-2$개를 나눠 갖는다.

$\Rightarrow f(m-1, n-2)$

$\therefore f(m,n) = f(m-1, n) + f(m-1, n-1) + f(m-1, n-2)$이다.

$\therefore f(2006,1) + f(2006,4) + f(2006,7) + \cdots + f(2006,1003)$은 $1 + \sum_{n=1}^{1003} f(2005, n)$이다. 이제 $f(2005, n)$을 구하자.

사탕 n개를 나눠주는 방법은 몇개가 있는가? $n=13$일 때를 보자.

2개씩 6묶음이 나오고 1개씩 1묶음이 나와 총 7명이 받을 수 있고 그 7명이 받는 조합의 수는 $\frac{7!}{6! \cdot 1!} = {}_7C_6$

이것을 $(7,6)$으로 표시하자. $n=13$일 때 모든 순서쌍은 $(7,6), (8,5), (9,4), (10,3), (11,2), (12,1), (13,0)$이다 사람 2005명중 순서쌍 (k,q)에서 받을 사람 k명을 뽑는 경우 ${}_{2005}C_k$의 가짓수가 나오고 ${}_kC_q$를 곱해야 한다. ${}_kC_q = {}_kC_{k-q}$이므로,

$$\therefore f(2005, n) = \sum_{n_1 = [\frac{n+1}{2}]}^{n} {}_{2005}C_{n_1} \cdot {}_{n_1}C_{n-n_1}$$

$$\therefore 1 + \sum_{n=1}^{1003} f(2005, n) = 1 + \sum_{n=1}^{1003} \sum_{n_1 = [\frac{n+1}{2}]}^{n} {}_{2005}C_{n_1} \cdot {}_{n_1}C_{n-n_1}$$

179-1-2 예각삼각형 ABC에 직사각형 $DEFG$가 내접해있다. 점 D는 AB 위에, 점 E는 AC 위에, 점 F와 G는 BC위에 있다고 하자. 가능한 직사각형 $DEFG$를 모두 고려할 때, 대각선의 교점의 궤적을 구하여라.

─────── 풀이 ───────

KAIST 06학번 수리과학과 송지용

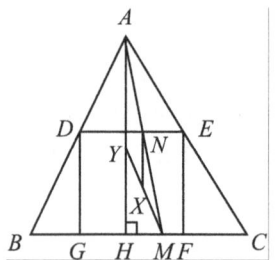

$\square DEFG$의 대각선의 교점을 X라 하자. $\overline{DE} // \overline{BC}$이므로 $\triangle ABC \infty \triangle ADE$이다

$\overline{BC}$의 중점을 점 M이라 하자. $\overline{DE}$와 $\overline{AM}$의 교점을 점 N이라 하면 이 점은 $\overline{DE}$의 중점이 된다.

점 A에서 $\overline{BC}$에 내린 수선의 발을 점 H, $\overline{AH}$의 중점을 점 Y라 하자.

$\overline{NX} \perp \overline{DE}$이므로 $\overline{NX} // \overline{AY}$이고, $\overline{NX} = \frac{1}{2}\overline{DG}$이다.

$\overline{DE} // \overline{BC}$이므로 $\overline{AB} : \overline{DB} = \overline{AH} : \overline{DG} = \frac{1}{2}\overline{AH} : \frac{1}{2}\overline{DG} = \overline{AY} : \overline{NX} = \overline{AM} : \overline{NM}$이다.

따라서, $\triangle AYM \infty \triangle NXM$ $\therefore$ 점 X는 $\overline{YM}$ 위에 존재한다.

$\overline{YM}$ 위의 임의의 점 X'에 대해 점 X'을 지나고 $\overline{BC}$와 수직인 직선과 $\overline{AM}$의 교점을 N'이라 하자. N'을 지나고 $\overline{BC}$와 평행인 직선이 $\overline{AB}, \overline{AC}$와 만나는 점들을 각각 D', E'이라하고 $\overline{BC}$에 대해 D', E'을 정사영시킨 점들을 각각 G', F'이라 하면, $\square E'F'G'H'$은 $\triangle ABC$에 내접하는 직사각형이 된다.

$\therefore \overline{YM}$위의 모든 점들은 점 X의 자취이다.

답 : $\overline{YM}$(단, Y는 $\overline{AH}$의 중점, M은 $\overline{BC}$의 중점, $\overline{AH} \perp \overline{BC}$)

179-1-3 음이 아닌 실수들로 이루어진 $m \times n$ 행렬이 있다. 각각의 행과 열은 적어도 한 개의 양의 실수를 원소로 가진다. 또한 한 행과 한 열이 양의 실수에서 서로 교차한다면, 이 행과 열의 각각의 원소들의 총합은 서로 같다고 한다. $m = n$임을 증명하여라.

―――――――――증명―――――――――

KAIST 수리과학과 이준경

주어진 행렬의 행과 열의 집합 $S = \{a_1, a_2, \ldots, a_m, b_1, b_2, \ldots, b_n\}$에 대해 다음과 같은 equivalence relation을 정의하자.

(i) $x, y \in S$에 대해 x는 열, y는 행 또는 x는 행, y는 열일 때 x와 y가 만나는 지점에 양의 실수가 써 있다면 $x \sim y, y \sim x$이다.

(ii) 모든 $x, y, z \in S$에 대해 $x \sim y, y \sim z$라면 $x \sim z$이다.

(iii) 모든 $x \in S$에 대해 $x \sim x$이다.

여기서 만일 $x \sim y$라면 x의 원소늘의 합과 y의 원소늘의 합이 샅음을 알 수 있다.

이제 분할 $S/\sim$를 생각하여 이 분할의 한 원소에 들어 있는 행과 열의 개수가 같음을 보이자. $s/\sim$의 한 원소를 A라고 하면, A에 들어 있는 행과 열들은 그 원소들의 합이 모두 같다. A에 포함된 행과 열들의 원소들 중 양수인 것을 모두 더한 것을 $\sum_A$라 하자. 이제 A에 포함된 행들 각각의 원소의 합을 모두 합한 것을 $\sum_R$이라 하면 $\sum_A = \sum_R$이 성립한다.(각각의 양의 실수들은 A안의 어떤 행의 원소이기 때문에) 같은 방법으로 A의 열들 각각의 원소의 합을 모두 합한 것을 $\sum_C$라 하면 $\sum_A = \sum_C$도 성립한다.

따라서 $\sum_R = \sum_C$가 성립하는데, A안의 행이나 열은 모두 그 원소의 합이 같기 때문에 결국 A안의 행과 열의 개수가 같을 수 밖에 없다. 모든 분할의 원소마다 행과 열의 개수가 같다면, 결국 S안의 행과 열의 개수도 같다. 즉, $m = n$이다.

179-1-4 $2n + 1$개의 팀이 리그전을 한다. 즉, 각각의 팀은 다른 팀과 정확히 한 번의 경기를 가진다. 팀 X, Y, Z에 대하여 X가 Y를 이기고, Y가 Z를 이기고, Z가 X를 이겼을 때, 이 세 팀이 '순환 트리플'을 형성한다고 부르자. 무승부는 없는 것으로 한다.

(a) 가능한 순환 트리플의 최대 개수를 구하여라.

(b) 가능한 순환 트리플의 최소 개수를 구하여라.

풀이

KAIST 07학번 이재석

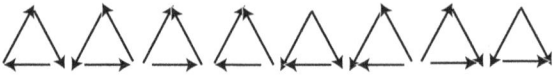

순환 꼴이 아닌 삼각형을 보자.

모든 삼각형이 ∠ 인것이 오직 1개만 있다. 그러므로 ∠ 의 갯수만 세면 순환꼴이 아닌 삼각형 갯수를 알 수 있고 삼각형 갯수는 정해지므로 순환꼴 갯수를 알 수 있다.

각 팀을 점으로 보고 할 때 각 점에서 화살표가 오는 방향갯수를 $a_1, a_2, \ldots, a_{2n+1}$ 이라 하자.

순환아닌꼴 갯수 $a_1 C_2 + a_2 C_2 + \cdots + a_{2n+1} C_2$ 이고

$a_1 + a_2 + \cdots + a_{2n+1} = n(2n+1) (\because 1 + 2 + \cdots + 2n + 1 = n(2n+1)$번 이김)

최소 $_n C_2 +_n C_2 + \cdots +_n C_2 = (2n+1)(\dfrac{n(n-1)}{2})$

총 삼각형 갯수 : $_{2n+1} C_3 = \dfrac{(2n+1)(2n)(2n-1)}{6}$

$\dfrac{(2n+1)2n(2n-1)}{6} - (2n+1)\dfrac{n(n-1)}{2} = \dfrac{n(n+1)(2n+1)}{6}$

$\therefore$ 최대 $\dfrac{n(n+1)(2n+1)}{6}$

최소 : 잘하는 팀을 $1, 2, \ldots, 2n+1$등으로 나누고 $a > b$일 때 b위 팀 a위 팀을 무조건이기면 순환꼴은 없다.

$\therefore 0$

$\therefore$ 최대 $\dfrac{n(n+1)(2n+1)}{6}$, 최소 0

179-1-5 원에 내접한 직각 삼각형 ABC의 세 꼭지점은 원주를 세 호로 나눈다. 각 A가 직각이며, 따라서 각 A 반대편의 호 BC는 반원이 된다. 각각이 세 호에 대하여 다음과 같은 성질을 만족하도록 접선을 그리자: 접선이 직선 AB, AC와 만나는 두 점의 중점이 접점이다.

좀 더 정확히 말하자면, BC 위의 점 D는 선분 $D'D''$의 중점이고, 점 D에서의 접선은 직선 AB, AC와 만난다. 이러한 성질은 호 AC 위의 점 E, 호 AB 위의 점 F에 대해서도 성립한다.

삼각형 DEF가 이등변삼각형임을 증명하여라.

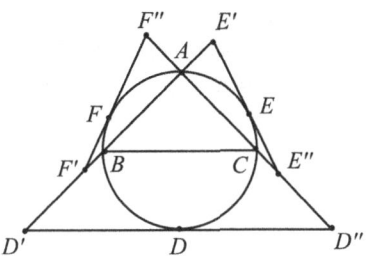

|증명|

KAIST 07학번 이동민

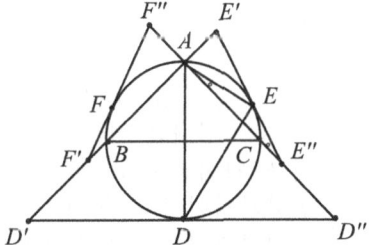

$\triangle AE'E''$에서 $\angle E'AE'' = 90°$이고 $EE' = EE''$이므로 $AE = EE' = EE''$ (∵ 직각 삼각형 외심)

따라서, $\angle AEE' = \angle EAE'' + \angle EE''A = 2\angle EAE''$

한편, EE''이 원의 접선이므로 $\angle AEE' = \angle ADE$

곧, $\widehat{AE} = 2\widehat{CE}$가 된다.

$\triangle AD'D''$에서 $\angle D'AD'' = 90°$이고 $DP' = DD''$이므로 같은 방법으로 하면 $\widehat{AD} = 2\widehat{CD}$

위의 결과로 부터 $\widehat{DE}$는 원주의 $\frac{1}{3}$이므로 $\angle DFE = 60°$가 된다.

비슷한 방법으로 $\triangle AF'F''$와 $\triangle AD'D''$에 대해 적용하면 $\angle DEF = 60°$

∴ $\angle DFE = \angle DEF = \angle EDF$이므로 $\triangle DEF$는 정삼각형

PROPOSALS SOLUTIONS

Proposals Solutions코너는 독자분들과 함께 문제를 생각해보는 코너입니다. 독자분들 중에서 자신이 창작한 문제가 있는 분이나 Proposals란에 실린 문제를 푸신 분은 수학문제연구회로 보내주시면 실어드리겠습니다. 보낼 때는 FAX나 우편, 홈페이지 등으로 보내시면 됩니다. 이미 풀이가 실린 문제일지라도 색다른 풀이를 보내주시면 실어드리겠습니다.

PROPOSALS

181-1
송경우

넓은 테이블 위에 평행선이 같은 간격으로 무수히 그려져있다. 이때 길이 $2a$의 작은 바늘을 떨어뜨려 그 바늘이 평행선과 교차할 확률을 구하여라(단, 평행선 간격은 $2h$이고 h는 a보다 크거나 같다)

181-2
구본홍

부등변 삼각형 ABC가 있다. 처음에 BC에 평행하고 A를 지나는 직선과 BC의 수직이등분선의 교점을 $A1$이라 하고, A를 $A1$으로 옮기는 과정을 등변화과정이라 하자. $A, A1, B, C$에 대해 차례차례 등변화과정을 거치고 한 원위에 있게 될 때까지 무한히 등변화과정을 거칠 때 이 과정이 끝나려면 처음에 A, B, C가 어떤 식으로 놓여있어야 하는가?

SOLUTIONS

173-7
수문연 홈페이지
Leonhard Euler님

C가 직각인 직각삼각형 ABC가 있고 P는 AB의 수직이등분선 위의 점으로 $\angle PBA < \frac{1}{2}\angle B$이다. D는 AC 위의 점이며 $\angle PBA = \angle DBC$를 만족한다. P에서 BC에 내린 수선의 발을 Q라 할 때 $AD : PQ$는 일정함을 증명하여라.

―풀이―

서울 숭문중 3학년 김규완

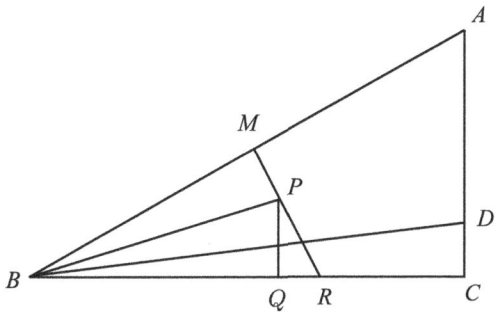

$\angle PBA = \angle DBC = \alpha, \angle B = \beta$라 하고 AB의 중점을 M, AB의 수직이등분선이 BC와 만나는 점을 R이라 하자.

$$AD = AC - CD = BC(\tan\beta - \tan\alpha)$$

삼각형 BMP에서 $\angle BMR = \frac{\pi}{2}$이므로 $\angle BRM = \frac{\pi}{2} - \beta$
삼각형 PQR에서 $\angle PQR = \frac{\pi}{2}$이므로 $\angle QPR = \beta$

$$PQ = PR\cos\beta = (MR - MP)\cos\beta = BM(\tan\beta - \tan\alpha)\cos\beta$$
$$= \frac{1}{2}AB\cos\beta(\tan\beta - \tan\alpha) = \frac{1}{2}BC(\tan\beta - \tan\alpha)$$
$$\therefore AD : PQ = 2 : 1$$

수학적 게임

KAIST 07학번 이재석

알아봅시다

두 명이서 정해진 규칙이 있는 게임을 합니다.
그리고 두 명은 매우 똑똑하여 자기가 이기는 최선의 방법으로 행동합니다.
이 때에 이길 수 있는 최선의 방법을 찾는 문제가 바로 수학적 게임 문제입니다.
저는 다음과 같은 문제에 대해서 생각해 보려고 합니다.

갑과 을이 있습니다. 주머니가 1개 있는데 이 주머니 안에는 31개의 바둑알이 있습니다. 갑과 을은 서로 1~3개 까지 꺼낼 수 있고, 자기 차례에 꺼낼 수 있는 바둑알이 없으면 지게 됩니다. 이 때에 갑이 먼저 시작한다고 할 때 갑은 어떻게 하면 이길 수 있을까요?

갑과 을은 서로 똑똑해서 절대 실수는 하지 않습니다. 그러면 을이 어떤 짓을 하더라도 갑이 이기는 최선의 방법을 찾아야 합니다. 그래서 갑은 을이 어떻게 하더라도 변하지 않게 돌을 뽑는 방법을 생각하는데요, 맨 마지막 바둑돌을 자기가 뽑으면 을은 집니다. 이 점을 생각해서 갑은 처음에 3개를 뽑습니다. 그러면 바둑알의 갯수는 28개가 됩니다. 이 수는 4로 나누어 떨어지는데요. 을이 1, 2, 3 중에서 하나를 골라도 갑이 3, 2, 1이게 빼면 계속 4로 나누어 떨어지는 수가 만들어 집니다. 그러면 을 차례일 때는 항상 4로 나누어 떨어지므로 을 일때 0개가 남아서 을이 지게 됩니다. 이런식으로 갑이 이기는 최선의 방법을 찾는 것이 수학적 게임 문제입니다.

그러면 주머니가 1개 있는데 주머니 안에 바둑알이 N개 갑과 을이 꺼낼 수 있는 돌은 1~k개 일 때에 갑이 이기는 최선의 방법은 어떻게 될까요?

을이 어떻게 하든 $k+1$로 나누어 떨어지게끔 뽑으면 됩니다.

즉, $N \equiv a \pmod{k+1}$에서 a가 0이 아니면 갑이 a개를 뽑아서 이기고 0이면 갑이 지게 됩니다. 수학적 게임 문제는 여러가지 규칙을 바꾸어서 많은 것들을 만들어 낼 수 있는데요. 정해진 숫자를 이런 식으로 확장을 해도 갑이 이기는 방법을 구할 수 있었습니다. 그러면 다음과 같은 경우는 어떨까요?

이번에는 주머니가 2개 있습니다. 그리고 주머니에는 N_1, N_2개 들어있습니다. 그리고 갑과 을이 k개를 뽑을 수 있지만 2개의 주머니에서 한꺼번에 꺼내는 것은 불가능합니다. 그러면 어떻게 해야 갑이 을을 이길 수 있을까요?

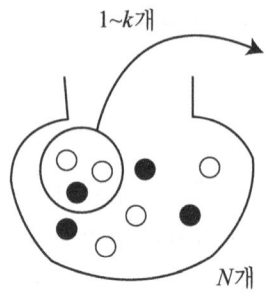

위에서 N개일 때 $N \equiv a \pmod{k+1}$로 해서 이길 수 있었는데요 이번에는 그것이 가능하지 않습니다. 왜냐하면 N_1, N_2가 값이 1이라고 할 때 갑 차례이면 갑은 2개를 뽑아야 하지만 서로 다른 주머니에 들어 있기 때문에 1개를 뽑게되고 을이 나머지 한 개를 뽑게 되어서 을이 이기게 됩니다. 즉, $N_1 + N_2 = N \equiv a \pmod{k+1}$을 이용해서는 이길 수 없게 되는 겁니다. 위에랑 주머니가 2개로 늘어난 것인데 방법은 달라졌습니다. 어떻게 하면 이길 수 있을까요?

$N_1 - N_2$를 생각해 봅시다. 을이 N_1에서 a개를 뽑으면 갑은 N_2에서 a개를 뽑을 수 있게 되면 계속 유지가 되게 됩니다. 즉, $N_1 - N_2 \equiv a \pmod{k+1}$일 때 갑이 a를 0이게 만들면, 을이 어떻게 해도 을 차례에는 $N_1 - N_2 \equiv 0 \pmod{k+1}$이 되어서 을은 $N_1 = N_2 = 0$이 되게 되고 갑이 이기게 됩니다. 이런식으로 변형을 할 수 있는데요. 그러면 주머니가 3개일 때는 어떻게 될까요?

이것에 해답은 다음과 같습니다. $N_1 \equiv a \pmod{k+1}$, $N_2 \equiv b \pmod{k+1}$, $N_3 \equiv c \pmod{k+1}$ 일 때, $a = b$ or $b = c$ or $c = a$이면 나머지 한 숫자가 0이 아니면 갑 승, 0이면 갑의 패배이고, $a \neq b \neq c \neq a$이면 a, b, c 중 작은 2개의 합이 나머지 값과 다르면 갑 승, 갑이 패배하게 됩니다. 을이 어떻게 하든 갑은 을 차례에 이와 같은 성질들을 계속 유지하게끔 할 수 있기 때문입니다.

이제까지는 주머니 수를 계속 늘려가면서 다음과 같은 규칙을 추가해 봅시다. 주머니가 1개 이고, 갑과 을은 1~k개의 바둑알을 꺼내거나 1개의 바둑알을 집어 넣을 수 있습니다. 그리고 갑과 을 중에서 주머니 속에 들어있는 돌 중에 마지막 돌을 꺼내는 사람이 이기는 것으로 합시다. 그럴 경우에는 갑이 이기는 방법은 무엇일까요?

이번에는 1개의 바둑알을 집어넣는 방법이 추가 되었는데요. 그러면 총 바둑알의 개수는 줄어들지만은 않고 늘어날 수도 있습니다. 이런 경우에는 2명의 게임 횟수가 정해져 있지 않고 무한번 할 수 있게 됩니다.

만약 돌의 개수가 $k+1$개가 되었다고 생각합시다. 그러면 갑은 여기서 돌을 뽑는 것은 지기 때문에 1개의 돌을 넣습니다. 그러면 을은 다시 1개의 돌을 꺼내게 되면 이런 것을 반복하게 되어 승부가 나지 않게 됩니다. 위에서는 유한번의 가짓수를 가지지만 이번에는 무한번의 가짓수를 갖게 되는데 이와 같이 유한번의 가짓수를 가지는 게임을 유한 게임이라 하고 무한번의 가짓수를 가지게 되는 것을 무한 게임이라고 합니다. 유한 게임의 경우에는 반드시 필승법이 존재하나 무한 게임의 경우에는 필승법이 존재할 수도, 없을 수도 있습니다.

이와 같이 수학적 게임 문제에 대해 알아보았는데 장기, 체스, 바둑의 경우에도 하나의 게임으로 볼 수 있는데 이는 무한 게임이기 때문에 필승법이 반드시 존재하지는 않습니다. 그래서 많은 사람들이 이기는 방법에 대해서 연구하고 있는 것이 아닐까합니다.

이항 나무 방법으로 본 배추의 가격 (2)

KAIST 수리과학과 김민규

지난 시간에 이어 일반적인 경우의 옵션가격 결정을 알아보자.

먼저 옵션이란 주식을 일정한 시점에 일정한 가격으로 살 수 있는 권리를 말한다. 권리이기 때문에 사지 않아도 무방하다.

0시점에 가격이 S_0인 주식이 1시점에서 오르는 경우는 u배가 되며 떨어지는 경우는 d배가 된다고 가정하자. 가격이 오르는 경우를 H, 내리는 경우를 T로 표기하자. 즉

$$S_1(H) = uS_0$$
$$S_1(T) = dS_0$$

시점 0에서 X_0의 현금으로 $\triangle_0$만큼의 주식을 구매한다고 할 때 시점 1에서의 총 가치는

$$X_1 = (1+r)(X_0 - \triangle_0 S_0) + \triangle_0 S_1$$

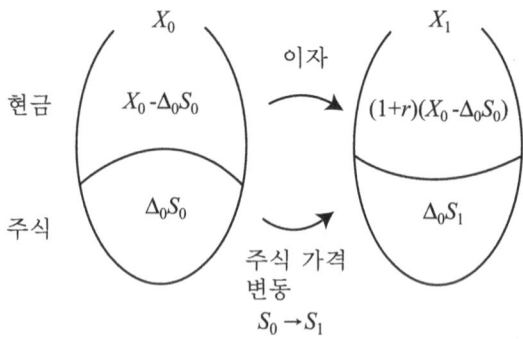

V_1을 시점 1에서의 옵션의 가치라 하면 이 때, X_1의 가치가 옵션의 가치와 일치해야 하므로

$$X_1(H) = V_1(H)$$
$$X_1(T) = V_1(T)$$

이 성립해야 한다.

$$V_1(H) = X_1(H) = (1+r)(X_0 - \triangle_0 S_0) + \triangle_0 S_1(H) \tag{1}$$

$$V_1(T) = X_1(T) = (1+r)(X_0 - \triangle_0 S_0) + \triangle_0 S_1(T) \tag{2}$$

여기서 X_0와 $\triangle_0$만 변수이므로 위 식을 풀 수 있다. (1) − (2)에서

$$(V_1(H) - V_1(T)) = \triangle_0(S_1(H) - S_1(T))$$

$$\therefore \triangle_0 = \frac{V_1(H) - V_1(T)}{S_1(H) - S_1(T)}$$

이를 다시 (1)식에 대입하면

$$\begin{aligned}V_1(H) &= (1+r)X_0 - \triangle_0((1+r)S_0 - S_1(H)) \\ &= (1+r)X_0 - \frac{V_1(H) - V_1(T)}{S_1(H) - S_1(T)}((1+r)S_0 - S_1(H))\end{aligned}$$

$S_1(H) = uS, S_1(T) = dS$ 대입

$$\begin{aligned}V_1(H) &= (1+r)X_0 + \frac{V_1(H) - V_1(T)}{(u-d)S_0}(u - 1 - r)S_0 \\ &= (1+r)X_0 + \frac{u - 1 - r}{u - d}(V_1(H) - V_1(T))\end{aligned}$$

가 된다.

$$\therefore X_0 = X_0 = \frac{1}{1+r}\left(\frac{1+r-d}{u-d}V_1(H) + \frac{u-1-r}{u-d}V_1(T)\right)$$

여기서 많은 독자들이 의문을 갖을 것이다. 실제 주식의 가격은 수백가지가 넘는데 어떻게 두 종류만 가정할 수 있는지 궁금할 것이다.

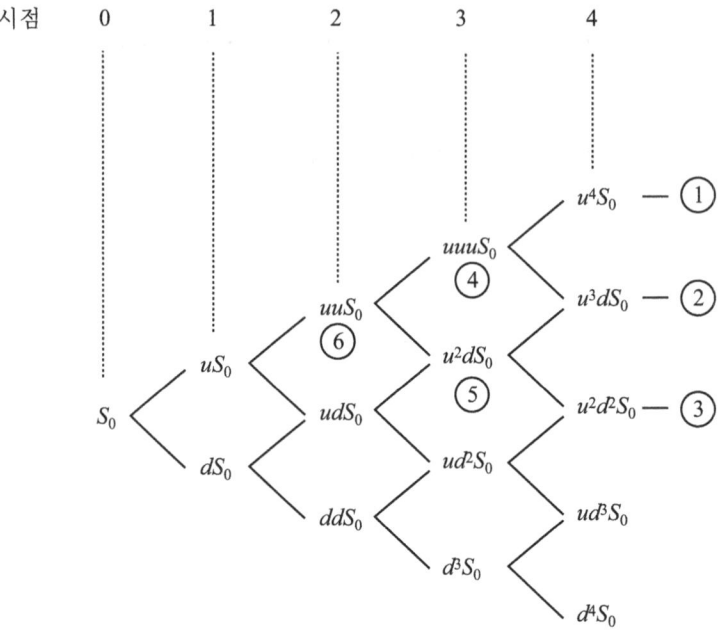

먼저 시점 4에서 각 주식 가격에 대응되는 옵션의 가격 V_4를 계산할 수 있다. 이제 ①, ②를 이용해 ④를 계산하고, ②, ③을 이용해 ⑤를 계산한다.

그후 ④와 ⑤를 이용해 ⑥을 계산할 수 있다.

이런식으로 시점 4→ 시점 3→ ⋯ → 시점 0= 현재의 옵션 가격을 계산 할 수 있다. 시점을 100개 이상으로 잘개 쪼개면 원하는 정도로 정확히 계산할 수 있다.

예제 1

$S_0 = 4$, $u = 2$, $d = \frac{1}{2}$, $r = \frac{1}{4}$이라고 하자. 이때 시점 2에서 주식을 5월에 살 수 있는 옵션의 가치는 얼마인가?

풀이 먼저 시점 2에서의 옵션의 가치는 그림과 같다. 이제 시점 1에서

의 옵션의 가치는

$$① = \frac{1}{(1+r)} \left(\frac{1+r-d}{u-d} V_1(H) + \frac{u-1-r}{u-d} V_1(T) \right)$$
$$= \frac{1}{1+\frac{1}{4}} \left(\frac{1+\frac{1}{4}-\frac{1}{2}}{2-\frac{1}{2}} \cdot 11 + \frac{2-1-\frac{1}{4}}{2-\frac{1}{2}} \cdot 0 \right)$$
$$= 4.4$$

마찬가지로 ②=0
$$\therefore 옵션의\ 가치\ ③ = \frac{1}{1+\frac{1}{4}} \left(\frac{1+\frac{1}{4}-\frac{1}{2}}{2-\frac{1}{2}} \cdot 4.4 + \frac{2-1-\frac{1}{4}}{2-\frac{1}{2}} \cdot 0 \right) = 1.76원\ \Diamond$$

예제 2

시점 2에서 주식을 2원에 살 수 있는 옵션의 가치는?

··· 2.88원

Theme Talk - 수학과 논리 (1)

KAIST 04 수학/신소재 조만석

알아봅시다

수학은 얼마나 엄밀한 걸까?

우리가 살면서 접하는 학문 중 수학보다 엄밀함을 추구하는 학문이 있을까요? 대부분의 사람들은 수학이 그 어떤 학문보다 엄밀성을 추구하고 있다는 점을 부정하지 못할 것입니다. 특히 수학을 본격적으로 접하기 시작한 학생들 및 여러 분들에게 있어서, 수학에서의 정의와 증명의 엄밀성은 커다란 매력으로 느껴질 겁니다.

그럼 다음에 나오는 아주 간단한 정리의 증명이 얼마나 엄밀한 지 살펴볼까요?

정리

두 자연수 a와 b에 대해, $a > b$이면 다음을 만족하는 정수 a와 r이 존재한다.

$$a = bq + r (0 \leq r < b)$$

증명 $bq \leq a$를 만족하는 가장 큰 q를 잡자. 즉, $bq \leq a < b(q+1)$인 q를 잡자. 그러면, 이 때 $r = a - bq$로 놓자. 이러한 q와 r은 정수이고 조건을 만족한다. □

위의 증명이 엄밀한가요? 하나씩 따져보기로 합시다.

첫째로 드는 의문은, 증명대로 그러한 q가 항상 존재할 지가 의문입니다. Well-Order의 개념을 써서 이를 해결했다 해도 따질 것은 아직 산더미만큼 남아 있습니다. r은 정수일까요? 항상 정수에서 정수를 빼면 정수가 된다고 말할 수 있을까요? 게다가 bq가 정수라는 것은 어떻게 보장할까요?

더 깊이 따지면 질문은 한 없이 늘어만 갑니다. $r = a - bq$와 $a = bq + r$이라는 식은 어째서 동치일까요? 양변에 같은 수를 더해도 등식이 성립하는 이유는 뭘까요? 어째서 덧셈에서는 교환법칙이 성립할까요?

위의 경우에서 보이듯 수학에서 완벽한 엄밀성을 추구하려면 공리를 바탕으로 다음의 두 가지 요소가 필요합니다. 첫째는, 엄밀하고 최소화 된 수학 개념에 대한 정의 및 공리. 둘째는, 정리와 증명을 건설할 '논리체계'입니다. 전자를 다루는 수학의 분야는 [집합론 Set Theory]이라 할 수 있겠고, 후자는 [수리논리학 Mathematical Logic]이라고 할 수 있겠습니다. 수학의 기초를 이루는 이 두 분야의 중요성은 이루 다 말할 수 없을 것입니다. 하지만 수학에 관심이 많은 사람들도, 심지어 수학 전공자도 이 두 분야에 대해 깊은 이해를 하고 있지 않은 경우가 대부분입니다.

그래서 이번 Math letter에서는 '수리논리학'에 대해 간단히 소개해 보고자 합니다.

수리논리학이란?

많은 사람들이 논리학과 수학의 깊은 연관성에 대해서는 동의하면서도, 어느 것이 더 커다란 개념인가에 대해서는 각기 다른 의견을 내세웁니다. 물론 정답은 '각각이 분야를 어떻게 정의하는가의 나름이다'라고 할 수 있겠습니다만, 일단은 수학 안에서 쓰이는 논리학을 [수리논리학]으로 따로 분류 하고 있습니다.

수리논리학은 쉽게 말해 '명제'에 대한 분야로서, 고등학교 과정의 첫 부분에도 소개되고 있는 학문입니다. 수리논리학에서는 몇 가지 무정의용어를 통해 명제를 정의하고, 명제의 참 거짓을 정의 합니다. 또한 몇 가지 논리공리를 제시하며, '정리'와 '증명'에 대한 정의도 제시합니다.

수리논리학에 남겨진 가장 큰 업적 중 하나는 수학 관련 서적에서 종종 눈에 띄는 '괴델의 불완전성 정리(Incompleteness Theorem)'입니다. 이 정리는 "증명 되지도, 반증 되지도 않지만 참인 명제가 있다."라는 것으로 일반에도 잘 알려져 있습니다. 그러나 알려진 것보다 자세하게 얘기하자면, 이 정리도 여러 가지 조건을 가정해야만 성립하는 정리입니다. 즉, 불완전성 정리가 성립하지 않는 '완전한' 수학적 논리 체계도 존재한다는 것입니다. 실제로 '괴델의 완전성 정리'는 불완전성 정리 못지않게 매우 중요한 정리입니다.

명제의 정의

무정의용어의 필요성은 아실 분들은 다 아시겠지만, 간략히 소개하자면 다음과 같습니다. 국어를 전혀 모르는 사람이 우리에게 '수(數)'가 무슨 뜻이냐고

물어 봤다고 합시다. 국어사전을 참고하면, '수'의 정의는 다음과 같습니다.

셀 수 있는 사물의 크기를 나타내는 값

여기에 나와 있는 여러 가지 다른 단어의 뜻은 제쳐두고라도, '값'의 정의를 또 찾아보면 다음과 같습니다.

사고파는 물건에 일정하게 매겨진 액수(額數)

결국 '수'를 설명하는데 '값'을 쓰고, '값'을 설명하는 데 '수'를 쓰는 것입니다. 이렇듯 어떤 용어 하나를 정의하려면 결국 어떤 몇 개의 용어는 이미 정의한 다른 단어를 쓰지 않고는 더 이상 정의할 수 없게 됩니다. 이러한 것은 수학에서도 마찬가지여서, 정의 없이 '직관적으로 의미를 이해해야 하는 용어'를 무정의용어(無定義用語)라고 합니다.

수리논리학에서 가장 기초적인 '명제논리 Propositional Logic'에서 일반적으로 쓰이는 무정의 용어는 다음과 같습니다.

1. 인과 기호 (Implication sign) : $\rightarrow$

2. 괄호 (Brackets) : [,]

3. 단순 명제 기호 (Proposition letters) : $p_1, p_2, \cdots$

4. 허위 명제 기호 (Falsity sign) : f

1, 2번의 기호는 일반적으로 많이 쓰이는 것이므로 설명은 생략하겠습니다. 3번의 단순 명제라고 하는 것은 그 자체로서 하나의 명제가 되는 '어떤 것'으로서, 직관적으로 생각하기는 힘듭니다. 대신 집합론과 연결시키면, 단순 명제는 $a \in b$꼴의 모든 명제라고 정의할 수 있습니다. 4번의 f는 '어떤 허위인 명제'로서, 대단히 추상적인 개념입니다. $a \neq a$같은 것을 f라고 생각할 수 있지 않느냐고 질문 하셔도, $a \neq a$에는 등호인 $=$와 부정의 $/$가 정의 되어야 하므로 f에는 적합하지 않습니다. f는 어떤 정의 및 공리에도 의존하지 않으면서 '허위인 명제'가 되어야 합니다. 그리고 여기에는 안 쓰여 있지만 사실 'A를 B로 정의한다.'라고 하는 정의기호 '$A \equiv B$'의 '$\equiv$' 역시 무정의용어라 생각할 수 있겠습니다.

위의 네 가지 무정의 용어를 바탕으로 '명제'를 정의합니다.

> 정의

명제 논리에서 '명제'는 다음과 같이 정의 된다.

　i) 임의의 단순 명제 p_i는 명제이다.

　ii) 허위 명제 f는 명제이다.

　iii) A와 B가 명제이면, $[A \to B]$도 명제이다.

　iv) 명제는 i), ii), iii)의 방법으로만 만들어 진다.

즉, p_i가 명제이므로 $[p_1 \to p_2]$도 명제이고, $p_3 \to [p_1 \to p_2]]$도 명제인 것입니다. 하지만 우리는 이 보다 더 다양한 명제들이 있다는 것을 알고 있습니다. A, B를 명제라고 하고, 하나씩 정의해 봅시다.

1 부정 기호 (Negation sign) : $\sim A \doteq [A \to f]$

위의 명제의 정의에 따라 A가 명제이면, $\sim A$도 명제라는 것을 확인해 볼 수 있습니다. 이것의 의미는 'not A' 즉, 'A가 아니다'라는 것입니다. $[A \to f]$라는 정의가 대단히 추상적입니다만, 'A를 가정하는 것은 아니다'는 것으로 이해해 볼 수 있겠습니다.

2. 분리 기호 (Disjuction sign) : $A \vee B \doteq [\sim A \to B]$

분리 기호는 'or'를 나타내는 것으로, $A \vee B$는 'A이거나 B'로 해석할 수 있습니다. 이의 정의는 자명합니다. 여기에서는 '분리 기호'라고 했습니다만, 조금 더 정확히 정의하면 '선언 기호 (이접 기호)'라고 할 수 있는데 이는 조금 깊은 논리학적 지식을 요구하므로 '분리 기호'라 하였습니다.

3. 결합 기호 (Conjuction sign) : $A \wedge B \doteq \sim [\sim A \vee \sim B]$

결합 기호는 'and'를 나타내는 것으로 De Morgan's law (드모르간 법칙)을 이용하여 정의 되어 있습니다.

4. 동치 기호 (Equivalence sign) : $A \leftrightarrow B \doteq [A \to B] \wedge [B \to A]$

필요충분조건 기호로서 정의는 자명합니다.

> 예제

위의 정의에 따라 '$AxorB$'를 정의해 봅시다. (※'$AxorB$'는 A와 B가 둘 다 참이거나 둘 다 거짓이면 거짓이고, 그 이외의 경우에는 참인 명제입니다)

··· 답 $AxorB \doteq [A \vee B] \wedge \sim [A \wedge B]$, $\vee, \wedge$를 쓰지 않고 무정의용어만 쓰면 답이 훨씬 길어집니다. 한 번 해보시길 바랍니다.

진리값

우리가 명제를 다룰 때 가장 중요하게 생각하는 것은 그 명제의 참, 거짓 여부입니다. 하지만 사실 참, 거짓은 절대적인 게 아니라 상당히 상대적인 것입니다. 가장 간단한 예로, '$x^2 = -1$이라는 방정식이 해를 갖는다.'라는 명제는 실수 집합에서는 거짓이지만, 복소수 집합에서는 참이 됩니다. 그러므로 진리값은 절대적인 기준 없이, 상대적으로 정의할 수 있도록 하고 있습니다. 진리값은 다음과 같은 함수로서 주어집니다.

일단, $v : P \to \{0, 1\}$이라는 임의의 함수를 설정합니다. 이 때, P는 모든 단순명제 p_i의 집합입니다. 그러면, $v(p_i) = 0, 1$로 임의 설정 됩니다. 이 v를 다음과 같이 확장합니다.

1. $v(f) = 0$

2. $v(A \to B) = 0$ if $v(A) = 1$ and $v(B) = 0$
   $v(A \to B) = 1$ otherwise

그러면, 위와 같은 v는 명제의 정의에 따라 전체 명제로 확장 됩니다. $v(A \to B)$의 정의는 '거짓을 가정하면 무조건 참이다'라는 의미를 내포합니다.

또한 어떤 명제 A에 대해 $v(A) = 1$가 임의의 v에 대해 성립할 경우, 이러한 A를 항진명제라 부릅니다.

예제

다음이 항진 명제임을 보이시오.
(1) $\sim [A \to B] \to A$ (2) $\sim\sim A \leftrightarrow A$ (3) $\sim [A \vee B] \leftrightarrow [\sim A \wedge \sim B]$
(4) $A \to [B \to A]$ (5) $[[A \to B] \to A] \to A$

··· **답** (4) $v(A \to [B \to A]) = 0$이라 하면, $v([B \to A]) = 0$이고 $v(A) = 1$. $v([B \to A]) = 0$이므로, $v(B) = 1$이고, $v(A) = 0$: 모순.

지금까지 간략하게 수리논리학의 기본요소를 살펴보았습니다. Math Letter 독자 여러분이 이번 기회에 수리논리학 분야에 흥미를 느끼셨길 바랍니다. 다음 호에서는 배운 내용을 바탕으로 논리공리 및 '증명'과 '정리'의 의미, '귀류법'의 근거 등 더욱 흥미로운 주제에 대해서 알아보도록 하겠습니다.

참고문헌

: 「Mathematical Logic - A first course」 Joel. W. Robbin. 1969.

2007 제26회 전국 대학생 수학 경시대회

제1차 문제
2007년 11월 3일
(10:00-12:00)

182-1-1 꼭지점의 좌표가 각각 (0,0,0), (1,2,3), (3,1,2), (7,4,7)인 사각형의 넓이를 계산하여라.

182-1-2 함수 $f(x) = \frac{e^x}{x}$, $1 \leq x \leq 2$의 역함수 g에 대하여 적분 $\int_{e}^{e^2/2} [g(x)]^2 dx$를 계산하여라.

182-1-3 집합 $A = \{1, 2, 3, \ldots, n\}$에 대하여 r개의 원소로 이루어진 서로 다른 부분집합을 k개 선택하려고 한다. 이때, A의 임의의 원소가 선택된 k개의 부분집합 중에서 적어도 p개의 부분집합에 항상 속하기 위해서는 $k \geq \frac{np}{r}$이어야 함을 보여라.

182-1-4 3차원 공간 $\mathbb{R}^3$의 세 단위벡터 v_1, v_2, v_3에 의하여 결정되는 평행육면체의 부피가 $\frac{1}{2}$이다. 두 벡터 v_i, v_j가 이루는 사잇각이 θ_{ij}일 때 ij-성분이 $\cos\theta_{ij}$인 3×3행렬 A의 행렬식의 값을 계산하여라.

182-1-5 $M_{2\times 2}$는 2×2행렬들의 이루는 벡터공간이고 $T \in M_{2\times 2}$의 역행렬이 존재한다. 이때, 다음과 같이 정의되는 선형사상 $\Phi : M_{2\times 2} \to M_{2\times 2}$의 행렬식을 계산하여라.
$$\Phi(A) = TAT^{-1}$$

2007 제26회 전국 대학생 수학 경시대회

제2차 문제
2007년 11월 3일
(14:00-16:00)

182-2-1 삼각형 ABC에서 밑변 BC 위의 점 P에 대하여 $\overline{BP} = x, \overline{BC} = l$, 삼각형의 높이는 h, $\angle APC = \theta(x)$라고 할 때, 다음을 보여라.

$$\angle A = \frac{1}{h}\int_0^l \sin^2 \theta(x) dx$$

182-2-2 실수 행렬 A, B에 대하여 $A = S^{-1}BS$를 만족시키는 복소수 행렬 S가 존재하면, $A = R^{-1}BR$를 만족시키는 실수 행렬 R가 존재함을 보여라.

182-2-3 $a_1 > 0, a_{n+1} = \ln(1 + a_n)$일 때, $\lim_{n \to \infty} na_n = 2$임을 보여라.

182-2-4 $\sum_{n=1}^\infty a_n = 1$인 수열 a_n에 대하여 다음이 성립함을 보여라.

$$\lim_{n\to\infty} \sum_{k=1}^n a_k(1 - \frac{k^2}{n^2}) = 1$$

182-2-5 사상 $f : \mathbb{R}^2 \to \mathbb{R}^2$가 다음 조건을 만족한다.

[조건] 넓이가 1인 임의의 삼각형 $\triangle$에 대하여 $F(\triangle)$도 넓이가 1인 삼각형이다. 이때, 임의의 직선 l에 대하여 $F(l)$도 직선임을 보여라.

2007 중미 수학올림피아드

182-3-1 중미 수학올림피아드는 매년 열리는 대회로, 2007년에는 제9회 대회가 열린다. 제 n회 대회가 열리는 년도가 n의 배수가 되는 자연수 n을 모두 구하여라.

182-3-2 삼각형 ABC에서 각 A의 이등분선과 체바선(꼭지점과 대변의 한 점을 잇는 선분) BD, CE가 삼각형 내부의 한 점 P에서 만난다. $AB = AC$일 때, 또 그 때만 사각형 $ADPE$가 내접원을 가짐을 보여라.

182-3-3 S는 유한개의 정수들의 집합이다. S의 서로 다른 임의의 두 원소 p와 q에 대해, p와 q가 다항식 $ax^2 + bx + c$ 의 근이 되는 (굳이 서로 다를 필요는 없는) 정수 $a \neq 0, b, c$가 S에 항상 있다고 한다.
S의 원소는 최대 몇 개인가?

182-3-4 먼 바다의 어떤 섬에서 사용되는 언어의 낱말은 문자 a, b, c, d, e, f, g로만 구성된다고 한다.
한 낱말을 다음과 같은 변형을 통해 다음 낱말로 만들 수 있을 때, 그 두 낱말을 **동의어**라고 말하기로 하자.

  (i) 다음과 같은 규칙으로 한 문자를 두 문자로 대체시킬 수 있다.

$$a \to bc, \quad b \to cd, \quad c \to de, \quad d \to ef, \quad e \to fg, \quad f \to ga, \quad g \to ab$$

  (ii) 한 문자가 다른 똑같은 두 문자 사이에 끼어 있으면 그 문자는 제거할 수 있다. 예를 들면, $dfd \to f$.

이 언어의 모든 낱말은 동의어임을 보여라.

182-3-5 자연수 m을 십진법으로 쓴 후 왼쪽으로부터 몇 개의 자리수를 지워서 n을 얻을 수 있으면 m이 n**으로 끝난다**고 말하기로 하자.
예를 들어, 329는 29로 끝나고, 9로도 끝난다.
자릿수의 곱으로 끝나는 세 자리의 수는 모두 몇 개인가?

182-3-6 원 S 밖의 점 P에서 S에 그은 두 접선의 접점을 각각 A, B라 하자.

AB의 중점을 M이라 하고, AM의 수직이등분선이 S와 삼각형 ABP 내부에서 만나는 점을 C라 하자.

AC와 PM의 교점을 G라 하고, PM이 S와 삼각형 ABP의 바깥에서 만나는 점을 D라 하자.

BD와 AC가 평행하다면, G가 삼각형 ABP의 무게중심임을 보여라.

2007 제1회 전국 대학생 공학수학 경시대회

제1차 문제
2007년 11월 3일
(10:00-12:00)

180-1-1 적분 $\int_0^1 \int_0^x (3-x-y) dy dx$를 계산하여라.

───── 풀이 ─────

KAIST 07학번 최범준

$$\int_0^1 \int_0^x (3-x-y) dy dx = \int_0^1 3x - x^2 - \frac{1}{2}\Big[y^2\Big]_0^x dx$$
$$= \int_0^1 3x - \frac{3}{2}x^2 dx = \Big[\frac{3}{2}x^2 - \frac{1}{2}x^3\Big]_0^1$$
$$= \frac{3}{2} - \frac{1}{2} = 1$$

180-1-2 곡선 $C(t) = (\cos t, \sin t), 0 \le t \le 2\pi$에 대하여 다음 선적분을 계산하여라.
$$\int_C \frac{ydx - xdy}{x^2 + y^2}$$

───── 풀이 ─────

KAIST 07학번 이동민

$C(t) = (\cos t, \sin t),\ 0 \le t \le 2\pi$

$$\int_C \frac{ydx - xdy}{x^2+y^2} = \int_0^{2\pi} \frac{\sin t(-\sin t)dt - \cos t \cos t dt}{\cos^2 t + \sin^2 t} = -\int_0^{2\pi} dt = -2\pi$$

180-1-3 꼭지점의 좌표가 각각 $(0,0,0), (1,2,3), (3,1,2), (7,4,7)$인 사각형의 넓이를 계산하여라.

| 풀이 |

KAIST 07학번 김효섭

벡터 $\vec{a} = (1,2,3)$, $\vec{b} = (3,1,2)$, $\vec{c} = (7,4,7)$이라 정의하자. ($\vec{a}, \vec{b}$는 linearly independent 함은 자명하다.)

그럼 span($\{\vec{a}, \vec{b}\}$)내에 $\vec{c}$가 들어감을 보이자. $(1,2,3) + 2(3,1,2) = (7,4,7)$이다.

$\{\vec{a}, \vec{b}\}$가 span하는 공간은 평면임이 자명하고, 그 공간 내에 벡터 $\vec{c}$가 존재함으로, 세 벡터 $\vec{a}, \vec{b}, \vec{c}$는 같은 평면 위에 존재한다.

그리고,

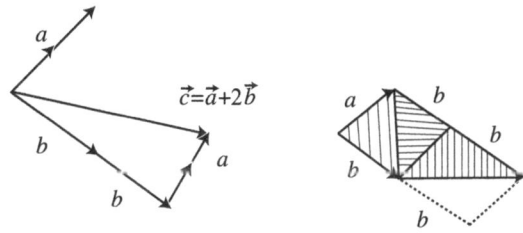

$\frac{3}{2}\|\vec{a} \times \vec{b}\|$이 저 사각형의 넓이이다.

$$\frac{3}{2}\|\vec{a} \times \vec{b}\| = \frac{3}{2}\left\|\begin{bmatrix} i & j & k \\ 1 & 2 & 3 \\ 3 & 2 & 1 \end{bmatrix}\right\| = \frac{3}{2}\sqrt{25 \times 3} = \frac{15}{2}\sqrt{3}$$

180-1-4 함수 $f(x) = \frac{e^x}{x}, 1 \leq x \leq 2$의 역함수 g에 대하여 적분 $\int_e^{\frac{e^2}{2}} [g(x)]^2 dx$를 계산하여라.

| 풀이 |

KAIST 07학번 이동민

$f(x) = \frac{e^x}{x}, 1 \leq x \leq 2 \to [(g(x)^2)]^{-1} = \frac{e^{\sqrt{x}}}{\sqrt{x}}, 1 \leq x \leq 4$

$$\int_e^{\frac{e^2}{2}} [g(x)]^2 dx = (\frac{e^2}{2} \cdot 4 - e \cdot 1) - \int_1^4 [(g(x))^2]^{-1} dx$$
$$= (2e^2 - e) - \int_1^4 \frac{e^{\sqrt{x}}}{\sqrt{x}} dx$$
$$= (2e^2 - e) - \int_1^2 2e^y dy = (2e^2 - e) - (2e^2 - 2e) = e$$

180-1-5 다음 방정식을 만족시키는 함수 $x(t), y(t)$를 구하여라.

$$x'(t) = -y(t), \quad y'(t) = x(t), \quad (x(0), y(0)) = (1, 1)$$

|풀이|

KAIST 07학번 이동민

$$\begin{cases} x'(t) = -y(t) \cdots ① \\ y'(t) = x(t) \cdots ② \end{cases} \quad \begin{cases} x''(t) + x(t) = 0 \cdots ③ \\ y''(t) + y(t) = 0 \cdots ④ \end{cases}$$

③에서 동차방정식이므로 $k^2 + 1 = 0, k = \pm i \rightarrow x_1 = \cos t, x_2 = \sin t$

$x(t) = c_1 \cos t + c_2 \sin t$, 같은 방법으로 하면 $y(t) = c_3 \cos t + c_4 \sin t$

①에 위 두식을 대입하면 $-c_1 \sin t + c_2 \cos t = -c_3 \cos t - c_4 \sin t$ 곧, $c_1 = c_4, c_2 = -c_3$

한편, $x(0) = c_1 = 1, y(0) = c_3 = 1$

$\therefore (x(t), y(t)) = (\cos t - \sin t, \cos t + \sin t)$

180-1-6 연립방정식

$$x_1 - 2x_2 - x_3 + 3x_4 = a$$
$$2x_1 + 4x_2 + 6x_3 - 2x_4 = b$$
$$x_1 + x_3 + x_4 = c$$

가 해를 갖기 위해 a, b, c가 만족시켜야 하는 관계식을 구하여라.

풀이
KAIST 07학번 최범준

$$\begin{bmatrix} 1 & -2 & -1 & 3 & a \\ 2 & 4 & 6 & -2 & b \\ 1 & 0 & 1 & 1 & c \end{bmatrix} \sim \begin{bmatrix} 1 & -2 & -1 & 3 & a \\ 0 & 8 & 8 & -8 & b-2a \\ 0 & 2 & 2 & -2 & c-a \end{bmatrix}$$

$$\sim \begin{bmatrix} 1 & -2 & -1 & 3 & a \\ 0 & 0 & 0 & 0 & 2a+b-4c \\ 0 & 2 & 2 & -2 & c-a \end{bmatrix} \sim \begin{bmatrix} 1 & 0 & 1 & 1 & c \\ 0 & 1 & 1 & 1 & \frac{c-a}{2} \\ 0 & 0 & 0 & 0 & 2a+b-4c \end{bmatrix}$$

$$2a + b - 4c = 0$$

180-1-7 행렬 $\begin{bmatrix} 1 & -3 & 0 \\ 0 & 1 & 3 \\ 2 & -10 & 2 \end{bmatrix}$ 을 하삼각행렬 L과 상삼각행렬 U의 곱 LU로 써라.

풀이
KAIST 07학번 이동민

$$\begin{bmatrix} 1 & -3 & 0 \\ 0 & 1 & 3 \\ 2 & -10 & 2 \end{bmatrix} \begin{bmatrix} \times & 0 & 0 \\ \times & \times & 0 \\ \times & \times & \times \end{bmatrix}$$

$$\begin{bmatrix} 1 & -3 & 0 \\ 0 & 1 & 3 \\ 0 & -4 & 2 \end{bmatrix} \begin{bmatrix} 1 & 0 & 0 \\ 0 & \times & 0 \\ 2 & \times & \times \end{bmatrix}$$

$$\begin{bmatrix} 1 & -3 & 0 \\ 0 & 1 & 3 \\ 0 & 0 & 14 \end{bmatrix} \begin{bmatrix} 1 & 0 & 0 \\ 0 & 1 & 0 \\ 2 & -4 & \times \end{bmatrix}$$

$$U = \begin{bmatrix} 1 & -3 & 0 \\ 0 & 1 & 3 \\ 0 & 0 & 1 \end{bmatrix} \begin{bmatrix} 1 & 0 & 0 \\ 0 & 1 & 0 \\ 2 & -4 & 14 \end{bmatrix} = L$$

$$\therefore \begin{bmatrix} 1 & -3 & 0 \\ 0 & 1 & 3 \\ 0 & -10 & 2 \end{bmatrix} = \begin{bmatrix} 1 & 0 & 0 \\ 0 & 1 & 0 \\ 2 & -4 & 14 \end{bmatrix} \begin{bmatrix} 1 & -3 & 0 \\ 0 & 1 & 3 \\ 0 & 0 & 1 \end{bmatrix}$$
$$\hspace{4cm} \| \hspace{2.5cm} \|$$
$$\hspace{4cm} L \hspace{2.5cm} U$$

180-1-8 3차원 공간 $\mathbb{R}^3$의 세 단위벡터 v_1, v_2, v_3에 의하여 결정되는 평행육면체의 부피가 $\frac{1}{2}$이다. 두 벡터 v_i, v_j가 이루는 사잇각이 θ_{ij}일 때, $ij-$성분이 $\cos\theta_{ij}$인 3×3행렬 A의 행렬식의 값을 계산하여라.

─────────── 풀이 ───────────

KAIST 06학번 김치헌

우선, v_1, v_2, v_3를 각각 열벡터로 하는 행렬 B를 생각해 보자.
$B = \begin{bmatrix} v_1 \\ v_2 \\ v_3 \end{bmatrix}$ 이때, $\det B = \det B^T = \det\begin{bmatrix} v_1 \\ v_2 \\ v_3 \end{bmatrix} = v_1, v_2, v_3$에 의해 형성되는 평행육면체의 부피

$BB^T = \begin{bmatrix} v_1 v_1 & v_1 v_2 & v_1 v_3 \\ v_2 v_1 & v_2 v_2 & v_2 v_3 \\ v_3 v_1 & v_3 v_2 & v_3 v_3 \end{bmatrix} = A$ 이므로

$$(\det B)(\det B^T) = \det(A)$$
$$(\frac{1}{2})^2 = \det(A)$$
$$\therefore \det A = \frac{1}{4}$$

2007 제1회 전국 대학생 공학수학 경시대회

제2차 문제
2007년 11월 3일
(14:00-16:00)

180-2-1 3차원 공간에서 다음 영역의 부피를 구하여라.

$$x = (p-q)\cos t, \quad y = (p-q)\sin t, \quad z = p+q$$

$$0 \le t \le 2\pi, \quad 1-\epsilon \le p \le 1+\epsilon, \quad -\delta \le q \le \delta, \quad \delta < 1-\epsilon$$

풀이

KAIST 07학번 김효섭

$x = (p-q)\cos t, \ y = (p-q)\sin t, \ z = p+q$

$$\frac{\partial(x,y,z)}{\partial(p,q,t)} = \begin{vmatrix} \frac{\partial x}{\partial p} & \frac{\partial y}{\partial p} & \frac{\partial z}{\partial p} \\ \frac{\partial x}{\partial q} & \frac{\partial y}{\partial q} & \frac{\partial z}{\partial q} \\ \frac{\partial x}{\partial t} & \frac{\partial y}{\partial t} & \frac{\partial z}{\partial t} \end{vmatrix} = \begin{vmatrix} \cos t & \sin t & 1 \\ -\cos t & -\sin t & 1 \\ (q-p)\sin t & (p-q)\cos t & 0 \end{vmatrix} = 2q - 2p$$

$$\iiint_v dxdydz = \left| \int_0^{2\pi} \int_{1-\epsilon}^{1+\epsilon} \int_{-\delta}^{\delta} (2q-2p) dq dp dt \right|$$

$$= \left| 2\pi \int_{1-\epsilon}^{1+\epsilon} [q^2 - 2pq]_{-\delta}^{\delta} dp \right| = \left| 2\pi \int_{1-\epsilon}^{1+\epsilon} -4\delta p \, dp \right|$$

$$= \left| 2\pi [-2\delta p^2]_{1-\epsilon}^{1+\epsilon} \right|$$

$$= |-16\pi\epsilon\delta|$$

$$= 16\pi\epsilon\delta$$

180-2-2 다음 적분값을 가장 작게 만드는 상수 a, b를 구하여라.

$$\int_0^\pi [\sin x - (ax+b)]^2 dx$$

풀이

KAIST 07학번 심규석

$$\int_0^\pi [\sin x - (ax+b)]^2 dx$$
$$= \int_0^\pi (\sin^2 x + a^2 x^2 + 2abx + b^2 - 2\sin x(ax+b))dx$$
$$= \int_0^\pi (\sin^2 x + a^2 x^2 + 2abx + b^2 - 2ax\sin x - 2b\sin x)dx$$
$$= \int_0^\pi \sin^2 x dx + a^2 \int_0^\pi x^2 dx + 2ab\int_0^\pi x dx + b^2\pi - 2a\int_0^\pi x\sin x dx$$
$$\quad - 2b\int_0^\pi \sin x dx$$
$$= \int_0^\pi \sin^2 x dx + a^2 \cdot \frac{1}{3}\pi^3 + ab\pi^2 + b^2\pi - 2a([-x\cos x]_0^\pi + \int_0^\pi \cos x dx) - 4b$$
$$= \int_0^\pi \sin^2 x dx + \frac{\pi^3}{3}a^2 + \pi^2 ab + \pi b^2 - 2\pi a - 4b$$

여기서 함수 f를 $f(a,b) = \frac{\pi^3}{3}a^2 + \pi^2 ab + \pi b^2 - 2\pi a - 4b$라고 하자.
$\int_0^\pi \sin^2 x dx$는 상수 값을 가지므로 준식이 최소가 되려면 f를 최소가 되게 하는 상수 a,b를 구하면 되므로

$$\begin{cases} \dfrac{\partial f}{\partial a} = \dfrac{2\pi^3}{3}a + \pi^2 b - 2\pi = 0 & \cdots ① \\ \dfrac{\partial f}{\partial b} = \pi^2 a + 2\pi b - 4 = 0 & \cdots ② \\ \dfrac{\partial^2 f}{\partial a^2} \cdot \dfrac{\partial^2 f}{\partial b^2} - \left(\dfrac{\partial^2 f}{\partial a \partial b}\right)^2 > 0 & \cdots ③ \end{cases}$$

즉, ①, ②, ③을 동시에 만족하는 a,b를 구하면 된다.
여기서 $\dfrac{\partial^2 f}{\partial a^2} = \dfrac{2}{3}\pi^3, \dfrac{\partial^2 f}{\partial b^2} = 2\pi, \dfrac{\partial^2 f}{2a\partial b} = \pi^2$이므로

$$\left(\dfrac{\partial^2 f}{\partial a^2}\right)\left(\dfrac{\partial^2 f}{\partial b^2}\right) - \left(\dfrac{\partial^2 f}{\partial a \partial b}\right)^2 = \dfrac{4}{3}\pi^4 - \pi^4 = \dfrac{1}{3}\pi^4 > 0$$

이다. 즉, ③식은 모든 a,b에 대해 만족하므로 ①과 ②를 동시에 만족하는 a,b를 구해보자.

①식의 양변을 π로 나눈 뒤, 양변에 2를 곱하면,

$$\frac{4\pi^2}{3}a + 2\pi b = 4 \cdots ①'$$

①'식에서 ②식을 빼면, $a = 0$이고, 이를 ②식에 대입하면, $b = \frac{2}{\pi}$.

$$\therefore a = 0, b = \frac{2}{\pi}$$

180-2-3 일차독립인 $\mathbb{R}^3$의 세 벡터 v_1, v_2, v_3가 다음 조건을 만족시킨다.

$$||v_i|| = 1, \quad v_i \cdot v_j = -\frac{1}{3}(i \neq j)$$

이 때 $||x|| = 1$인 벡터 x에 대하여 다음의 최대값과 최소값을 구하여라.

$$\sum_{i=1}^{3} ||x - v_i||^2$$

풀이

KAIST 07학번 최범준

$$\sum_{i=1}^{3} ||x - v_i||^2 = \sum_{i=1}^{3} 1 + 1 - 2x \cdot v_i$$
$$= 6 - 2x \cdot (v_1 + v_2 + v_3)$$

에서

$$||v_1 + v_2 + v_3||^2 = 3 + 2(v_1 v_2 + v_2 v_3 + v_2 v_1)$$
$$= 3 + 2 \times -\frac{3}{3} = 1$$

x가 $v_1 + v_2 + v_3$와 나란할 때 $6 - 2 = 4$, 반대일 때 $6 + 2 = 8$

180-2-4 실수 y에 대하여 다음 적분을 계산하여라.

$$\int_{-\infty}^{\infty} \frac{e^{-2\pi i y x}}{\cosh \pi x} dx$$

㊟ 이 문제는 아직 풀이가 접수되지 않았습니다. PROPOSAL로 넘깁니다.

180-2-5 양의 실수 p에 대하여 다음 극한값을 구하여라.

$$\lim_{n \to \infty} \frac{1}{n^2} \sum_{k=1}^{n} (1^p + 2^p + 3^p + \cdots + k^p)^{\frac{1}{(p+1)}}$$

=풀이=

KAIST 07학번 이동민

$$\lim_{n \to \infty} \frac{1}{n^2} \sum_{k=1}^{n} (1^p + 2^p + 3^p + \cdots + k^p)^{\frac{1}{p+1}}$$

$$= \lim_{n \to \infty} \frac{1}{n} \sum_{k=1}^{n} \underbrace{\left[\frac{1}{n}\left((\frac{1}{n})^p + (\frac{2}{n})^p + (\frac{3}{n})^p + \cdots + (\frac{k}{n})^p\right) \right]^{\frac{1}{p+1}}}_{\downarrow n \to \infty}$$

$$\left(\int_0^{\frac{n}{k}} x^p dx\right)^{\frac{1}{p+1}} = \left(\left[\frac{x^{p+1}}{p+1}\right]_0^{\frac{k}{n}}\right)^{\frac{1}{p+1}} = \left(\frac{(\frac{k}{n})^{p+1}}{p+1}\right)^{\frac{1}{p+1}}$$

$$= \lim_{n \to \infty} \frac{1}{n} \sum_{k=1}^{n} \left(\frac{(\frac{k}{n})^{p+1}}{p+1}\right)^{\frac{1}{p+1}} = \underbrace{\lim_{n \to \infty} \frac{1}{n} \cdot \sum_{k=1}^{n} \frac{k}{n}}_{\int_0^1 x dx = [\frac{x^2}{2}]_0^1 = \frac{1}{2}} \cdot \frac{1}{(p+1)^{\frac{1}{p+1}}} = \frac{1}{2} \cdot \frac{1}{(p+1)^{\frac{1}{p+1}}}$$

2007 미국 수학올림피아드 풀이

181-1-1 n은 자연수이다. $a_1 = n$ 이고, 각각의 $k > 1$ 에 대해 a_k는 $a_1 + a_2 + \cdots + a_k$ 가 k의 배수가 되는 $0 \le a_k \le k-1$ 범위의 유일한 정수로 정의하자. 예를 들어, $n = 9$ 이면 수열은 $9, 1, 2, 0, 3, 3, 3, \ldots$ 이 된다. 임의의 n에 대해 수열 $a_1, a_2, \ldots$ 는 항상 결국 상수가 됨을 증명하여라.

증명

KAIST 07학번 심규석

$$a_1 = n = 1 \times k_1 \le n$$
$$a_1 + a_2 = n + a_2 = 2 \times k_2 \le n + 1$$
$$a_1 + a_2 + a_3 = n + a_2 + a_3 = 3 \times k_3 \le n + (1+2)$$
$$\vdots$$
$$a_1 + \cdots + a_m = n + a_2 + \cdots + a_m = m \times k_m \le n + \frac{m(m-1)}{2}$$

$$mk_m \le n + \frac{m(m-1)}{2}$$

$k_m \le \frac{n}{m} + \frac{m-1}{2}$에서 n은 고정된 자연수이므로 $m > 2n$인 m을 살펴보자. (m은 무한히 거질수 있으므로 일반성을 깨지 않는다.) $\frac{n}{m} < \frac{1}{2}$이고, $k_m \le \frac{n}{m} + \frac{m-1}{2} < \frac{m}{2} \le m - 1 (\because m > 2)$

수열 $a_1, a_2, a_3, \cdots, a_m, a_{m+1}, a_{m+2}, a_{m+3}, \cdots$ 에서 $\sum_{k=1}^{m} a_k = mk_m$이고,

$$\sum_{k=1}^{m+1} a_k = mk_m + a_{m+1} = (m+1)k_m - k_m + a_{m+1} \equiv 0 (m+1)$$

$0 < a_{m+1} < m+1 \quad \therefore a_{m+1}$은 k_m이어야 한다.

$$\rightarrow \sum_{k=1}^{m+2} a_k = (m+2)k_m - k_m + a_{m+2} \equiv 0 (m+2)$$

$$a_{m+2} \equiv k_m \rightarrow a_i = k_m \text{ for } i > m$$

181-1-2 유클리드 평면이 격자선에 의해 정수 좌표의 꼭지점을 갖는 단위정사각형칸으로 분할되어있다. 서로 겹치지 않은 무한개의 원판으로 모든 격자점을 덮는데, 각 원판의 반지름이 모두 5 이상이 되도록 할 수 있는가?

―― 풀이 ――

KAIST 07학번 이재석

i) 원이 3개가 붙어 있는 때가 빈틈이 가장 작다.

ii) 원이 반지름이 5인 것이 3개 접해 있을 때 원 3개 안에 작은 원의 반지름을 생각해보자.

$5\sqrt{3} - 5$ 이므로 이값은 $\frac{\sqrt{2}}{2}$ 보다 크다.
($\because 5\sqrt{3} - 5 > \frac{\sqrt{2}}{2} \Leftrightarrow 25(4 - \sqrt{3}) > \frac{1}{2} \Leftrightarrow 199 > 200\sqrt{3}$)

iii) 원의 반지름이 5보다 이상인 원 3개가 접해 있을 때

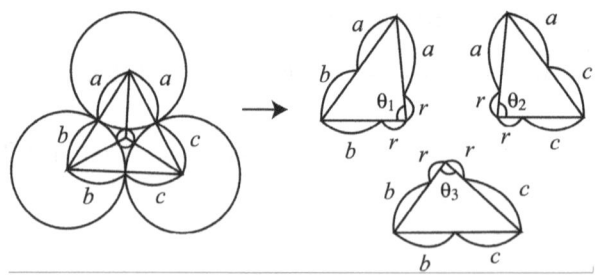

a, b, c 가 커지면 $\theta_1, \theta_2, \theta_3$ 의 합이 커지고 r이 커지면 $\theta_1, \theta_2, \theta_3$ 합이 작아진다. 이럴때, a, b, c 가 5보다 커지므로 $\theta_1, \theta_2, \theta_3$ 의 합이 360°일려면 r이 커져야 한다.
∴ 5, 5, 5일 때 원이 가장 작으므로 격자점을 덮는 것은 불가능하다.

181-1-3 n은 자연수이고, S는 n^2+n-1개의 원소를 갖는 집합이다. n개의 원소를 갖는 S의 부분집합들을 두 그룹으로 나누었다. 그럼 어느 한 쪽 그룹에는 둘씩 서로 소인 n개의 부분집합이 있음을 증명하여라.

(주) 이 문제는 아직 풀이가 접수되지 않았습니다. PROPOSAL로 넘깁니다.

181-1-4   같은 크기의 n개의 칸을 연결하여 구성된 그림을 ***n칸 동물***이라 부르자. 2007개 이상의 칸으로 구성된 동물을 **공룡**이라고 한다. 둘 이상의 공룡으로 분할시킬 수 없는 공룡을 **원시적** 공룡이라고 한다. 원시적 공룡은 최대 몇 개의 칸으로 구성될 수 있는가?

|풀이|

KASIT 08학번 양해훈

(Part 1.)   8025개의 칸을 가지는 원시적 공룡이 존재한다.

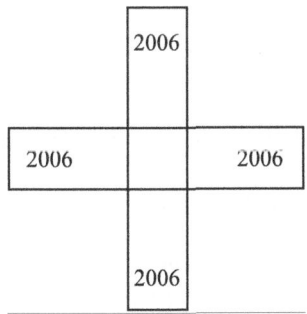

(Part 2.)   최소 8026개의 칸을 가지는 원시적 공룡은 원시적 공룡이 아니다.

8026개 이상인 n개의 칸을 가지는 임의의 공룡 X에 대하여 공룡의 부분집합 A를 만들 것이다. 그리고 A는 다음을 만족하게 할 것이다.

-. A는 2007개 이상 연결되어 있음

-. A^c도 2007개 이상 연결되어 있음

X의 임의의 칸 a는 다음 둘 중 오직 하나를 만족한다.

- X에서 a를 빼면 $\begin{cases} X\text{가 연결되어 있다.} \\ X\text{가 연결되어 있지 않다.} \end{cases}$

X가 연결되어 있게 하는 칸을 '곁다리'라고 부르자. X의 곁다리가 없다면, X의 임의의 칸 a_1를 잡자. a을 없애면 X는 둘 이상으로 분할된다. 그 중 임의의 것을 X_1이라 하자. $|X_1| < |X|$.

X_1의 임의의 칸 a_2를 잡자. a_2에 의해서 X는 둘 이상으로 분할되고, 분할들 중 적어도 하나는 X_1의 부분집합이다. X_1의 부분집합인 X의 분할 중 임의의 것을 X_2라 잡자.

같은 방식으로 무한히 많은 X_n들을 정의할 수 있다.

$$|X| > |X_1| > \cdots > |X_{n+1}|. \ |X_{n+1}| < 0 (\because |X| : a). \text{ 모순}$$

임의의 곁다리를 대상으로 곁다리의 고유숫자를 '곁다리만 걸쳐서 갈 수 있는 곁다리의 수'로 정리할 수 있다.

고유숫자가 가장 큰 곁다리 하나를 A에 속하게 하자.

그 곁다리와 곁다리를 거쳐 없어지면 A를 둘 이상으로 나누어지게 하지 않는 모든 곁다리를 A에 넣자. 이제, A와 붙어 있는 A^c의 원소 중 없어졌을 때 A 혹은 A^c를 둘 이상으로 나누지 않는 것은 없다. $|A| < 2007$이라 하자.

이제, 다음 과정을 $|A| \geq 2007$이 될 때까지 반복한다.

1. A와 접해 있는 A^c의 원소를 A에 넣는다.

2. 1에서 들어간 원소는 A^c를 하나 이상 셋 이하로 나눈다. 이중 가장 큰 것 하난를 제외한 모든 분할을 (0개가 될 수도 있음) A에 넣자. 가장 큰 것의 크기는 2007개를 넘으므로, $|A| < n - 2007, |A| < 2007$이면 3번으로 넘어간다.

3. 2에서 새로 생긴 A와 곁다리만을 거쳐 연결되는 곁다리 중 없어질 때 A^c를 나눠지게 하는 것을 제외한 전부를 넣는다. 그 수는 2007개 이하다.

4. 1번으로 돌아가 계속

즉 이과정에서 $|A| \geq n - 2007$이 될 가능성은 없다.

181-1-5 임의의 음 아닌 정수 n에 대해, $7^{7^n}+1$은 $2n+3$개 이상의 (서로 다를 필요는 없는) 소수들의 곱임을 증명하여라.

증명

KAIST 08학번 전병현

$n=0$일 때 $7^{7^0}+1=8=2\times 2\times 2$로 $2\cdot 0+3=3$개 이상의 소수들의 곱이다.
$n=k$일 때 성립한다고 가정하자.
$\Rightarrow 7^{7^k}+1$은 $2k+3$개 이상의 소수들의 곱이다. $n=k+1$일 때

$$7^{7^{k+1}}+1=(7^{7^k}+1)(7^{6\cdot 7^k}-7^{5\cdot 7^k}+7^{4\cdot 7^k}-7^{3\cdot 7^k}+7^{2\cdot 7^k}-7^{7^k}+1)$$

$7^{6\cdot 7^k}-7^{5\cdot 7^k}+7^{4\cdot 7^k}-7^{3\cdot 7^k}+7^{2\cdot 7^k}-7^{7^k}+1$이 2개 이상의 소수의 곱으로 표현된다. $7^{7^k}=x$로 놓자.

$$\begin{aligned}7^{6\cdot 7^k}-7^{5\cdot 7^k}\cdots +1&=x^6-x^5+x^4-x^3+x^2-x+1\\&=(x^3+3x^2+3x+1)^2-7x(x^2+x+1)^2\\&=(x^3+3x^2+3x+1)^2-7^{7^k+1}(x^2+x+1)^2\\&=(x^3+3x^2+3x+1+7^{\frac{7^k+1}{2}}(x^2+x+1))\\&\quad (x^3+3x^2+3x+1-7^{\frac{7^k+1}{2}}(x^2+x+1))\end{aligned}$$

$\therefore 7^{6\cdot 7^k}-7^{5\cdot 7^k}\cdots +1$은 최소 2개의 소수들의 곱으로 나타내어진다.
$\therefore 7^{7^{k+1}}+1$은 $2k+5$이상의 소수들의 곱으로 나타내어진다.

181-1-6 예각삼각형 ABC의 내접원과 외접원을 각각 ω, S라 하고, 외접원의 반지름을 R이라 하자. S와 A에서 내접하고 ω에 외접하는 원을 ω_A라 하자. 또, S와 A에서 내접하고 ω가 내접하는 원을 S_A라 하자. 원 ω_A와 S_A의 중심을 각각 P_A와 Q_A라 하자. 점 P_B, Q_B, P_C, Q_C도 비슷하게 정의한다. 다음을 증명하고, 등호가 성립할 조건은 ABC가 정삼각형일 때임을 보여라.

$$8P_AQ_A\cdot P_BQ_B\cdot P_CQ_C \leq R^3$$

㊟ 이 문제는 아직 풀이가 접수되지 않았습니다. PROPOSAL로 넘깁니다.

PROPOSALS SOLUTIONS

Proposals Solutions코너는 독자분들과 함께 문제를 생각해보는 코너입니다. 독자분들 중에서 자신이 창작한 문제가 있는 분이나 Proposals란에 실린 문제를 푸신 분은 수학문제연구회로 보내주시면 실어드리겠습니다. 보낼 때는 FAX나 우편, 홈페이지 등으로 보내시면 됩니다. 이미 풀이가 실린 문제일지라도 색다른 풀이를 보내주시면 실어드리겠습니다.

☐ PROPOSALS

182-1
KAIST 07학번
이동민

(A) $A = \begin{bmatrix} 1 & \frac{1}{2} & \frac{1}{3} \\ \frac{1}{2} & \frac{1}{3} & \frac{1}{4} \\ \frac{1}{3} & \frac{1}{4} & \frac{1}{5} \end{bmatrix}$ 일 때, A^{-1}는?

(b) 위를 확장시켜 $A = \begin{bmatrix} 1 & \frac{1}{2} & \cdots & \frac{1}{n} \\ \frac{1}{2} & \frac{1}{3} & \cdots & \frac{1}{n+1} \\ \vdots & \vdots & & \vdots \\ \frac{1}{n} & \frac{1}{n+1} & \cdots & \frac{1}{2n-1} \end{bmatrix}$ 일 때, A가 역행렬이 존재하는가? 존재하면 A^{-1}은 정수를 성분으로 가지는가?

☐ SOLUTIONS

176-4
조문수

$a+b+c=1$ 인 양의 실수 a, b, c에 대해, 다음 식의 최솟값을 구하여라.

$$\left(a+\frac{1}{a}\right)\left(a+\frac{1}{b}\right) + \left(b+\frac{1}{b}\right)\left(b+\frac{1}{c}\right) + \left(c+\frac{1}{c}\right)\left(c+\frac{1}{a}\right)$$

─── 풀이 ───

대아중학교 3학년 한민기

$$(a+\frac{1}{a})(a+\frac{1}{b}) + (b+\frac{1}{b})(b+\frac{1}{c}) + (c+\frac{1}{c})(c+\frac{1}{a})$$
$$= a^2 + \frac{a}{b} + 1 + \frac{1}{ab} + b^2 + \frac{b}{c} + 1 + \frac{1}{bc} + c^2 + \frac{c}{a} + 1 + \frac{1}{ca}$$
$$= (a^2 + b^2 + c^2) + (\frac{a}{b} + \frac{b}{c} + \frac{c}{a}) + (\frac{1}{ab} + \frac{1}{bc} + \frac{1}{ca})$$

그런데, 코시-슈바르츠 부등식에 의해
$$(a^2 + b^2 + c^2)(1^2 + 1^2 + 1^2) \geq (a+b+c)^2$$
$$\Leftrightarrow a^2 + b^2 + c^2 \geq \frac{1}{3}$$

등호는 $a = b = c = \frac{1}{3}$일 때 성립. 또, 산술기하 부등식에 의해
$$\frac{a}{b} + \frac{b}{c} + \frac{c}{a} \geq 3\sqrt[3]{1} = 3$$

등호는 $a = b = c = \frac{1}{3}$일 때 성립. 또한,
$$\frac{1}{ab} + \frac{1}{bc} + \frac{1}{ca}$$
$$= \frac{a+b+c}{abc}$$
$$= \frac{1}{abc}$$

그리고 산술기하부등식에 의해
$$a + b + c \geq 3\sqrt[3]{abc}$$
$$\Leftrightarrow 1^3 \geq 3^3 abc$$
$$\Leftrightarrow \frac{1}{27} \geq abc$$
$$\Leftrightarrow \frac{1}{abc} \geq 27$$

역시 등호는 $a = b = c = \frac{1}{3}$일 때 성립.
$$\therefore (a+\frac{1}{a})(a+\frac{1}{b}) + (b+\frac{1}{b})(b+\frac{1}{c}) + (c+\frac{1}{c})(c+\frac{1}{a})$$
$$\geq \frac{1}{3} + 3 + 27 + 3$$
$$= \frac{100}{3}$$

이고, 모든 등호성립조건이 $a = b = c = \frac{1}{3}$이고 실제로 넣어보면 등호가 성립하므로 원식의 최소값= $\frac{100}{3}$이다.

177-2
서울 중앙고
이수홍

삼각형 ABC에서 외접원을 w라 하고 각 A의 이등분선과 BC의 교점을 D, AE가 w의 지름이 되는 점을 E라 하자. w, B, C를 고정시키고 A를 움직일 때 ADE의 외접원은 고정된 두 점을 지남을 보여라. (문제가 A가 BC를 기준으로 같은 쪽에서만 움직인다는 조건이 필요합니다.)

|증명|

어은중학교 3학년 임준혁

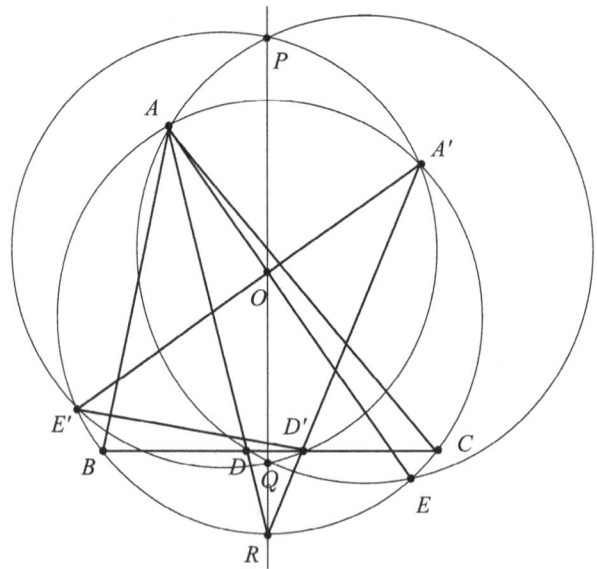

어떠한 점 A를 기준으로 ADE의 외접원과 BC의 수직이등분선과의 교점을 각각 P, Q라 하자. 그리고 또 다른 점 A'에 대한 D, E를 D', E'이라 하자. 이때 A', D', E', P, Q가 한 원 위에 있음을 보이자.

(1) $A', Q, E'P$가 한 원 위에 있으므로 $AO \cdot OE = PO \cdot OQ$이다. 그런데 $AO \cdot OE = A'O \cdot OE' = R^2$이므로 $A'O \cdot OE' = PO \cdot OQ$이다. 따라서 할선정리에 의해 A', E', P, Q가 한 원 위에 있다.

(2) 호 BC의 중점을 R이라 놓자 그러면 A, D, P, Q가 한 원에 있고 AD의 연

장선이 R을 지나므로 할선정리에 의해 $AR \cdot DR = PR \cdot QR$이다.

BC와 R에서의 접선은 평행하므로 접현각의 성질과 엇각의 성질에 의해 $\angle RAA' = \angle RD'D$이다.

따라서 $\triangle RAA' \backsim \triangle RD'D$이고 $A'R : DR = AR : D'R$이다. 따라서 $AR \cdot DR = A'R \cdot D'R$이다. 따라서 $A'R \cdot D'R = PR \cdot QR$이므로 할선정리에 의해 A', D', P, Q가 한 원에 있다.

(1), (2)를 종합하면 A', D', E', P, Q가 한 원 위에 있고 ADE의 외접원은 항상 P, Q를 지나게 되므로 문제가 성립함을 알 수 있다.

181-1 송경우

넓은 테이블 위에 평행선이 같은 간격으로 무수히 그려져있다. 이때 길이 $2a$의 작은 바늘을 떨어뜨려 그 바늘이 평행선과 교차할 확률을 구하여라(단, 평행선 간격은 $2h$이고 h는 a보다 크거나 같다)

━━━━━━━━━━ 풀이 ━━━━━━━━━━

전남과고 2학년 박경도

바늘의 양 끝 중 더 왼쪽에 있는 끝의 가장 가까운 왼쪽에 존재하는 평행선까지의 거리를 x라고 하자. 즉 $0 \leq x \leq 2h$

x가 $2a$이하일 때만 바늘은 평행선과 교차할 확률이 있다.

특히 이때에도 평행선과 수직한 선분과 이 바늘이 이루는 각이 더 작은 쪽으로 $\arccos(\frac{k}{2a})$보다 작아야 한다.

따라서 구하는 확률은

$$\frac{1}{2a}\int_{2a}^{0} \frac{\arccos(\frac{k}{2a})}{\frac{\pi}{2}} dk = \frac{2}{\pi}\int_{0}^{\frac{\pi}{2}} t\sin t\, dt$$
$$= \frac{2}{\pi}[-t\cos t + \int \cos t]_{0}^{\frac{\pi}{2}}$$
$$= \frac{2}{\pi}[-t\cos t + \sin t]_{0}^{\frac{\pi}{2}}$$
$$= \frac{2}{\pi}$$

x가 $2a$이하일 확률은 $\frac{a}{h}$이므로 구하는 확률은 $\frac{2a}{\pi h}$

적분가능성

KAIST 수리과학과 김민규

대부분 학생들은 고등학교때 적분을 배웁니다. 요즘은 영재가 넘쳐서 많은 초등학생들도 고학년만 되도 간단한 적분을 할 줄 아는 것 같습니다. 어쨋든, 오늘 주제는 적분가능성입니다. 흔히 고등학교때 배우는 적분을 리만 적분이라고 하는데, 오늘 다루는 적분은 리만 적분으로 한정하겠습니다.

정의

a부터 시작해서 b로 끝나는 유한개의 점의 집합. 즉, $x_0 = a < x_1 < \cdots < x_{p-1} < x_p = b$일 때 $\{x_0, \ldots, x_p\}$를 $[a,b]$의 분할이라고 하고 보통 π라고 씁니다. $[a,b]$의 분할을 모두 모아 놓은 집합을 $\pi[a,b]$라 쓰고, $\pi_1 \in \pi[a,b]$, $\pi_2 \in \pi[a,b]$, $\pi_1 \subseteq \pi_2$일 때 $\pi_1 \leq \pi_2$라 씁니다.

정의

$f : [a,b] \to \mathbb{R}$이며 $\pi = \{x_0 = a, x_1, \ldots, x_p = b\}$일 때 $s_j \in [x_{j-1}, x_j]$, $j = 1, \ldots, p$라 할 때 $s(f, \pi) = \sum_{j=1}^{p} f(s_j)(x_j - x_{j-1})$를 **리만합**이라고 합니다.

정의

함수 f에 대해 실수 I가 존재하여 임의의 양수 ε에 대해 $[a,b]$의 분할 π_0가 존재하여 $\pi_0 \leq \pi$인 모든 $[a,b]$의 분할 π에 대해 $|s(f, \pi) - I| < \varepsilon$이면 f를 적분가능하다라고하고 I를 f의 적분이라 하며 $I = \int_a^b f dx$로 표기합니다.

정의

$m_j = \inf\{f(x) | x \in [x_{i-1}, x_i]\}$
$M_j = \sup\{f(x) | x \in [x_{i-1}, x_i]\}$라 할 때 $U(f, \pi) = \sum_{j=1}^{p} M_j(x_j - x_{j-1})$, $L(f, \pi) = \sum_{j=1}^{p} m_j(x_j - x_{j-1})$라 한다.

정리1

f가 적분가능 ⇔ 임의의 양수 ε에 대해 적당한 분할 π가 존재하여 $U(f,\pi) - L(f,\pi) < \varepsilon$

증명 (⇒)
$|s(f,\pi) - I| < \varepsilon$에서 $|U(f,\pi) - I| < \frac{\varepsilon}{2}$, $|L(f,\pi) - I| < \frac{\varepsilon}{2}$.

$$\therefore \varepsilon = \frac{\varepsilon}{2} + \frac{\varepsilon}{2} > |U(f,\pi) - I| + |L(f,\pi) - I|$$
$$\leq |(U(f,\pi) - I) - (L(f,\pi) - I)|$$
$$= |U(f,\pi) - L(f,\pi)| = U(f,\pi) - L(f,\pi)$$

(⇐) 임의의 $s_j \in [x_{j-1}, x_j]$에 대해 $L(f,\pi) \leq S(f,\pi) \leq U(f,\pi)$이므로 자명 □

일단 f가 연속이면 f가 적분가능함은 자명하다.

연습문제 1

f가 불연속일 때 적분가능하지 않은 예는 다음과 같다.
$$f(x) = \begin{cases} 1 & x\text{가 유리수} \cap [0,1] \\ 0 & x\text{가 무리수} \cap [0,1] \end{cases}$$

연습문제 2-1

그럼 불연속이면서 적분가능한 함수가 존재하는가?
$$f(x) = \begin{cases} 1 & x \in [0, \frac{1}{2}] \\ 0 & x \in (\frac{1}{2}, 1] \end{cases}$$ 라 잡으면 적분가능하다.

연습문제 2-2

그럼 무한히 많은, 조밀한 점에서 불연속이면서 적분 가능한 함수가 존재하는가? 정답은 Yes다.

> 연습문제 3

$$f(x) = \begin{cases} \frac{1}{p}, & x = \frac{q}{p} \text{인 유리수} \\ 0, & x = 0 \end{cases}$$
라 잡으면 f가 모든 유리수점에서 불연속이지만 $[0,1]$에서 적분 가능하다.

이제, 적분 가능성과 필요충분일 조건을 소개하겠습니다. 그것은 바로 거의 모든 점에서 연속이면 된다.

> 정의

어떤 집합(X)의 측도가 0이라 함은 임의의 ε에 대해 가산개의 열린구간 $\{I_n\}$이 존재하여 $X \subseteq \bigcup_{n=1}^{\infty} I_n$이면서 $\sum_{n=1}^{\infty} |I_n| < \varepsilon$이 됨을 말한다.

> 정의

어떤 성질 p가 집합 X의 거의 모든 점에서 성립한다 함은 $N = \{x \in X | x$는 p를 만족하지 않음$\}$이라 할 때 N이 측도 0임을 말한다.

> 정의

f가 함수이고, I가 구간일 때 $\omega_f(I) = \sup\{f(x)|x \in I \cap [a,b]\} - \inf\{f(x)|x \in I \cap [a,b]\}$일 때 $\omega_f(I)$를 f의 I에서의 요동이라고 합니다. $\omega_f(x) = \inf\{\omega_f(J)|J$는 x를 포함하는 모든 열린 구간$\}$이라 할 때 $\omega_f(x)$를 f의 x에서의 요동이라고 합니다.

(보조정리 1) f가 x에서 연속 $\Leftrightarrow \omega_f(x) = 0$ 여기서 f는 $[a,b]$에서 정의됨.

증명 ($\Rightarrow$) f가 x서 연속이라 하자. $\forall \varepsilon > 0, \exists \delta > 0$
s.t. $|x - y| < \delta$이면 $|f(x) - f(y)| < \varepsilon$이다. 그러므로 $y \in J = (x - \delta, x + \delta)$이면 $f(x) - \varepsilon < f(y) < f(x) + \varepsilon$ 즉 $y \in (x - \delta, x + \delta) \Rightarrow \omega_f(I) \leq (f(x) + \varepsilon) - (f(x) - \varepsilon) = 2\varepsilon$ 여기서 ε의 양수이므로 $\omega_f(x) = 0$
($\Leftarrow$) $\omega_f(x) = 0$이라 하자. $\forall \varepsilon < 0$에 대해 x를 포함하는 open set J가 존재하여 $\omega_f(I) < \varepsilon$이다.
J가 open이므로 $\delta > 0$가 존재하여 $(x - \delta, x + \delta) \leq J$
$\therefore |x - y| < \delta \Rightarrow y \in J \Rightarrow |f(x) - f(y)| \leq \omega_f(J) < \varepsilon$
$\therefore f$는 x서 연속 □

보조정리 2 임의의 $\varepsilon > 0$에 대해 $X = \{x \in [a, b] | \omega_f(x) < \varepsilon\}$는 $[a, b]$에서 열린집합이다.

증명 임의의 $x \in X$에 대해 $\delta > 0$가 존재하여 $(x - \delta, x + \delta) \cap [a, b] \subset X$임을 보이는 것과 동치.
$\omega_f(x) < \varepsilon$이므로 열린집합 J가 존재하여 $\omega_f(J) < \varepsilon$
J역시 열린집합이므로 δ가 존재하여 $(x - \delta, x + \delta) \cap [a, b] \subset J \cap [a, b]$, 따라서 모든 $y \in (x - \delta, x + \delta) \cap [a, b]$에 대해 $y \in J$이며 $\omega_f(y) \leq \omega_f(J) < \varepsilon$
따라서 X는 열린집합이다. □

보조정리 3 J가 닫힌 구간이며 J의 모든 점 x에서 $\omega_f(x) < \varepsilon$이면, J의 적당한 분할이 존재하여 $U(f, p) - L(f, p) < \varepsilon |J|$이다.

증명 모든 $x \in J$에 대해 x를 포함하면서 $\omega_f(\overline{I_x}) < \varepsilon$가 되는 열린집합 I_x가 존재한다. $\{I_x | x \in J\}$는 J의 열린피복이므로 유한 개의 부분피복 $\{I_1, \ldots, I_n\}$이 존재한다.
$p = \{x_0, \ldots, x_n\}$ 여기서 x_i들을 $I_i \cap J$들의 끝점으로 잡으면 $\omega_f([x_{i-1}, x_i]) < \varepsilon$이며 $U(f, p) - L(f, p) = \sum_{i=1}^n \omega_f([x_{i-1}, x_i])(x_i - x_{i-1}) < \varepsilon |J|$가 된다. □

정리2

f가 유계인 실함수일 때 f가 $[a, b]$에서 적분가능 $\Leftrightarrow$ f는 $[a, b]$의 거의 모든 점에서 연속.(즉 불연속점인 점의 집합의 측도가 0)

증명 먼저 f가 적분가능이라고 하자. X를 $[a,b]$에서 f가 불연속인 점의 집합이라 하며 $X_m = \{x \in [a,b] | \omega_f(x) \geq \frac{1}{m}\}$이라 하면 보조정리 1에 의해 $X = \bigcup_{m=1}^{\infty} X_m$이다.
먼저 모든 m에 대해 X_m이 측도 0임을 보이자.
보조정리 3에 의해 적당한 분할 $p = \{x_0, \ldots, x_n\}$이 존재하여

$$\sum_{i=1}^{m} \omega_f([x_{i-1}, x_i])(x_i - x_{i-1}) < \frac{\varepsilon}{2m}$$

이 된다.
$X_m^* = X_m \cap p$, $X_m^{**} = X_m \setminus X_m^*$이라 하자.
$x \in X_m^{**}$이면 적당한 i에 대해 $x \in (x_{i-1}, x_i)$가 되며 $\omega_f([x_{i-1}, x_i]) \geq \omega_f(x) \geq \frac{1}{m}$이다.
X_m^{**}의 점을 포함하는 적당한 $[x_{i-1}, x_i]$들을 $I_{i_1}, \ldots, I_{i_k}$라 하면

$$\frac{1}{m} \sum_{j=1}^{k} |I_{ij}| \leq \sum_{j=1}^{k} \omega_f(I_{ij})|I_{ij}| \leq \sum_{i=1}^{n} \omega_f(I_i)|I_i| < \frac{\varepsilon}{2m}$$

$$\therefore \sum_{j=1}^{k} |I_{ij}| < \frac{\varepsilon}{2}$$

X_m^*는 finite 이므로 역시 측도 0이다. 따라서 $X_m = X_m^* \cup X_m^{**}$ 역시 측도 0이다.
$X = \bigcup_{m=1}^{\infty} X_m$에서 각각의 X_m이 측도 0이므로 $|X_m| < \frac{\varepsilon}{2^{m+1}}$로 잡으면 $|X| \leq \sum_{m=1}^{\infty} |X_m| = \frac{\varepsilon}{2} < \varepsilon$가 되어 X도 측도 0이다.
반대로 X가 측도 0일 때 f가 적분 가능임을 보이자. 만일 $\omega_f([a,b]) = 0$이면 f가 상수이므로 적분가능.
따라서 $\omega_f([a,b]) > 0$인 경우만 고려하면 충분하다.
임의의 $\varepsilon > 0$에 대해 $\frac{(b-a)}{m} < \frac{\varepsilon}{2}$인 자연수 m을 잡자.
X_m이 측도 0이므로 열린집합들의 집합 $I = \{I_n\}$이 존재하여 $X_m \subset \bigcup_{n=1}^{\infty} I_n$이며 $\sum_{n=1}^{\infty} |I_n| < \frac{\varepsilon}{2\omega_f([a,b])}$가 된다.
보조정리 2에서 X_m은 $[a,b]$에서 닫힌 집합이며 **옹골집합(Compact)**이다. 따라서 X_m의 유한 피복 $\{I_{n_1}, \ldots, I_{n_k}\}$가 존재한다.
$[a,b] \setminus \bigcup_{j=1}^{k} I_{n_j}$는 유한개의 닫힌구간 $J_1, \ldots, J_p$의 합집합으로 표현 가능하다. 임의의 J_i의 원소 x에 대해 $\omega_f(x) < \frac{1}{m}$이므로 보조정리 3에 의해 J_i의 적당한 분할 p_i가 존재하여 $U(f, p_i) - L(f, p_i) < \frac{|J_i|}{m}$이 된다.
$p = \bigcup_{j=1}^{p} p_j \cup \{a,b\}$라 하면

$$U(f,p) - L(f,p) = \sum_{i=1}^{p}(U(f_i,p_i) - L(f_i,p_i)) + \sum_{i=1}^{k}\omega_f(\overline{I}_{n_i})|I_{n_i} \cap [a,b]| < \frac{1}{m}\sum_{i=1}^{p}|J_i| + \omega_f([a,b])\sum_{i=1}^{k}|I_{n_i}| < \frac{b-a}{m} + \omega_f([a,b])\frac{\varepsilon}{2\omega_f([a,b])} < \frac{\varepsilon}{2} + \frac{\varepsilon}{2} = \varepsilon$$

따라서 f는 적분가능하다. □

연습문제

1. f가 유계인 실함수이며 $[0,1]$에서 정의된다고 할 때 f가 연속이면 f가 적분가능함을 보여라.

2. 1) $f(x) = \begin{cases} 1, & x \in [0,\frac{1}{2}] \\ 0, & x \in (\frac{1}{2},1] \end{cases}$ 로 정의 될 때 f가 적분가능함을 보여라.

   2) $f(x) = \begin{cases} 1, & s \in \mathbb{Q} \cap [0,1] \\ 0. & x \notin \mathbb{Q} \cap [0,1] \end{cases}$ 로 정의 될 때 f가 적분 가능하지 않음을 보여라.

3. $f(x) = \begin{cases} \frac{1}{p}, & x = \frac{q}{p}\text{인 유리수} \\ 0, & x = 0 \end{cases}$ 로 정의될 때 f가 적분 가능함을 보여라.

Theme Talk - 수학과 논리 (2)

KAIST 04 수학/신소재 조만석

저번 호에 이어 계속 수리논리 분야에 대해 논해보고자 합니다. 저번 호는 기초적인 소개에 가까웠지만, 이번 호에서는 조금 더 깊고 실용적인 내용을 소개하도록 하겠습니다.

논리 공리 Logical Axioms

명제 논리에서 일반적으로 인정되는 세 가지 공리는 다음과 같습니다.

1. $A \to [B \to A]$

2. $[A \to [B \to C]] \to [[A \to B] \to [A \to C]]$

3. $\sim\sim A \to A$ (Falsity를 사용하면 $[[A \to f] \to f] \to A$와 같음)

위 세 가지가 항진명제임은 쉽게 보일 수 있습니다. 1번 공리는 결론을 인정하면 다른 어떤 것을 가정해도 결론은 변하지 않는다는 것으로, 논리의 기초를 이루는 것입니다. 이에 따라, $A \to [\sim A \to A]$도 성립한다 할 수 있습니다. 2번 공리는 분배법칙 같은 공리인데, 세 가지 명제에 대한 명제 연산(Propositional Calculus)을 가능하게 해 줍니다.

3번 공리는 **배중률(排中律)의 공리**로서, A에 대해서는 A와 $\sim A$ 두 가지 명제만 생각할 수 있다는 것을 암시 합니다. 3번 공리는 다음의 공리로 대치하여 쓸 수 있습니다.

3′. $[\sim A \to \sim B] \to [B \to A]$

공리 3′은 **대우의 공리**로서, 대우가 성립하면 본래 명제도 성립한다는 아주 친숙한 공리입니다. 공리 3이나 3′ 모두 부정 명제 $\sim A$에 대한 명제 연산을 가능하게 해 줍니다.

위 세 가지 공리는 사실 엄밀히 말해 **공리 도식 (Axiom schemata)**으로 불립니다. 그 이유는 위의 공리들이 무수히 많은 변형을 가질 수 있기 때문입니다. 예로, 공리 1은 다음과 같은 많은 경우를 내포합니다.

$A \to [A \to A], [A \to A] \to [f \to [A \to A]], [A \to f] \to [[f \wedge B] \to [A \to f]], \cdots$

즉, 공리 1의 A 및 B에 아무 명제가 들어가도 상관없다는 것입니다. 하지만 공리 1은 이러한 '임의성'에 대해 전혀 서술 해 주지 않고 있습니다. 물론 공리 1에 '임의의 명제 A, B에 대해'라는 말을 붙이면 간단해 질 것입니다만, 이는 우리가 설정한 무정의용어를 통해서는 나올 수 없는 서술이므로 공리에 들어가서는 안 됩니다. 그러므로 엄밀하게 공리를 정의하려면, 위와 같은 무수히 많은 경우를 모두 공리로서 인정해야 합니다.

하지만 명제논리는 수리논리의 가장 기초적인 단계로서 이것만 이용하는 수학은 거의 없기 때문에 이에 민감해질 필요는 없습니다.

증명의 구성

수학에서 증명이라는 것은 주어진 가정을 토대로 결론을 도출하는 것을 말합니다. 명제 논리에서 가정할 것은 오로지 위의 세 가지 공리뿐이므로, 이를 이용하여 증명을 정의해 볼 수 있습니다.

정의

어떤 명제 B_m**의 증명**이라는 것은 명제열 $B_1, B_2, \ldots, B_m$이 있어서 자연수 $1 \leq k \leq m$에 대해 다음 두 가지 성질을 만족하는 것이다.

1. B_k는 공리이다.

2. $1 \leq i, j < k$가 있어 B_i가 $[B_j \to B_k]$이다. (Modus Ponens)

그리고 이 때, 결론이 되는 B_m을 **정리 (Theorem)**이라고 하고 $\vdash B_m$으로 나타낸다.

위의 정의에서 Modus Ponens라는 것은 라틴어로, 주로 긍정식이라고 번역됩니다. 이 Modus Ponens의 의미는 쉽게 말해, 'A와 $A \to B$를 가정하면 B라는 결론을 얻는다.'는 것으로 자명해 보이는 것입니다.

이제 정의를 이용해 다음의 당연한 정리를 증명해 보도록 하겠습니다.

> **예제**
>
> ⊢ $[A \to A]$임을 증명하라. (아래 증명에서 $B = [A \to A]$라고 생각하시면 편합니다.)

> **증명** $[A \to [[A \to A] \to A]]$ – Axiom 1
> $[A \to [[A \to A] \to A]] \to [[A \to [A \to A]] \to [A \to A]]$ – Axiom 2
> $[[A \to [A \to A]] \to [A \to A]]$ – Modus Ponens
> $[A \to [A \to A]]$ – Axiom 1
> $[A \to A]$ – Modus Ponens □

위와 같은 방법을 통해 명제 논리에서 여러 가지 정리들을 도출 해 볼 수 있습니다. 여기에서 기호 '⊢'라던가 Modus Ponens 같은 것은 무정의용어 이외의 서술을 통해 설명하였습니다. 이처럼 서술에 있어서 일상 언어를 도입하는 것을 Metalanguage라고 부릅니다. 즉, 증명 및 정리의 정의는 이러한 Metalanguage를 통한 것입니다.

연역 원리 Deduction Theorem

위에서 증명의 정의와 실제를 살펴보았습니다만, 일반적으로 증명은 공리로부터 출발하지 않습니다. 공리로부터 출발하면 너무 과정이 길어지는데다가, 참이 아닌 명제도 가정할 수 있기 때문입니다. 그래서 증명의 정의를 다음과 같이 확장합니다.

> **정의**
>
> 가정 $A_1, A_2, \ldots, A_n$으로부터의 B_m의 증명은 명제열 $B_1, \ldots, B_m$이 있어서 자연수 $1 \leq k \leq m$에 대해 다음 두 가지 성질을 만족하는 것이다.
>
> 1. B_k는 $A_j (1 \leq j \leq n)$이다.
>
> 2. B_k는 공리이다.
>
> 3. $1 \leq i, j < k$가 있어 B_i가 $[B_j \to B_k]$이다. (Modus Ponens)
>
> 그리고 이 때, 결론이 되는 B_m을 $A_1, A_2, \ldots, A_n \vdash B_m$으로 나타낸다.

즉, 가정 $A_1, A_2, \ldots A_n$을 공리로 취급한다는 것입니다. 만약 $A = \{A_i : 1 \leq i \leq n\}$이라면, $A_1, A_2, \ldots, A_n \vdash B_m$를 $A \vdash B_m$으로 간략히 나타냅니다. $A \vdash B_m$은 "A로부터 B_m이 증명된다." 또는 "B_m은 A 에서의 정리이다."라는 뜻을 갖습니다.

이제, 실제 논리 증명에 있어서 유용한 연역원리를 소개하도록 하겠습니다. 이를 위해서 일단 다음의 보조정리를 소개하겠습니다.

보조정리 $A_1, A_2, \ldots, A_n \vdash B$이고 $A_1, A_2, \ldots, A_n \vdash B \to C$이면, $A_1, A_2, \ldots, A_n \vdash C$

증명 $\{B_i : 1 \leq i \leq m\}$을 B의 증명. $\{C_k : 1 \leq k \leq l\}$를 $B \to C$의 증명이라 하자. 이 때, B_m은 B이고, C_l은 $B \to C$가 된다. 그러므로 Modus Ponens에 의해 C가 도출 된다.

즉, $B_1, \ldots, B_m, C_1, \ldots, C_l, C$가 $A_1, A_2, \ldots, A_n$으로 부터의 C의 증명이다. □

위의 보조정리의 내용과 증명은 아주 자명한 것으로, Modus Ponens의 확장이라 할 수 있겠습니다. 이 보조정리는 위에서 소개한 Metalanguage와 동일한 개념으로, Metatheorem이라 불리며 그 증명 역시 Metaproof입니다. 그러면 이 보조정리를 토대로 연역원리를 소개하도록 하겠습니다.

정리 (연역원리)

$A_1, A_2, \ldots, A_n \vdash B$이면 $A_1, A_2, \ldots, A_{n-1} \vdash A_n \to B$이다.

증명 $\{B_i : 1 \leq ileqm\}$을 B의 증명이라 하자. 그리고 다음의 주장을 보이자.

주장 : $A_1, A_2, \ldots, A_{n-1} \vdash A_n \to B_k (1 \leq k \leq m)$

주장의 증명을 위해 k에 대해 Induction을 사용하자.

CASE 1-1. B_k가 $A_j (1 \leq j < n)$일 때.

$A_1, A_2, \ldots, A_n \vdash A_j (= B_k)$ – Hypothesis
$A_1, A_2, \ldots, A_n \vdash B_k \to [A_n \to B_k]$ – Axiom 1
$A_1, A_2, \ldots, A_n \vdash A_n \to B_k$ – Modus Ponens

CASE 1-2. B_k가 A_n일 때.

위의 예에 의해 ⊢ $A_n \to A_n$이므로 $A_1, A_2, \ldots, A_{n-1} \vdash A_n \to A_n$.
그러므로 $A_1, A_2, \ldots, A_{n-1} \vdash A_n \to B_k$.
(여기에서 ⊢ A이면, 임의의 가정 H에 대해 $H \vdash A$임을 사용)

CASE 2. B_k가 공리일 때.

  CASE 1-1과 같이 Axiom 1을 이용.

CASE 3. $1 \leq i, j < k$가 있어 B_i가 $[B_j \to B_k]$일 때.

  $i, j < k$이므로, i, j에 대해서는 본 정리가 성립한다고 가정. (귀납적 가정)
  $A_1, A_2, \ldots, A_{n-1} \vdash A_n \to B_j$ – Induction Hypothesis
  $A_1, A_2, \ldots, A_{n-1} \vdash A_n \to B_i$ – Induction Hypothesis
  $A_1, A_2, \ldots, A_{n-1} \vdash A_n \to [B_j \to B_k]$ – Equality
  $A_1, A_2, \ldots, A_{n-1} \vdash [A_n \to [B_j \to B_k]] \to [[A_n \to B_j] \to [A_n \to B_k]]$ – Axiom2
  $A_1, A_2, \ldots, A_{n-1} \vdash [A_n \to B_j] \to [A_n \to B_k]$ – Modus Ponens
  $A_1, A_2, \ldots, A_{n-1} \vdash A_n \to B_k$ – Modus Ponens

CASE 1, 2, 3에 의해 주장 증명.
주장에서 $k = m$이면, 본 정리가 증명 된다. □

연역원리는 논리적 증명에 아주 많이 쓰이는 것으로, 다음과 같이 사용합니다.

예제

삼단 논법 ⊢ $[A \to B] \to [[B \to C] \to [A \to C]]$임을 보여라.

증명 $A \to B, B \to C, A \vdash A \to B$ – Hypothesis
$A \to B, B \to C, A \vdash A$ – Hypothesis
$A \to B, B \to C, A \vdash B$ – Modus Ponens
$A \to B, B \to C, A \vdash B \to C$ – Hypothesis
$A \to B, B \to C, A \vdash C$ – Modus Ponens
$A \to B, B \to C, \vdash A \to B$ – Deduction Theorem
$A \to B \vdash [B \to C] \to [A \to C]$ – Deduction Theorem
$\vdash [A \to B] \to [[B \to C] \to [A \to C]]$ – Deduction Theorem □

위의 삼단논법의 증명처럼, 연역 원리는 증명에 아주 유용한 Tool이 됩니다. 또한 위의 삼단논법 증명에서 보이듯, 삼단논법은 연역원리만 있으면 증명되는 것입니다. 연역원리의 Metaproof에 공리 1, 2를 사용하였으므로 연역원리나 삼단논법을 쓰는 데 있어서 공리 3은 필요 없음을 알 수 있습니다. 이외에도 몇 가지 유용한 정리가 있습니다.

예제

$\vdash f \to A$

증명 $f, A \to f \vdash f$ – Hypothesis
$f \vdash [A \to f] \to f$ – Deduction Theorem
$f \vdash [[A \to f] \to f] \to A$ – Axiom 3
$f \vdash A$ – Modus Ponens
$\vdash f \to A$ – Deduction Theorem   □

위 예제는 거짓 명제로부터는 아무 명제나 도출 될 수 있음을 의미합니다. 이에는 공리 3이 필요함도 알 수 있습니다.

예제

귀류법 $A, \sim B \vdash f$ 이면 $\vdash A \to B$ 이다.

증명 $A, \sim B \vdash f$ 이면 $A \vdash \sim B \to f$, 즉 $A \vdash \sim\sim B$. 그러므로 공리 3과 Modus ponens에 의해 $A \vdash B$. 연역원리에 의해 $\vdash A \to B$.   □

귀류법도 위와 같이 공리 3과 연역원리를 이용하면 Metatheorem으로서 사용 가능합니다.

예제

다음을 증명하시오.
(1) $\vdash A \to [B \to [A \to B]]$ (2) $\vdash A \to [\sim B \to \sim [A \to B]]$
(3) $\vdash A \to \sim\sim A$ (4) $\vdash [A \to B] \to [\sim B \to \sim A]$
(5) $[\sim B \to \sim A] \to [A \to B]$ (6) $\vdash \sim A \to [A \to B]$

지금까지 명제논리의 기초를 살펴보았습니다. 증명의 논리적 기반은 무엇인지, 귀류법이 어떤 가정 하에서 나왔는지 등 수학의 기반을 이루는 것들을 알아보는 데 좋은 기회가 되었길 바랍니다. 더 관심 있으신 분은 다음 문헌을 참고하셔서 더 공부해 보시길 바랍니다.

참고문헌

『Mathematical Logic - A first course』 Joel. W. Robbin. 1969.

2007 북유럽 수학올림피아드

183-1-1 방정식 $x^2 - 2x - 2007y^2 = 0$을 만족하는 자연수해를 하나 찾아라.

183-1-2 주어진 세 직사각형이 주어진 삼각형의 세 변을 완전히 덮고 있다. 이 세 직사각형은 모두 주어진 한 직선과 평행한 변을 갖는다. 이 세 직사각형이 이 삼각형의 내부도 모두 덮음을 증명하여라.

183-1-3 칠판에 수 10^{2007}이 쓰여져 있다. 두 사람 A와 B가 번갈아 다음 중 한가지 조작을 하는 게임을 한다.

(i) 칠판의 한 수 x를 택해, $ab = x$인 1보다 큰 두 정수 a, b로 대체한다.

(ii) 칠판에 같은 두 수가 있을 때 그 중 하나 혹은 둘다를 지운다.

더 이상 위의 조작 중 어떤 것도 실행할 수 없는 사람이 지게된다. A가 먼저 시작하고 둘다 최선의 경기를 한다고 할 때 누가 이기겠는가?

183-1-4 점 A를 지나는 직선이 한 원과 두 점 B, C에서 만난다. B는 A와 C 사이의 점이다. A에서 이 원에 그은 두 접선이 각각 점 S, T에서 접한다. 두 직선 ST와 AC의 교점을 P라 할 때, 다음을 증명하여라.

$$\frac{AP}{PC} = 2 \cdot \frac{AB}{BC}$$

2007 일본 수학올림피아드

183-2-1 n은 양의 정수이다. 2명의 선수가 집합 $\{1, 2, \cdots, n\}$에서 공집합이 될때까지, 서로 번갈아가면서 숫자를 뽑는다. 만약, 첫 번째 선수가 뽑은 수들의 총 합이 3의 배수라면, 첫 번째 선수가 이긴다. 그 외에는 두 번째 선수가 이긴다. 어떤 n에 대해, 첫번째 선수는 필승수를 갖겠는가?

183-2-2 모든 $x, y > 0$에 대해, 다음을 만족하는 함수 $f : \mathbb{R}^+ \to \mathbb{R}$을 모두 구하여라.
$$f(x) + f(y) \leq \frac{f(x+y)}{2}, \quad \frac{f(x)}{x} + \frac{f(y)}{y} \geq \frac{f(x+y)}{x+y}$$

183-2-3 삼각형 ABC의 외접원을 Γ라고 하자. AB, AC와 접하고, Γ에 내접하는 원을 Γ_A라고 하고, Γ_B와 Γ_C도 같은 방법으로 정의한다. $\Gamma_A, \Gamma_B, \Gamma_C$가 Γ와 접하는 점을 각각 P, Q, R이라 하자. 직선 AP, BQ, CR이 한 점에서 만남을 보여라.

183-2-4 거리가 d인 '띠'를 한 직선으로 부터 거리가 최대 $\frac{d}{2}$인 평면위의 점들이라 하자. 평면 위에 주어진 네 개의 점 중 임의로 세 개를 뽑아도, 거리가 1인 '띠'로 덮을 수 있다고 한다. 이 때, 이 네 점은 거리가 $\sqrt{2}$인 '띠'로 덮을 수 있음을 보여라.

183-2-5 각각의 양수 x에 대해, $A(x) = \{[nx] | n \in \mathbb{N}\}$로 정의하자. 다음 성질을 만족하는 무리수 $\alpha > 1$을 모두 구하여라.

양수 β에 대하여, $A(\alpha) \supset A(\beta)$이면, $\frac{\beta}{\alpha}$는 정수이다.

2006 폴란드 수학올림피아드 2차시험 풀이

제 1 일
(2006년 2월 24일)

169-1-1 양의 정수 a, b, c, x, y, z가 다음 조건을 만족시킨다.

$$a^2 + b^2 = c^2, \qquad x^2 + y^2 = z^2, \qquad |x-a| \leq 1, \qquad |y-b| \leq 1$$

이 때, 집합 $\{a,b\}$와 $\{x,y\}$가 같음을 보여라.

─── 증명 ───

서울 경희고 3학년 이승후

(i) $|x-a| = 0$일 때, $x = a$이다. $|y-b| = 1$이라고 하고 WLOG: $y = b+1$이라 하자. $c^2 = a^2 + b^2 > b^2$에서 $c > b$임을 얻는다.
따라서 $z^2 = a^2 + b^2 + 2b + 1 = c^2 + 2b + 1 < c^2 + 2c + 1 = (c+1)^2$
이 때 $c^2 < a^2 + b^2 + 2b + 1 = z^2$이므로 $c^2 < z^2 < (c+1)^2$ 모순.
$\therefore |y-b| = 0$, 즉 $y = b$이다. 따라서 $\{a,b\} = \{x,y\}$이다.

(ii) $|x-a| = 1$일 때, WLOG: $x = a+1$

① $y = b$인 경우, 이 때 될 수 없음을 (i)에서 보였다.

② $y = b+1$인 경우 $c^2 = a^2 + b^2 < (a+b)^2$에서 $c < a+b$임을 얻는다.
따라서 $z^2 = a^2 + b^2 + 2a + 2b + 2 = c^2 + 2(a+b) + 2 > c^2 + 2c + 2 > (c+1)^2$
한편, $a, b < c$이므로 $z^2 = a^2 + b^2 + 2a + 2b + 2 < c^2 + 4c + 4 = (c+2)^2$
$\therefore (c+1)^2 < z^2 < (c+2)^2$ 모순.

③ $y = b-1$인 경우

㉠ $a > b$일 때, $(a-b)^2 < c^2$이므로 $a - b - 1 \leq c$. 그리고 $a - b > 0$
따라서 $c^2 < z^2 = a^2 + b^2 + 2(a - b + 1) \leq c^2 + 2c < (c+1)^2$ 모순.

㉡ $a = b$일 때, $2a^2 = c^2$에서 모순

ⓒ $a < b$일 때
  ⓐ $b = a+1$일 때, $x = b$이고 $y = a$이므로 $\{a, b\} = \{x, y\}$이다.
  ⓑ $b > a+1$일 때, $(b-a)^2 < c^2$에서 $c-a < c$. 또 $a-b+1 < 0$. 따라서 $(c-1)^2 < c^2 - 2c + 2 < z^2 = a^2 + b^2 + 2a - 2b + 2 < c^2$ 모순.

이상 종합하면 $\{a, b\} = \{x, y\}$임을 얻는다.

169-1-2 $AC + BC = 3AB$를 만족하는 삼각형 ABC가 주어져 있다. 삼각형 ABC의 내접원 I는(I는 원의 중심) BC, CA와 각각 D, E에서 접한다. K, L을 I에 대해 D, E를 대칭시킨 점이라 하자. 이 때 A, B, K, L이 동일원주상에 있음을 보여라.

―――|증명|―――

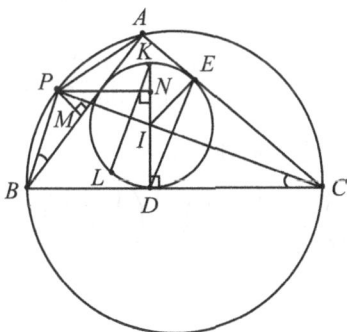

CI의 연장이 $\triangle ABC$의 외접원과 만나는 점을 P라 하자. 그러면 P는 $\widehat{AB}$의 중점. 따라서 P에서 AB에 내린 수선의 발을 M이라 하면 M은 AB의 중점이다.
$\widehat{PA}$의 원주각으로 $\angle PBM = \angle ICE$, 각의 이등분선이므로 $\angle ICE = \angle ICD$
$\therefore \angle PBM = \angle ICD \cdots (*)$
또 $\angle PMB = \angle IDC = 90° \therefore \triangle PMB \sim \triangle IDC$
한편 $AB = AE + BD$이고, $3AB = AC + BC$이므로 $AB = CD = CE$
$\therefore BM : CD = 1 : 2$ $\therefore \triangle PMB$와 $\triangle IDC$의 닮음비는 1:2이다.

P에서 KI에 내린 수선의 발을 N이라 하자. $PI = PB = PA \cdots$ ① ($\because I$가 내심). $\angle PMB = \angle PNI = 90°$
$\angle ICD = \angle IPN(\because \text{엇각}) = \angle PBM(\because (*))$이므로 $\triangle PMB \equiv \triangle PNI$
이 때 $PM : ID = NI : ID = 1 : 2 \therefore N$은 KI의 중점. $\therefore PI = PK \cdots$ ②
PC가 DE를 수직이등분하고, $DE // KL$이므로 PC가 KL을 수직이등분한다. $\therefore PK = PL \cdots$ ③
이상 ①, ②, ③을 종합하면 A, B, K, L(그리고 I)는 P를 중심으로 하는 원 위에 있다.

169-1-3 양의 실수 a, b, c가 $ab + bc + ca = abc$ 를 만족한다. 다음을 보여라.
$$\frac{a^4 + b^4}{ab(a^3 + b^3)} + \frac{b^4 + c^4}{bc(b^3 + c^3)} + \frac{c^4 + a^4}{ca(c^3 + a^3)} \geq 1$$

증명1
KAIST 수리과학과 03학번 김린기

$$\frac{2a^4 + 2b^4}{ab(a^3 + b^3)} \geq \frac{a^3 b + b^4}{ab(a^3 + b^3)} + \frac{ab^3 + a^4}{ab(a^3 + b^3)} = \frac{1}{a} + \frac{1}{b}$$

이므로 준 부등식의 좌변을 2배 하면

$$2 \cdot (\text{좌변}) \geq \left(\frac{1}{a} + \frac{1}{b}\right) + \left(\frac{1}{b} + \frac{1}{c}\right) + \left(\frac{1}{c} + \frac{1}{a}\right) = 2\left(\frac{1}{a} + \frac{1}{b} + \frac{1}{c}\right) = 2$$

등호는 $a = b = c = 3$ 일 때 성립.

증명2
서울 경희고 3학년 이승후

$a = \frac{1}{x}, b = \frac{1}{y}, c = \frac{1}{z} (x, y, z \in \mathbb{R}^+)$로 치환하면 조건식은 $x + y + z = 1$이 되고 부등식의 좌변은 $\sum_{cyc} \frac{\frac{1}{x^4} + \frac{1}{y^4}}{\frac{1}{xy}\left(\frac{1}{x^3} + \frac{1}{y^3}\right)} = \sum_{cyc} \frac{x^4 + y^4}{x^3 + y^3}$ 가 된다.

체비셰프 부등식으로 $\frac{x^4 + y^4}{2} \geq \frac{x+y}{2} \cdot \frac{x^3 + y^3}{2}$이 성립. $\therefore \frac{x^4 + y^4}{x^3 + y^3} \geq \frac{x+y}{2}$

따라서 $\sum_{cyc} \frac{x^4 + y^4}{x^3 + y^3} \geq \sum_{cyc} \frac{x+y}{2} = x + y + z = 1$이 되어 문제의 부등식이 증명된다.

등호조건은 체비셰프 부등식에서 $x = y = z$일 때, 즉 $a = b = c = 3$일 때 성립.

여기서 $\sum_{cyc} f(a_1, a_2, \ldots, c_n) = f(a_1, a_2, \ldots, a_n) + f(a_2, a_3, \ldots, a_n, a_1) + \cdots + f(a_n, a_1, \ldots, a_{n-1})$을 의미한다. 즉, 순환함.

제 2 일
(2006년 2월 25일)

169-1-4 c를 고정된 양의 정수라 하자. 수열 (a_n)은 다음과 같이 정의된다.

$$a_1 = 1, \quad a_{n+1} = d(a_n) + c \quad (단, n=1, 2, \ldots)$$

여기서 $d(m)$은 m의 양의 약수의 개수를 의미한다. 이 때 $a_k, a_{k+1}, \ldots$ 가 주기수열인 자연수 k가 존재함을 증명하여라.

증명

서울 경희고 3학년 이승후

먼저 다음의 보조정리를 증명하자.

(Lemma) 자연수 n에 대하여 $d(n) \leq [\frac{n}{2} + 1]$

증명 $n = 1$일 때는 직접 구하여 보인다. $n \geq 2$일 때, n의 소인수의 개수에 대한 귀납법으로 증명한다. ($\omega(n)$은 n의 소인수의 개수)
$\omega(n) = 1$일 때, $n = p^e(e \geq 1)$이라 하면 $d(n) = e + 1$
$p = 2$일 때 성립하고 $p > 2$일 때 $2e + 1 \leq p^e$이므로 성립
$\omega(n) = k$일 때, $d(n) \leq [\frac{n}{2} + 1]$을 가정하자. $(k > 1)$
$\omega(n) = k + 1$일 때, $n = ab(a, b$는 서로소이며 $a, b > 1)$로 나타내자.
① a, b 둘다 홀수일 때, $d(n) = d(a)d(b) \leq \frac{a+1}{2} \times \frac{b+1}{2} = \frac{ab+a+b+1}{4}$
이때, $(a-1)(b-1) \geq 0$에서 $ab + 1 \geq a + b$

$$\therefore \frac{ab+a+b+1}{4} \leq \frac{ab+1}{2} = \frac{n+1}{2} = [\frac{n}{2} + 1]$$

② a는 짝수, b는 홀수일 때, $d(n) = d(a)d(b) \leq (\frac{a}{2}+1)(\frac{b+1}{2}) = \frac{ab+a+2b+2}{4}$
이 때 $(a-2)(b-1) \geq 0$에서 $ab + 2 \geq a + 2b$

$$\therefore \frac{ab+a+2b+2}{4} \leq \frac{ab}{2}+1 = \frac{n}{2}+1 = [\frac{n}{2}+1]$$

①, ②모두 $d(n) \leq [\frac{n}{2}+1]$이다.
수학적 귀납법으로 $a_n \leq 2c+1$임을 가정하면 **Lemma**에 의해 $d(a_n) \leq c+1$이고 따라서 $a_{n+1} = c+d(2n) \leq 2c+1$임을 얻는다.
$\therefore$ 모든 $n \geq 1$에 대해 $1 \leq a_n \leq 2c+1$이다.
c가 고정된 상수이므로 비둘기집의 원리에 의해 $a_k = a_m(k<m)$이 존재하고 $a_k = a_m$이면 $a_{k+1} = a_{m+1}$이므로 a_k부터 주기 수열이 된다. □

169-1-5 점 C는 AB의 중점이다. 원 O_1은 A, C를 지나며, B, C를 지나는 원 O_2와 서로 다른 두 점 C, D에서 만난다. 점 P는 원 O_1의 C를 지나지 않는 호 AD의 중점이다. 또 점 Q는 원 O_2의 C를 지나지 않는 호 BD의 중점이다. 이 때 $PQ \perp CD$ 임을 보여라.

서울 경희고 3학년 이승후

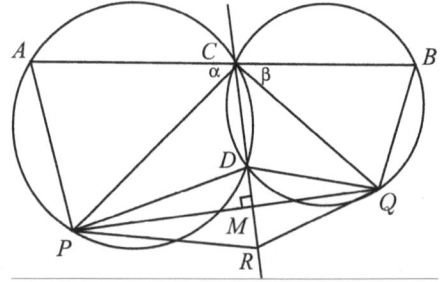

반직선 CD위에 $AC = BC = CR$인 점 R을 잡자. 원 O_1에서 원주각으로 $\angle PCA = \angle PCD$
PC 공통, $AC = CR$이므로 $\triangle ACP \equiv \triangle RCP$ $\therefore AP = PR$
이때 $AP = DP$이므로 $DP = PR$이다.
$\therefore \triangle PDR$은 이등변삼각형
같은 방법으로 $\triangle QDR$이 $QD = QR$인 이등변 삼각형임을 증명할 수 있다.
DR의 중점을 M이라 하면 $PM \perp DR$, $QM \perp DR$ $\therefore 180 = \angle PMD + \angle QMD$
$\therefore P, M, Q$는 일직선 상에 있다. $\therefore PQ \perp DR$ $\therefore PQ \perp CD$

169-1-6 $p \geq n \geq 3$인 소수 p와 자연수 n이 주어져있다. A는 $\{0, 1, \ldots, p-1\}$에서 고른, 길이가 n이며 다음 조건을 만족하는 수열들의 집합이다:

A에 속하는 임의의 두 수열 $(x_1, \ldots, x_n), (y_1, \ldots, y_n)$은 서로 다른 k, l, m이 존재하여 $x_k \neq y_k, x_l \neq y_l, x_m \neq y_m$ 을 만족한다.

A의 원소의 개수의 최댓값을 구하여라.

㊟ 이 문제는 아직 풀이가 접수되지 않았습니다. PROPOSAL로 넘깁니다.

2006 페루 수학올림피아드 최종선발전 풀이

171-1-1 다음 식의 값이 정수가 되게 하는 양의 정수해 (x, y, z)를 모두 구하여라.

$$\sqrt{\frac{2006}{x+y}} + \sqrt{\frac{2006}{y+z}} + \sqrt{\frac{2006}{z+x}}$$

풀이1

광주고 3학년 서준영

Lemma $a, b, c, \sqrt{a} + \sqrt{b} + \sqrt{c}$가 모두 양의 유리수이면 $\sqrt{a}, \sqrt{b}, \sqrt{c}$는 모두 양의 유리수.

증명 $s = \sqrt{a} + \sqrt{b} + \sqrt{c}$라 하자.

$$(s - \sqrt{a})^2 = (\sqrt{b} + \sqrt{c})^2$$
$$\Leftrightarrow s^2 - 2s\sqrt{a} + a = b + c + 2\sqrt{bc}$$
$$\Leftrightarrow (s^2 + a - b - c - 2s\sqrt{a})^2 = 4bc$$
$$\Leftrightarrow (s^2 + a - b - c)^2 + 4as^2 - 4s\sqrt{a}(s^2 + a - b - c) = 4bc$$
$$\Leftrightarrow \sqrt{a} = \frac{-4bc + 4as^2 + (s^2 + a - b - c)^2}{4s(s^2 + a - b - c)}$$

∴ $\sqrt{a}$는 유리수
같은 방법으로 $\sqrt{b}, \sqrt{c}$가 유리수임도 보일 수 있다. □

$x + y = 2006k^2$(단, k는 유리수)라 하자. k가 정수가 아닌 유리수일 경우 x, y가 양의 정수인데 $2006k^2$은 정수가 아니므로 ($2006 = 2 \times 17 \times 59$) 모순. 따라서 k는 정수.

따라서 $\sqrt{\frac{2006}{x+y}} = \frac{1}{a}, \sqrt{\frac{2006}{y+z}} = \frac{1}{b}, \sqrt{\frac{2006}{z+x}} = \frac{1}{c}$로 나타낼 수 있다. (단, a, b, c는 자연수)

이 때 $\frac{1}{a} + \frac{1}{b} + \frac{1}{c}$가 정수가 되는 순서쌍은

$(a, b, c) = (1, 1, 1), (1, 2, 2), (2, 1, 2), (2, 2, 1), (2, 3, 6), (2, 6, 3), (3, 2, 6), (3, 6, 2),$
$(6, 2, 3), (6, 3, 2), (2, 4, 4), (4, 2, 4), (4, 4, 2), (3, 3, 3)$

이 전부다.

$x+y = 1003(2a^2)$, $y+z = 1003(2b^2)$, $z+x = 1003(2c^2)$이므로 $x+y+z = 1003(a^2+b^2+c^2)$이고, 또 $x, y, z > 0$이므로 $2a^2, 2b^2, 2c^2 < a^2+b^2+c^2$이다.

따라서 $(a,b,c) = (1,1,1), (3,3,3), (1,2,2), (2,1,2), (2,2,1), (2,4,4), (4,2,4), (4,4,2)$만 가능하다.

$\therefore (x,y,z) = (1003, 1003, 1003), (9027, 9027, 9027), (1003, 1003, 1003 \times 7), (1003 \times 4, 1003 \times 4, 1003 \times 28)$와 순서를 모두 바꾼 것들이 전부다. 그리고 이 해들은 모두 $\sqrt{\frac{2006}{x+y}} + \sqrt{\frac{2006}{y+z}} + \sqrt{\frac{2006}{z+x}}$가 정수가 되게 한다.

풀이2

광주고 3학년 서준영

(준식)이 정수가 되기 위해 주어진 항들 중에 어떤항도 무리수가 되어서는 안됨은 자명하고(풀이1 참조), 그럼 다음 경우로 분류하자.

① 세항이 모두 정수

세항이 모두 정수이면 $2006 = 2 \times 17 \times 59$이므로 세항이 모두 1일 수 밖에 없다. 즉 $x+y = 2006$, $y+z = 2006$, $z+x = 2006$. 이때 해는 $x = y = z = 1003$

② 두항이 정수, 한항은 정수가 아닌 유리수

그런데 $2006 = 2 \times 17 \times 59$로 소수들의 곱이므로 $\sqrt{\frac{2006}{k}}$가 정수가 아닌 유리수가 되기 위해서는 그 유리수는 항상 $\frac{1}{t}$꼴이어야만($t \geq 2$인 자연수)한다.

만약 두항이 정수 한항이 정수가 아닌 유리수라면 그 합은 정수가 될 수 없다.

③ 한항이 정수, 두항은 정수가 아닌 유리수

정수가 아닌 두 유리수 항의 합이 정수가 되어야 함은 자명하고 그 합은 $\frac{1}{t} + \frac{1}{p}(t \geq 2, p \geq 2)$꼴이므로 $0 < \frac{1}{t} + \frac{1}{p} \leq 1$.

즉 그 두 유리수 항의 합이 1이 되어야 한다. 1보다 큰 자연수 t, p에 대해 $\frac{1}{t} + \frac{1}{p} = 1$이 되는 경우는 $t = 2, p = 2$뿐이므로 (정수)$+\frac{1}{2}+\frac{1}{2}$꼴이 되어야 하며 ①에 의해 그(정수)는 1이다.

$\therefore x+y = 2006, y+z = 2006 \times 4, z+x = 2006 \times 4$

이 경우에

$$(x,y,z) = (1003, 1003, 7021)$$ 대칭식이므로
$$= (1003, 7021, 1003)$$
$$= (7021, 1003, 1003)$$ 이 모두 된다.

④ 세항이 모두 정수가 아닌 유리수

이 경우에 $\frac{1}{p} + \frac{1}{q} + \frac{1}{r} \leq \frac{1}{2} + \frac{1}{2} + \frac{1}{2} = \frac{3}{2}$이므로 $\frac{1}{p} + \frac{1}{q} + \frac{1}{r} = 1$일 수 밖에 없다. 이때 이를 만족하는 2이상의 자연수 p, q, r을 구하자면 일반성을 잃지 않고 $p \leq q \leq r$이라 가정하고 $\frac{1}{p} < \frac{1}{p} + \frac{1}{q} + \frac{1}{r} = 1 \leq \frac{1}{p} + \frac{1}{p} + \frac{1}{p}$

즉 p의 범위는 $1 < p \leq 3$

  i) $p = 2$
  $\frac{1}{2} + \frac{1}{q} + \frac{1}{r} = 1$, $\frac{1}{q} + \frac{1}{r} = \frac{1}{2}$, $\frac{1}{q} < \frac{1}{q} + \frac{1}{r} = \frac{1}{2} \leq \frac{2}{q}$
  $2 < q \leq 4$
  $q = 3$일 때 $r = 6$
  $q = 4$일 때 $r = 4$

  ii) $p = 3$
  $\frac{1}{q} + \frac{1}{r} = \frac{2}{3}$, $\frac{1}{q} < \frac{1}{q} + \frac{1}{r} = \frac{2}{3} \leq \frac{2}{q}$
  $1.5 < q \leq 3$. 그런데 가정에 의해 $q \neq 2$이므로 $q = 3, r = 3$

따라서 구하는 (p, q, r) 쌍은 $\underbrace{(2, 3, 6)}_{①}, \underbrace{(2, 4, 4)}_{②}, \underbrace{(3, 3, 3)}_{③}$

① 경우에 $x + y = 4 \cdot 2006$, $y + z = 9 \cdot 2006$, $z + x = 36 \cdot 2006$

이 때 $(x, y, z) = (31093, -23069, 41123)$ → 음수가 있으므로 근일수 없고,

② 경우에 $x + y = 4 \cdot 2006$, $y + z = 16 \cdot 2006$, $z + x = 16 \cdot 2006$

$$(x, y, z) = (4012, 4012, 28084)$$ 대칭식이므로
$$(4012, 28084, 4012)$$
$$(28084, 4012, 4012)$$

③ 경우에 $x + y = 9 \cdot 2006$, $y + z = 9 \cdot 2006$, $z + x = 9 \cdot 2006$

$(x, y, z) = (9027, 9027, 9027)$

즉, 구하는 모든 해는

(1003, 1003, 1003), (1003, 1003, 7021), (1003, 7021, 1003), (7021, 1003, 1003),
(4012, 4012, 28084), (4012, 28084, 4012), (28084, 4012, 4012), (9027, 9027, 9027)

이다.

171-1-2 모든 자연수 n에 대해 다음을 만족하는 양의 실수해 (a, b)를 모두 구하여라.
$$[a[bn]] = n - 1$$
단, $[x]$는 x의 정수부를 나타낸다.

─────── 풀이 ───────

서울 경희고 3학년 이승후

양의 실수 해 (a, b)가 존재한다고 가정하자.

(단계 1) $ab = 1$임을 보이자.

$n - 1 \leq a[bn] < n$이므로 $\frac{n-1}{a} \leq [bn] < \frac{n}{a}$

한편 $bn - 1 < [bn] \leq bn$이므로 $\frac{n-1}{a} \leq bn, bn - 1 < \frac{n}{a}$이 성립한다.

이 두식은 각각 $1 - \frac{1}{n} \leq ab, n(ab - 1) < a$과 동치.

첫번째 식에서 $n \to \infty$이면 $1 \leq ab$임을 얻는다.

만약 $1 < ab$이면 두번째 식에서 $n < \frac{a}{ab-1}$가 되는데 $[\frac{a}{ab-1}] = m$은 상수이고 $n > m$을 취하면 모순.

$\therefore ab = 1$이다.

(단계 2) $b < 1$임을 보이자.

$bn - 1 < [bn] \leq bn, \quad n - \frac{1}{b} < \frac{1}{b}[bn] \leq n$

이 때 $a = \frac{1}{b}$이므로 $[n - \frac{1}{b}] \leq [\frac{1}{b}[bn]] = n - 1$

$\therefore [-\frac{1}{b}] \leq -1, \therefore b \leq 1$

이 때 $b = 1$이면 $a = 1$이고 그러면 $[a[bn]] = n$이 되어 모순.

$\therefore b < 1$이다.

(단계 3) $[bn] + 1 = [b(n+1)]$임을 보이자.

분명히 $[bn] \leq [b(n+1)]$이다. 만약 $[bn] = [b(n+1)]$이면 $n-1 = [a[bn]] = [a[b(n+1)]] = n$이 되어 모순.

만약 $[bn]+2 \leq [b(n+1)]$이면 $n-1 \leq a[bn] < n$임에서 $a[b(n+1)] \geq a([bn]+2) \geq n-1+2a > n+1 (\because ab = 1$에서 $b < 1$이므로 $a > 1)$

이는 $n \leq a[b(n+1)] < n+1$의 모순이다.

$\therefore [bn] + 1 = [b(n+1)]$

$[b] = 0$이므로 모든 자연수 n에 대해 $[bn] = n-1$이다.

$\therefore n-1 \leq bn < n$이고 $1 - \frac{1}{n} \leq b < 1$

이 때 $n \to \infty$이면 모순임을 얻는다.

$\therefore a, b$는 존재하지 않는다.

171-1-3 2^n개의 행과 n개의 열($n \geq 1$)로 구성된 격자판의 각 칸마다 1 또는 -1이 적혀있다. 이 판의 행들은 1과 -1로 만들 수 있는 길이 n의 모든 가능한 수열들을 구성하고 있다. 그 후, 이 판에서 몇 개의 숫자를 0으로 바꾸었다. 이 판에서 몇 개의 행을 택하는데(단 1개의 행만 택할 수도 있다) 선택된 행들만을 생각할 때 각각의 열마다 수의 합이 모두 0이 되도록 할 수 있음을 보여라.

(주) 이 문제는 아직 풀이가 접수되지 않았습니다. PROPOSAL로 넘깁니다.

171-1-4 예각삼각형 ABC에서 그 외접원을 w라 하고 그 중심을 O라 한다. 삼각형 AOC의 외접원을 w_1이라 하고 OQ를 그 지름이라 하자. M과 N은 각각 직선 AQ와 AC 위의 점으로, $AMBN$이 평행사변형이 되도록 하는 점들이다. 두 직선 MN과 BQ의 교점은 원 w_1 위에 있음을 증명하여라.

(주) 이 문제는 아직 풀이가 접수되지 않았습니다. PROPOSAL로 넘깁니다.

2007 제26회 전국 대학생 수학 경시대회

제1차 문제
2007년 11월 3일
(10:00-12:00)

182-1-1 꼭지점의 좌표가 각각 (0,0,0), (1,2,3), (3,1,2), (7,4,7)인 사각형의 넓이를 계산하여라.

(주) 2007 제1회 전국대학생 공학수학 경시대회 1차문제 3번(180-1-3)과 동일합니다. Math Letter 3월호에 풀이가 실려 있어 생략합니다.

182-1-2 함수 $f(x) = \frac{e^x}{x}$, $1 \leq x \leq 2$의 역함수 g에 대하여 적분 $\int_e^{e^2/2} [g(x)]^2 dx$를 계산하여라.

(주) 2007 제1회 전국대학생 공학수학 경시대회 1차문제 4번(180-1-4)과 동일합니다. Math Letter 3월호에 풀이가 실려 있어 생략합니다.

182-1-3 집합 $A = \{1, 2, 3, \ldots, n\}$에 대하여 r개의 원소로 이루어진 서로 다른 부분집합을 k개 선택하려고 한다. 이때, A의 임의의 원소가 선택된 k개의 부분집합 중에서 적어도 p개의 부분집합에 항상 속하기 위해서는 $k \geq \frac{np}{r}$이어야 함을 보여라.

─── 풀이 ───

KAIST 07학번 최범준

A의 임의의 원소가 적어도 p개의 부분집합에 속한다고 가정하자.

$\psi(i) := i$가 포함된 부분집합의 개수라고 하면 $\sum_{i=1}^{n} \psi(i) = kr$일 것이다. 또한 모든 $i = 1 \sim n$에 대해 $\psi(i) \geq p$ (by 가정) 이므로 $\sum_{i=1}^{n} \psi(i) = kr \geq np$

$\therefore k \geq \frac{np}{r}$이어야 한다.

182-1-4 3차원 공간 $\mathbb{R}^3$의 세 단위벡터 v_1, v_2, v_3에 의하여 결정되는 평행육면체의 부피가 $\frac{1}{2}$이다. 두 벡터 v_i, v_j가 이루는 사잇각이 θ_{ij}일 때 $ij-$성분이 $\cos\theta_{ij}$인 3×3행렬 A의 행렬식의 값을 계산하여라.

(주) 2007 제1회 전국대학생 공학수학 경시대회 1차문제 8번(180-1-8)과 동일합니다. Math Letter 3월호에 풀이가 실려 있어 생략합니다.

182-1-5 $M_{2\times 2}$는 2×2행렬들의 이루는 벡터공간이고 $T\in M_{2\times 2}$의 역행렬이 존재한다. 이때, 다음과 같이 정의되는 선형사상 $\Phi : M_{2\times 2} \to M_{2\times 2}$의 행렬식을 계산하여라.
$$\Phi(A) = TAT^{-1}$$

(주) 이 문제는 아직 풀이가 접수되지 않았습니다. PROPOSAL로 넘깁니다.

2007 중미 수학올림피아드 풀이

182-3-1 중미 수학올림피아드는 매년 열리는 대회로, 2007년에는 제9회 대회가 열린다. 제 n회 대회가 열리는 년도가 n의 배수가 되는 자연수 n을 모두 구하여라.

|풀이|

KAIST 07학번 최범준

1999년엔 1회가 열렸다. n회는 $1999 + n$년에 열렸다. 1999회 이후론 우리가 원하는 사건이 일어나지 않음을 알 수 있다.

$n|(1999+n) \leftrightarrow n|1999$이므로 1999의 약수는 소수로 2개이다. 1회와 1999회
$n =$1회, 1999회

182-3-2 삼각형 ABC에서 각 A의 이등분선과 체바선(꼭지점과 대변의 한 점을 잇는 선분) BD, CE가 삼각형 내부의 한 점 P에서 만난다. $AB = AC$일 때, 또 그 때만 사각형 $ADPE$가 내접원을 가짐을 보여라.

|풀이|

KAIST 07학번 이재석

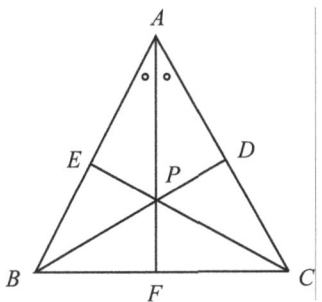

$\square ADPE$가 내접원을 갖는다. $\Leftrightarrow \overline{AD} + \overline{EP} = \overline{AE} + \overline{PD}$

i) ($\Rightarrow$) $\overline{AB} = \overline{AC}$이면 $\triangle ABC$가 이등변삼각형이고, $\overline{AF}$가 수선이므로 $\triangle AEP \equiv \triangle ADP$이고, $\overline{AE} + \overline{PD} = \overline{AD} + \overline{EP}$이므로 $\square ADPE$가 내접원을 갖는다.

ii) ($\Leftarrow$) $\square ADPE$가 내접원을 가지면 $\overline{AD} + \overline{EP} = \overline{AE} + \overline{PD}$.
$\triangle ADP$와 $\triangle AEP$를 생각해 보자.

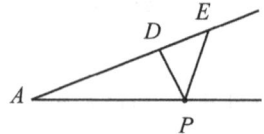

$\overline{AD} \leq \overline{AE}$라 하면

$$\overline{AE} - \overline{AD} = \overline{DE} = \overline{PE} - \overline{DP} \ (\because \overline{AD} + \overline{PE} = \overline{AE} + \overline{PD})$$

$$\overline{DE} + \overline{DP} \geq \overline{PE}$$

삼각부등식에 의해서 D와 E는 대칭하여 같은 점이다. $\overline{AE} = \overline{AD}$, $\angle CAB$공통, $\angle AEC = \angle ADB$

$$\therefore \triangle ADB \equiv \triangle AEC \text{(ASA)}$$

$$AB = AC$$

182-3-3 S는 유한개의 정수들의 집합이다. S의 서로 다른 임의의 두 원소 p와 q에 대해, p와 q가 다항식 $ax^2 + bx + c$ 의 근이 되는 (굳이 서로 다를 필요는 없는) 정수 $a \neq 0$, b, c가 S에 항상 있다고 한다.
S의 원소는 최대 몇 개인가?

─┤풀이├─

KAIST 07학번 최범준

S의 최대원소는 3개라는 것을 증명하자.
i) $S = \{-1, 0, 1\}$일 때 조건을 만족한다.

$$p = 1, q = -1 \text{일 때 } \exists\, x^2 + 0x - 1$$
$$p = 0, q = 1 \text{일 때 } \exists\, x^2 - 1x + 0$$
$$p = 0, q = -1 \text{일 때 } \exists\, x^2 + 1x + 0$$

ii) S가 4개 이상의 원소를 가질 수 없음을 증명하자.

증명 만약 S'이 4개이상의 조건을 만족하는 유한한 정수 집합이라면 양의정수, 0, 음의정수로 나누면 그 안에는 적어도 2개의 같은 부호 원소가 있음을 알 수 있다.
그 두 원소를 p,q라고 하자.
(Claim) 절대값이 1보다 큰 두개 이상의 원소가 S에 존재하면 모순이 발생한다.

증명 그들을 α, β라 하면 α, β를 근으로 하는 방정식 존재
$a(x-\alpha)(x-\beta) = ax^2 - a(\alpha+\beta)x + \alpha\beta a$
$\therefore |\alpha\beta a| > |\alpha|(\because a$는 0아닌 정수$), a\alpha\beta \in S$
마찬가지로 $a\alpha\beta, \alpha$를 근으로 하는 방정식 존재

$$a'(x-\alpha)(x-a\alpha\beta) = x^2 - a'(\alpha+a\alpha\beta) + aa'\alpha^2\beta$$

$|a'a\alpha\beta| > |\alpha\beta a|(\because a'$은 0이 아닌정수 , $|\alpha| > 1), a'a\alpha\beta \in S$
이런식으로 점점 절대값이 커지는 무한한 정수를 S가 가져야하므로 모순 □

이제 p,q가 모두 절대값이 1보다 크다면 (Claim)에 의해 모순발생,
p다음으로 둘 중하나가 절대값이 1이라면 WLOG $|p|=1$
$a(x-p)(x-q) = ax^2 - a(p+q)x + pqa$에서 $-a(p+q) \in S$이다.
이때 $|-a(p+q)| > q$이다. ($\because a \neq 0$인 정수이고 p,q는 같은 부호)
$-a(p+q)$와 q가 있고 (Claim)에 의해 모순 발생
S는 4개이상의 원소를 가질 수 없다. 최대 3개이다. □

182-3-4 먼 바다의 어떤 섬에서 사용되는 언어의 낱말은 문자 a,b,c,d,e,f,g로만 구성된다고 한다.
한 낱말을 다음과 같은 변형을 통해 다음 낱말로 만들 수 있을 때, 그 두 낱말을 **동의어**라고 말하기로 하자.

(i) 다음과 같은 규칙으로 한 문자를 두 문자로 대체시킬 수 있다.

$a \to bc, \quad b \to cd, \quad c \to de, \quad d \to ef, \quad e \to fg, \quad f \to ga, \quad g \to ab$

(ii) 한 문자가 다른 똑같은 두 문자 사이에 끼어 있으면 그 문자는 제거할 수 있다. 예를 들면, $dfd \to f$.

이 언어의 모든 낱말은 동의어임을 보여라.

증명

KAIST 08학번 나기훈

i) 우선 한자리의 문자는 모두 동의어임을 보입시다.

우선, $a \to bc \to cdc \to d$이므로 $a \to d$가 될 수 있습니다.

일반성을 잃지 않고 $a \to d$가 가능하므로

$$a \to d \to g \to c \to f \to b \to e \to a$$

(화살표가 a로 되돌아옴)

가 됨을 알수 있습니다.

∴ i) 증명

ii) 모든 낱말은 같은 자리의 a로만 이루어진 낱말과 동의어입니다. 이는 i)을 이용하면 매우 간단히 증명가능합니다.

iii) 모든 자리가 a로만 이루어진 단어는 서로 동의어임을 보입시다.

우선, $a \to bc \to aa$이고 (i)에 의하여)

$aa \to fg \to gag \to a$ (i)에 의하여)

이므로 이를 이용하면 iii)을 보일 수 있습니다.

∴ 임의의 낱말 A, B는 A와 A와 같은 자리수로 a로만 이루어진 낱말과 동의어이고 이 수는 B와 같은 자리수로 a로만이 주어진 낱말과 동의어이면 이는 B와 동의어이므로 (ii), iii)에 의하여)

이 언어의 모든 낱말은 동의어입니다.

182-3-5 자연수 m을 십진법으로 쓴 후 왼쪽으로부터 몇 개의 자리수를 지워서 n을 얻을 수 있으면 m이 n으로 **끝난다**고 말하기로 하자.

예를 들어, 329는 29로 끝나고, 9로도 끝난다.

자릿수의 곱으로 끝나는 세 자리의 수는 모두 몇 개인가?

풀이

KAIST 07학번 이동민

자연수 $m = 100a + 10b + c$로 나타낼 수 있다. 자릿수의 곱으로 끝난다면 자릿수의 곱이 끝의 한자리 수나 두자리 수와 같아진다.

(i) $c = abc$

$(ab-1)c = 0$이므로 $ab = 1$ 곧, $a = 1, b = 1$
$\therefore 111, 112, 113, \ldots, 119$

(ii) $10b + c = abc$
$10b = (ab-1)c$이므로 $ab-1$이 5의 배수이거나 c가 5의 배수
c가 5의 배수이면 $c = 5$밖에 없고 $10b = 5(ab-1)$. 곧, $(a-2)b = 1$
따라서, $a = 3, b = 1$ $\therefore 315$
$ab-1$이 5의 배수일 때, $1 \le a, b \le 9$를 만족시키는 (a,b)를 찾으면 (1,6), (2,3), (3,2), (6,1), (2,8), (4,4), (8,2), (3,7), (7,3), (6,6), (9,9)
이를 $10b = (ab-1)c$에 대입하며 c가 자연수임을 이용하면 236, 324, 612.

$\therefore 111, 112, \ldots, 119, 315, 236, 324, 612$

182-3-6 원 S 밖의 점 P에서 S에 그은 두 접선의 접점을 각각 A, B라 하자.
AB의 중점을 M이라 하고, AM의 수직이등분선이 S와 삼각형 ABP 내부에서 만나는 점을 C라 하자.
AC와 PM의 교점을 G라 하고, PM이 S와 삼각형 ABP의 바깥에서 만나는 점을 D라 하자.
BD와 AC가 평행하다면, G가 삼각형 ABP의 무게중심임을 보여라.

───────── 풀이 ─────────

KAIST 08학번 나기훈

AC와 BD는 평행하다는 조건이라면 사각형 $ADBC$는 원에 내접하므로 등변사다리꼴이 됩니다. $AD = BD$이므로 $AD = DB = BC$가 성립합니다.

또한 GD와 AB는 서로를 수직이등분하므로 사각형 $ADBG$는 마름모가 됩니다. 결과적으로 $AD = DB = BG = GA = BC$가 성립하고 C는 AM의 수직이등분선상에 있으므로 $AC = CG$

따라서 $AD = DB = BG = BC = 2AC = 2CG$가 성립합니다.

G는 삼각형 ABX의 무게중심이 되도록 $XG = 2GM$이 되도록 X를 정하고 GB의 길이를 4라고 하면 $AD = DB = BG = BC = 2AC = 2CG = 4$, $AB = 2\sqrt{6}$, $AM = \sqrt{6}$, $GM = \sqrt{10}$, $XM = 3\sqrt{10}$, $XA = 4\sqrt{6}$입니다.

결과적으로 $AX : AM = 4\sqrt{6} : \sqrt{6} = 4 : 1$, $DX : DM = 4 : 1$이므로

$AX : AM = DX : DM$입니다.

그러므로 A를 중심으로 X의 반대편에 있도록하는 AX위의 점 Y를 정하면 $\angle YAD = \angle DAM$입니다.

$\angle DAM = \angle DBA$이므로 결과적으로 $\angle YAD = \angle ABD$가 되므로 YX는 A에서 S에서 접하는 접선이 됩니다. 그러니 XA와 XB는 접선임을 알 수 있고 동일법에 의하여 $X = P$임을 알 수 있습니다.

따라서 G는 ABX의 무게중심이었으므로 ABP의 무게중심이 됩니다.

☐ Proposals Solutions

Proposals Solutions코너는 독자분들과 함께 문제를 생각해보는 코너입니다. 독자분들 중에서 자신이 창작한 문제가 있는 분이나 Proposals란에 실린 문제를 푸신 분은 수학문제연구회로 보내주시면 실어드리겠습니다. 보낼 때는 FAX나 우편, 홈페이지 등으로 보내시면 됩니다. 이미 풀이가 실린 문제일지라도 색다른 풀이를 보내주시면 실어드리겠습니다.

☐ SOLUTIONS

171-3
고양 대화중
한석원

a, b, c를 양수라 하고, 자연수에서 실수로의 함수 $f(n)$을 $f(n) = a^n(b+c) + b^n(c+a) + c^n(a+b)$ 라고 정의하자. 이 때, $f(n) \geq \dfrac{f(2)^{n-1}}{f(1)^{n-2}}$ 임을 보여라.

─── 풀이 ───

부산 금곡중 2학년 백진언

$n = 1$일 때는 자명하고, 수학적 귀납법으로 자연수 n에 대해 위 부등식이 성립한다면 $n+1$에 대해서도 위 부등식이 성립함을 보이겠다. $b+c = x$, $c+a = y$, $a+b = z$라 하면

$$f(n+1)f(1) - f(n)f(2)$$
$$= (a^{n+1}x + b^{n+1}y + c^{n+1}z)(ax + by + cz) - (a^n x + b^n y + c^n z)(a^2 x + b^2 y + c^2 z)$$
$$= \sum_{cyc}(ab^{n+1}xy + a^{n+1}bxy - a^2 b^n xy - a^n b^2 xy)$$
$$= \sum_{cyc} abxy(a-b)(a^{n-1} - b^{n-1}) \geq 0$$

이 성립되므로 $f(n+1)f(1) \geq f(n)f(2)$이다. (마지막 부등호에서는 a, b, x, y도 각각 0이상이고, $(a-b)(a^{n-1} - b^{n-1})$는 $a \geq b$ 또는 $a < b$의 경우로 나누어서 식의 부호를 생각해 보거나 전개해서 재배열 부등식을 이용하면 0이상임을 알 수 있다. 그러므로 문제의 식은 0이상이다.)

결국 $f(n+1)f(1) \geq f(n)f(2)$이므로 $f(n+1) \geq f(n) \cdot \dfrac{f(2)}{f(1)} \geq \dfrac{f(2)^n}{f(1)^{n-1}}$이 되고, 이로 인해 $n+1$일 때도 부등식을 만족한다.

A Prime Representing Sequence

KAIST 수리과학과 05학번 김재덕

정수론을 공부하다 보면 소수에 대해서 많은 연구가 되어 있다는 것을 알 수 있다. 많이들 알고 있는 그 유명한 Riemann 가설, 소수 정리 등 이름 있는 정리들로부터 해서 소소한 정리들까지 많은 결과가 있다. 우리는 소수 정리를 통해 소수가 어느 정도 있는지에 대한 사실을 알 수 있었다. 그러면 이제 '소수를 나타낼 수 있는 함수가 있을까'라는 생각이 들것이다. 그러나 애석하게도 아직 그런 함수는 찾아내지 못하였다.

이번 글은 모든 소수를 나타내는 함수에 대한 글이 아니다. 제목을 통해 오해를 할 수도 있었겠지만 정확히 표현하자면 수열의 모든 항이 소수인 수열이다. 이것도 충분히 흥미로운 주제라 생각한다. 이것은 예전에 소개한 Bertrand-Chebyshev Theorem으로부터 얻을 수 있는 결과이므로 잠시 상기시켜 보자.

정리

임의의 1이상의 실수 x에 대해서, x와 $2x$ 사이에는 적어도 하나의 소수가 존재한다.

이것을 이용하여 모든 항이 소수인 수열이 존재하는지 알아보자.

정리

다음과 같은 수열 $\{\alpha_n\}$를 생각하자.

$$\alpha_i = 2^{\alpha_{i-1}} i \in N \ \& \ \alpha_1 = \alpha$$

그러면 $[\alpha_n]$이 항상 소수가 되는 α가 존재한다.

증명 우선 귀납적인 방법으로 소수 수열 $\{p_n\}$를 만들자. $p_1 = 3$이라고 하고 p_n까지 결정했다고 하자. Bertrand-Chebyshev Theorem으로 부터 $2^{p_n} < p_{n+1} < p_{n+1} + 1 \leq 2^{p_n+1}$을 만족하는 소수 p_{n+1}이 존재한다.

만약 $p_{n+1} + 1 = 2^{p_n+1}$이라고 하면, $p_n + 1$이 짝수이므로

$$p_{n+1} = 2^{p_n+1} - 1 = (2^{\frac{p_n+1}{2}} - 1)(2^{\frac{p_n+1}{2}} + 1)$$

$p_n \geq 3$이므로 $1 < 2^{\frac{p_n+1}{2}} - 1 < p_{n+1}$. 따라서 p_{n+1}이 소수가 아니다.
그러므로 $2^{p_n} < p_{n+1} < p_{n+1} + 1 < 2^{p_n+1} \cdots (*)$이다.
잠시 해석학에서 배우는 정리를 소개하겠다. 해석학이라는 말을 해서 어려워 할 지도 모르겠지만 쉬운 정리이고 잠시 생각하면 당연하게 받아들일 수 있는 정리이다.

정리

수열 $\{a_n\}$이 단조증가수열이고, 어떤 실수 M에 대해서 모든 n에 대해 $a_n < M$를 만족하면 a_n은 limit이 존재한다.

$\log^{(n)} = \log^{(n-1)}(\log_2 x)$라고 하고 두 개의 수열 $\{u_n\}, \{v_n\}$를 다음과 같이 정의하자.
$u_n = \log^{(n)} p_n$, $v_n = \log^{(n)}(p_n + 1)$
(*)로부터 $p_n < \log p_{n+1} < \log(p_{n+1} + 1) < p_n + 1$ 따라서 $u_n < u_{n+1} < v_{n+1} < v_n$이다.
$\{u_n\}, \{v_n\}$는 각각 단조증가, 단조감소 수열이고 모든 n에 대해서 $u_n < v_n$이므로 $u_n < v_1$이다.
앞에서 말한 정리에 의해서 u_n은 limit이 존재한다. 이제 $\lim_{n \to \infty} u_n = \alpha$라 하자.
그러면 모든 n에 대해서 $u_n < \alpha < v_n$이 된다.
i) 만약 어떤 N에 대해서 $\alpha < u_N$라고 하자. 단조증가수열이므로 모든 $n \geq N$에 대해서 $\alpha < u_n$이다. 따라서 $\alpha < \lim_{n \to \infty} u_n$이므로 모순이다.
ii) 어떤 M에 대해서 $v_M < \alpha$이라고 하자. $\varepsilon = \alpha - v_M$이라 하자. $\alpha - \varepsilon < u_K$이 되는 K가 존재한다. n을 K, M보다 큰 수로 잡으면 $v_n < v_M = \alpha - \varepsilon < u_K < u_n$이 되므로 모순이다.
$\alpha = \log^{(n)} \alpha_n$이므로 $\log^{(n)} p_n = u_n < \log^{(n)} \alpha_n < v_n = \log^{(n)}(p_n + 1)$이다.
따라서 $p_n < \alpha_n < p_n + 1$, $[\alpha_n] = p_n$이다. □

중간에 해석학적 지식이 필요한 내용이 있어서 증명을 따라가기 어려웠을 수도 있겠지만 결과는 분명 흥미로운 것이다. 이런 식으로 정수론을 함수

를 다루는 해석학적 지식을 통해서 결과를 얻기도 한다. 이런 것을 Analytic Number Theory라고 한다. 소수 정리의 경우에는 문제를 풀기 위해서 복소수까지 도입을 하기도 했었는데 이 때문에 발전된 분야가 복소함수론이다. 이뿐만 아니라 가우스가 $ax^2 + bxy + cy^2 = 0$의 정수해를 구하기 위해서 사용한 방법은 후에 대수학으로 발전되었다.

이처럼 정수론의 문제는 다른 분야의 지식을 통해서 문제를 푸는 경우가 많다. 직접적인 내용은 나중에 대학에서 배울 기회가 있으면 배워보도록 하고 이제 이 정리를 통해서 얻을 수 있는 몇 가지 연습문제를 제시하고 글을 마치도록 하겠다.

예제 1

정수 계수를 갖는 다항식 $f(x)$를 생각하자. 모든 자연수 n에 대해서 $f(n)$이 소수이면 $f(n)$은 constant이다.

예제 2

정수 계수 다항식 $P(x_1, x_2, \ldots, x_k)$에 대해서 $f(n) = P(n, 2^n, 3^n, \ldots, k^n)$이라 하자. 만약 $n \to \infty$일 때, $f(n) \to \infty$이면 수열 $\{f(n)\}$은 무한히 많은 합성수를 포함한다.

참고문헌

Hua Loo Keng, Introduction to Number Theory, Springer-Verlag

합동식 탐구

천안 신방중학교 3학년 김민규

2006년 한국과학영재학교 입학 2차 시험 수학 분야 3번 문제를 보고 조금 생각만 해보면, 문제에서 주어진 규칙은 $\binom{n}{r}$(참고)을 3으로 나눈 나머지들을 배열해 놨음을 알 수 있다. 이 문제는 문득 이런 생각을 하게 만들었다. $\binom{n}{r}$을 임의의 자연수로 나누었을 때 과연 나머지는 무엇일까? 안타깝게도 임의의 자연수까지 확장을 하기는 힘들었다. 하지만 페르마 정리라든가, 윌슨 정리들은 소수에 대해서 다루고 있음을 상기시키고, 소수에 대한 나머지를 생각해보기로 했다. 우리가 일반적으로 알고 있는 $\binom{n}{r} = \binom{n-1}{r} + \binom{n-1}{r-1}$를 통해 증명을 전개해 본 결과 앞으로 나올 내용을 얻게 되었다. 먼저 다음의 전제를 깔아놓자.

$$\binom{n}{r} = \frac{n!}{r!(n-r)!}$$

$\binom{n}{r}$에서 $n < r$ 또는 r이 음수이면 $\binom{n}{r} = 0$으로 생각한다.

n은 무조건 0이상

정리 1

$$\binom{n}{m} = \sum_{k=1}^{r} \binom{r}{k}\binom{n-r}{m-k}$$

증명 수학적 귀납법으로 증명하자.

i) $r = 1$일 때

$$\sum_{k=1}^{r}\binom{n}{k}\binom{n-r}{m-k} = \sum_{k=0}^{1}\binom{1}{k}\binom{n-1}{m-k}$$
$$= \binom{1}{0}\binom{n-1}{m} + \binom{1}{1}\binom{n-1}{m-1}$$
$$= \binom{n-1}{m} + \binom{n-1}{m-1}$$
$$= \binom{n}{m}$$

ii) $r = h$일 때 성립한다 하자. 즉,

$$\binom{n}{m} = \sum_{k=0}^{h} \binom{h}{k}\binom{n-h}{m-k}$$

여기서

$$(\text{우변}) = \sum_{k=0}^{h} \binom{h}{k}\left\{\binom{n-h-1}{m-k} + \binom{n-h-1}{m-k-1}\right\}$$

$$= \sum_{k=0}^{h} \left\{\binom{h}{k}\binom{n-h-1}{m-k} + \binom{h}{k}\binom{n-h-1}{m-k-1}\right\}$$

$$= \binom{h}{0}\binom{n-h-1}{m} + \binom{h}{0}\binom{n-h-1}{m-1} + \binom{h}{1}\binom{n-h-1}{m-1}$$

$$+ \binom{h}{1}\binom{n-h-1}{m-2} + \binom{h}{2}\binom{n-h-1}{m-2}\cdots$$

$$+ \binom{h}{h-1}\binom{n-h-1}{m-h} + \binom{h}{h}\binom{n-h-1}{m-h} + \binom{h}{h}\binom{n-h-1}{m-h-1}$$

$$= \binom{h}{0}\binom{n-h-1}{m} + \left\{\binom{h}{0} + \binom{h}{1}\right\}\binom{n-h-1}{m-1} + \left\{\binom{h}{1}\right.$$

$$\left. + \binom{h}{2}\right\}\binom{n-h-1}{m-2}\cdots$$

$$+ \left\{\binom{h}{h-1} + \binom{h}{h}\right\}\binom{n-h-1}{m-h} + \binom{h}{h}\binom{n-h-1}{m-h-1}$$

$$= \binom{h+1}{0}\binom{n-h-1}{m} + \binom{h+1}{1}\binom{n-h-1}{m-1}$$

$$+ \binom{h+1}{2}\binom{n-h-1}{m-2}\cdots$$

$$+ \binom{h+1}{h}\binom{n-h-1}{m-h} + \binom{h+1}{h+1}\binom{n-h-1}{m-h-1}$$

$$= \sum_{k=0}^{h+1} \binom{h+1}{k}\binom{n-(h+1)}{m-k}$$

∴ 따라서 위의 명제는 증명됨. Q.E.D

정리 2

$$\binom{n}{m} \equiv \binom{n-p}{m} + \binom{n-p}{m-p} \pmod{p} \text{ (단, } p\text{는 소수)}$$

증명 정리 1에서 $r = p$(소수)일 때

$$\binom{n}{m} = \sum_{k=1}^{p} \binom{p}{k}\binom{n-p}{m-k}$$

여기서, k가 0과 p가 아닐 때

$$\binom{p}{k} \equiv 0 \pmod{p}$$

따라서,

$$\sum_{k=0}^{p} \binom{p}{k}\binom{n-p}{m-k} \equiv \binom{p}{0}\binom{n-p}{m} + \binom{p}{p}\binom{n-p}{m-p}$$

$$\equiv \binom{n-p}{m} + \binom{n-p}{m-p} \pmod{p}$$

∴ Q.E.D. □

정리 3

$$\binom{n}{m} \equiv \sum_{k=0}^{r} \binom{r}{k}\binom{n-pr}{m-pk} \pmod{p} \text{ 단, } p\text{는 소수)}$$

증명 수학적 귀납법을 이용하자.
i) $r = 1$일 때, Theorem 2)에 의해 참.
ii) $r = h$일 때, 성립한다고 하자.

$$\sum_{k=0}^{h} \binom{h}{k}\binom{n-ph}{m-pk} \equiv \sum_{k=0}^{h} \binom{h}{k}\{\binom{n-ph-p}{m-pk} + \binom{n-ph-p}{m-pk-p}\}$$

$$\equiv \sum_{k=0}^{h} \{\binom{h}{k}\binom{n-ph-p}{m-pk} + \binom{h}{k}\binom{n-ph-p}{m-pk-p}\}$$

$$\equiv \binom{h}{0}\binom{n-ph-p}{m} + \binom{h}{0}\binom{n-ph-p}{m-p}$$

$$+ \binom{h}{1}\binom{n-ph-p}{m-p} + \binom{h}{1}\binom{n-ph-p}{m-2p}$$

$$+ \binom{h}{2}\binom{n-ph-p}{m-2p} \cdots + \binom{h}{h-1}\binom{n-ph-p}{m-ph}$$

$$+ \binom{h}{h}\binom{n-ph-p}{m-ph} + \binom{h}{h}\binom{n-ph-p}{m-ph-p}$$

$$\equiv \binom{h}{0}\binom{n-ph-p}{m} + \{\binom{h}{0} + \binom{h}{1}\}\binom{n-ph-p}{m-p}$$

$$+ \{\binom{h}{1} + \binom{h}{2}\}\binom{n-ph-p}{m-2p} \cdots$$

$$+ \{\binom{h}{h-1} + \binom{h}{h}\}\binom{n-ph-p}{m-ph}$$

$$+ \binom{h}{h}\binom{n-ph-p}{m-ph-p}$$

$$\equiv \binom{h+1}{0}\binom{n-ph-p}{m} + \binom{h+1}{1}\binom{n-ph-p}{m-p}$$

$$+ \binom{h+1}{2}\binom{n-ph-p}{m-2p} \cdots$$

$$+ \binom{h+1}{h}\binom{n-ph-p}{m-ph} + \binom{h+1}{h+1}\binom{n-ph-p}{m-ph-p}$$

$$\equiv \sum_{k=0}^{h+1} \binom{h+1}{k}\binom{n-p(h+1)}{m-pk} \pmod{p}$$

∴ Q.E.D. □

정리 4

$n = pQ + R$, $m = pq + r (0 \leq R, r < p)$일 때,

$$\binom{n}{m} \equiv \binom{Q}{q}\binom{R}{r} \pmod{p} \text{ 단, } p\text{는 소수}$$

증명 정리 3에서 $r = Q$라 하면

$$\binom{n}{m} \equiv \sum_{k=1}^{Q} \binom{Q}{k}\binom{n-pQ}{m-pk} \equiv \sum_{k=1}^{Q} \binom{Q}{k}\binom{R}{m-pk}$$

우변에서,
i) $0 \leq m < p$일 때, $\binom{Q}{0}\binom{R}{m}$을 제외한 모든 항들은 0이 된다.
$\because \binom{n}{r}$에서 r이 음수이거나, $n < r$이면 0이 되므로.
ii) 마찬가지 일반적으로 $pk \leq m < p(k+1)$일 때 $\binom{Q}{k}\binom{R}{m-pk}$를 제외한 모든 항들은 0.
즉, $\binom{n}{m} \equiv \binom{Q}{k}\binom{R}{m-pk} \pmod{p}$ (단, $pk \leq m < p(k+1)$) $\cdots$ (1)
그런데 $pk \leq m < p(k+1) \Leftrightarrow k \leq \frac{m}{p} < k+1$이고
이를 만족하는 k는 $[\frac{m}{p}]$뿐이다. 즉 $k = [\frac{m}{p}] = q$
(1)을 다시 쓰면

$$\binom{n}{m} \equiv \binom{Q}{q}\binom{R}{m-pq} \equiv \binom{Q}{q}\binom{R}{r} \pmod{p} \quad \therefore \text{Q.E.D.}$$

정리 4를 통해 다음을 알 수 있다.

정리 5

n과 m을 각각 p진법으로 나타냈을 때 $R_k R_{k-1} \cdots R_0$ $r_k r_{k-1} \cdots r_0$라 하자.
그때 다음이 성립

$$\binom{n}{m} \equiv \binom{R_k}{r_k}\binom{R_{k-1}}{r_{k-1}} \cdots \binom{R_0}{r_0} \pmod{p}$$

이로써 Lucas' Theorem이 증명되었다. □

직관논리

알아봅시다

KAIST 수리과학과/신소재공학과 04학번 조만석

이 세상은 흑백논리로 통한다?

흔히 말하듯, 흑백논리는 위험한 사고방식입니다. 무조건 '맞다'와 '아니다'로 가르는 사고는 그 사이의 여러 가지를 간과하기 마련입니다. 그럼에도 수학에서 쓰는 논리는 대부분 흑백논리입니다. 수학에서 임의의 명제 A는 참 또는 거짓일 수밖에 없기 때문입니다. 그러면 수학에서는 '중간'이라는 게 없는 걸까요?

논리 공리 (Logical Axiom) 중 세 번째는 '$\sim\sim A \to A$'라는 것[1]으로 이름을 붙이자면 '배중률(排中律)의 공리'라 할 수 있습니다. 배중률이라는 것은 말 그대로 '중간'은 제외한다는 말입니다. 이는 자명한 공리인 것 같습니다만, 이를 실생활에 적용 시켜 보면 이야기는 달라집니다. 예를 들어, A를 '기분이 좋다'라는 명제라고 해 봅시다. 그러면 $\sim A$는 자연히 '기분이 나쁘다'가 됩니다. $\sim\sim A$는 뭐가 될까요? 물론 '기분이 나쁘지 않다'라는 명제가 될 것입니다. 이를 논리 공리 3에 적용 시켜 보면 다음 문장이 됩니다.

기분이 나쁘지 않으면 기분이 좋은 것이다

이 문장이 항상 참이라고 하기엔 위화감을 떨칠 수가 없습니다. 기분이라는 것은 그저 그럴 때도 있고, 약간 좋을 때도 있기 때문입니다. 실제로 누군가 "너 때문에 기분이 나쁜 건 아냐."라고 했을 때 그 말을 "너 때문에 기분이 좋아."라고 해석할 수 없듯 말입니다.

이렇듯 논리 공리 3은 실제 논리와는 약간 맞지 않는 구석이 있습니다. 이를 극복하기 위해 탄생한 것이 바로 '직관 논리'와 '다가 진리'입니다. 이번 Math Letter에서는 이에 대해 논해 보고자 합니다. 앞으로 사용할 Notation 및 기본 용어는 지난 Math Letter의 'Theme Talk - 수학과 논리'와 같은 것을 사용하도록 하겠으니 참고 바랍니다.

직관논리 Intuitionistic Logic

직관논리라는 것은 말 그대로 직관적인 논리라는 것으로 실생활과 큰 괴리 없이 사용할 수 있는 논리를 의미합니다. 직관논리는 문제가 되는 논리 공리

---

[1] 이 대신에 대우 공리인 $[\sim A \to \sim B] \to [B \to A]$를 넣을 수도 있습니다.

3을 제외시키면서 직관적이고, 수학 전반에 사용할 수 있는 논리를 목표로 합니다. 이를 위해 직관논리에서는 기존의 네 가지 무정의용어인 인과 (→), 괄호 ([,]), 단순 명제 ({p_i}), 허위 명제 (f) 이외에 다음 두 가지 기호를 무정의용어로서 인정합니다.

1. 분리 기호 (Disjuction sign) : ∨
2. 결합 기호 (Conjuction sign) : ∧

여기에서 ∨는 '또는', ∧는 '그리고'라는 의미를 가집니다. 명제 논리에서는 무정의용어가 아니었던 이 기호들이 무정의용어가 된 것은 정의가 되지 않기 때문입니다. 예로 분리 기호의 경우 $A \vee B = [\sim A \to B]$로서 정의 되었습니다만, 이 정의를 사용하면 $A \vee \sim A$는 $\sim A \to \sim A$라는 게 되어 항상 참이 되어버립니다. 이는 곧 배중률을 의미하는 것이므로 직관논리에는 적합하지 않습니다.

부정 기호 ∼의 경우는 그대로 '$\sim A = [A \to f]$'로서 정의 합니다.

무정의용어가 늘어났으므로, 명제의 정의도 추가됩니다.

정의

직관논리에서 '명제'는 다음과 같이 정의 된다.

i) 임의의 단순 명제 p_i는 명제이다.

ii) 허위 명제 f는 명제이다.

iii) A와 B가 명제이면, $[A \to B], [A \vee B], [A \wedge B]$도 명제이다.

iv) 명제는 i), ii), iii) 의 방법으로만 만들어 진다.

즉, $[A \vee B]$와 $[A \wedge B]$가 새로이 명제의 조건으로서 추가 됩니다. 특별히 제한 조건이 없기 때문에 직관논리에서도 $\sim A, A \leftrightarrow B$ 역시 명제로서 인정됩니다. 곧 명제 논리의 명제들은 모두 직관 논리에서도 명제가 됩니다.

공리 역시 추가 됩니다. 배중률을 인정하지 않고, ∨와 ∧에 공리를 주기 위해서입니다.

Axiom 1. $A \to [B \to A]$

Axiom 2. $[A \to [B \to C]] \to [[A \to B] \to [A \to C]]$

위 두 가지 공리는 본래 논리 공리와 같습니다.

Axiom 3. $A \wedge B \to A$
Axiom 4. $A \wedge B \to B$
Axiom 5. $A \to [B \to A \wedge B]$

위 세 가지 공리는 $\wedge$를 위한 공리입니다.

Axiom 6. $A \to A \vee B$
Axiom 7. $B \to A \vee B$
Axiom 8. $[A \to C] \to [[B \to C] \to [A \vee B \to C]]$

위 세 가지 공리는 $\vee$를 위한 공리입니다.

Axiom 9. $f \to A$

f를 위한 공리입니다.

또한 증명의 정의 및 연역원리 등 '$\sim\sim A \to A$'을 사용하지 않는 것이면 뭐든 직관논리에서도 성립합니다. 대신 명제논리에서의 기호 $\vdash$와 혼동되지 않도록, 직관논리에서의 증명과 정리에는 기호 $\vdash_i$를 사용합니다. 이제 직관논리가 건설 되었으니 실제 정리를 증명해 보도록 하겠습니다.

> **예제 3**
>
> $\vdash_i A \to \sim\sim A$
>
> **증명** $A, A \to f \vdash_i A$ – Hypothesis
> $A, A \to f \vdash_i A \to f$ – Hypothesis
> $A, A \to f \vdash_i f$ – Modus Ponens
> $A \vdash_i [A \to f] \to f$ – Deduction Theorem
> $\vdash_i A \to [[A \to f] \to f]$ – Deduction Theorem
> $\vdash_i A \to \sim\sim A$ – Definition $\qquad\square$

위의 정리는 $A \to \sim\sim A$라는 명제가 얼핏 보기엔 $\sim\sim A \to A$와 별 차이 없어 보이지만, 전혀 다르다는 것을 말해주고 있습니다. 실제 논리에 잘 부합하는 이 정리는 명제논리에서는 얻어질 수 없는 결과로, 직관논리가 실제 논리에 조금 더 가까울 수 있음을 암시합니다.

예제 4

다음을 증명하시오.
(1) $\vdash_i [A \to B] \to [[A \to\sim B] \to\sim A]$
(2) $\vdash_i \sim\sim\sim A \to\sim A$
(3) $\vdash_i [A \to B] \to [\sim B \to\sim A]$
(4) $\vdash_i \sim\sim [A \lor \sim A]$
(5) $\vdash_i \sim [A \land \sim A]$

··· **답** (3) $A \to B, B \to f, A \vdash_i B$ – 가정 및 Modus Ponens를 이용.
$A \to B, B \to f, A \vdash_i f$ – 가정 및 Modus Ponens를 이용.
$\vdash_i [A \to B] \to [[B \to f] \to [A \to f]]$ – Deduction Theorem 세 번 이용.

다가 진리 n–valuation

직관논리를 아무리 잘 건설했다 해도, 진리값이 0과 1 뿐이면 직관논리는 의미가 없어집니다. 그러므로 진리값도 여러 가지 값을 갖게 하여 직관논리의 본래 취지에 맞게 해 줄 필요가 있습니다. P_i를 직관논리에서의 모든 단순명제 p_k의 집합이라고 합시다.

정의

$V = \{0, 1, 2, \ldots, n\}$일 때, 임의의 함수 $v : P \to V$를 잡자. 이 v를 다음 규칙에 의해 확장하자.

1. $v(f) = 0$
2. $v(A \land B) = \min\{v(A), v(B)\}$
3. $v(A \lor B) = \max\{v(A), v(B)\}$
4. $v(A \to B) = n$ if $v(A) \leq v(B)$ and $v(A \to B) = v(B)$ if $v(B) < v(A)$

이와 같이 모든 명제로 확장되는 v를 n가(價) 진리값이라고 한다.

즉, 임의의 명제 A에 대해 $v(A)$는 0부터 n까지의 수많은 값을 가질 수 있게 됩니다. 이 때 **항진명제**는 임의의 v에 대해 $v(A) = n$가 성립하는 A로 정의합니다. 이제 n가 진리를 이용하여 명제논리에서 항진명제였던 것이 직관논리에서는 항진명제가 아님을 보일 수 있습니다.

예제 5

$\sim\sim A \to A$가 항진명제가 아님을 보이시오.

증명 $v(\sim\sim A) = v(\sim A \to f) = n$ if $v(\sim A) = 0$

$$v(\sim A) = v(A \to f) = n \text{ if } v(A) = 0$$
$$= 0 \text{ if } v(A) \neq 0$$

따라서, $v(\sim\sim A) = n \to v(A) \neq 0$
그러므로 $v(A) = m (1 \leq m < n)$, $v(\sim\sim A) = n$일 수 있다.
이 때, $v(\sim\sim A \to A) = v(A) = m \neq n$ □

위의 예에서처럼, 직관논리에서 항진명제가 아닌 명제들을 찾아볼 수 있습니다.

예제 6

다음 명제들이 n가 진리에서 항진명제가 아님을 보이시오.
(1) $A \vee \sim A$
(2) $[\sim A \to \sim B] \to [B \to A]$
(3) $[[A \to B] \to A] \to A$ (Peirce's law)
(4) $[\sim A \to B] \to [[\sim A \to \sim B] \to B]$

이 외에도 귀류법이 직관논리에서 성립하지 않을 수 있음을 보일 수 있습니다.
지금까지 기초적인 단계에서 직관논리를 알아보았습니다. 직관논리가 보통 명제논리보다 더욱 '엄밀함'을 추구하려 한다는 것을 잘 이해하셨으리라 믿습니다. 이러한 직관논리는 여기서 끝나지 않고 Kripke Model을 통해 1차 직관논리로 확장됩니다. 즉, 우리가 수학에서 쓰는 대부분의 논리를 직관논리로 대체할 수 있다는 것입니다. 하지만 1차 논리의 가장 큰 골칫덩이 중 하나인 괴델의 불완전성 정리는 현재의 직관논리에서도 성립한다는 것이 알려져 있습니다.

아쉽게도 국내에는 수리직관논리에 대해 자세히 소개한 책이 없으므로 흥미가 있으신 분은 다음 참고문헌 및 기타 국외서적을 참고하시길 바랍니다.

참고문헌

『Mathematical Logic - A first course』 Joel. W. Robbin. 1969.

2007 제26회 전국 대학생 수학 경시대회

제2차 문제
2007년 11월 3일
(14:00-16:00)

182-2-1 삼각형 ABC에서 밑변 BC 위의 점 P에 대하여 $\overline{BP} = x, \overline{BC} = l$, 삼각형의 높이는 h, $\angle APC = \theta(x)$라고 할 때, 다음을 보여라.

$$\angle A = \frac{1}{h}\int_0^l \sin^2\theta(x)dx$$

─ 증명 ─

KAIST 07학번 최범준

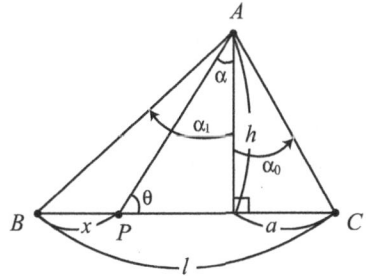

$\angle A = \int_{\alpha_0}^{\alpha_1} d\alpha$ 임을 안다.

$\tan\alpha = \frac{l-(x+a)}{h}$ 에서

$$\sec^2\alpha\, d\alpha = -\frac{1}{h}dx$$

$$d\alpha = -\frac{1}{h}\cos^2\alpha\, dx$$

$$\angle A = \int_{\alpha_0}^{\alpha_1} d\alpha = \int_l^0 -\frac{1}{h}\cos^2\alpha\, dx = \frac{1}{h}\int_0^l \cos^2\alpha\, dx = \frac{1}{h}\int_0^l \sin^2\theta\, dx$$

182-2-2 실수 행렬 A, B에 대하여 $A = S^{-1}BS$를 만족시키는 복소수 행렬 S가 존재하면, $A = R^{-1}BR$를 만족시키는 실수 행렬 R이 존재함을 보여라.

【증명】

KAIST 07학번 배한울

① $M_n(F) = \{$field F의 element를 갖는 $n \times n$행렬$\}$

어떤 $A, B \in M_n(\mathbb{R})$에 대해, $S \in M_n(\mathbb{C})$가 존재하여 역행렬이 존재하고 $A = S^{-1}BS$ 즉 $SA = BS$이다.

여기서 어떤 $X, Y \in M_n(\mathbb{R})$이 존재하여 $S = X + Yi$이다.

$AS = BS \Rightarrow (X + Yi)A = B(X + Yi)$

$\Rightarrow XA + YAi = BX + BYi$

$\Rightarrow XA = BX$ and $YA = BY (\because XA, BX, YA, BY \in M_n(\mathbb{R}))$

모든 $r \in \mathbb{R}$에 대해 $\det(X + Yr) = 0$임을 가정하자.

$\det(X + Yr)$이 r에 관한 n차 다항식이므로 $\det(X + Yr)$이 0 다항식임을 의미한다.(zero polynomial)

($\because \det(X + Yr)$은 계수가 모두 실수인 r에 관한 n차식이므로 0이 아니라면 많아야 n개의 다른 실근을 갖는다.)

0 다항식에 i를 대입해도 0이므로 $\det(X + Yi) = 0$ 이는 S의 역행렬이 존재해 $\det s = \det(X + Yi) \neq 0$임에 모순이다.

즉 어떤 $r \in \mathbb{R}$에 대해 $\det(X + Yr) \neq 0$이다. $\Rightarrow R = X + Yr \in M_n(\mathbb{R})$에 대해 $\mathbb{R}$의 역행렬이 존재한다.

$$\therefore RA = (X + Yr)A = XA + rYA = BX + rBY = B(X + rY)$$
$$= BR \Rightarrow A = R^{-1}BR$$

② Cyclic decomposition을 이용

대략적인 증명방법은 A, B가 $\mathbb{C}$에서 similar $\Rightarrow A, B$의 rational form이 같다.

$\Rightarrow A, B$의 $\mathbb{R}$에서 similar($\Leftrightarrow$ rational form은 $\mathbb{C}$에서나 $\mathbb{R}$에서나 변하지 않는다. 이는 cyclic decomposition에 의해 $\mathbb{R}^n = Z(\alpha, T) \oplus \cdots \oplus Z(\alpha_r, T)$ for some $\alpha_j \in \mathbb{R}^n$ and $T \in L(\mathbb{R}^n, \mathbb{R}^n)$

V_j가 T를 $Z(\alpha_j, T)$에 induced 시킨 linear transformation이라 하면, U_j의 minimal polynomial p_j는 cyclic decompostion theorem에 의해 field에 관계없이 유일하게 결정된다. rational form은 p_j의 companion matrix에 의해 결정되므로 field에 상관없이 A와 B가 similar하다.)

정의

$Z(\beta, T) := \{f(T)\beta \in \mathbb{R}^n | f \in \mathbb{C}[x]\}$
$F[x] := \{\sum_{j=1}^{\infty} a_j x^j | a_j \in F\}$
     $=$ field F의 계수를 가진 다항식들

182-2-3 $a_1 > 0, a_{n+1} = \ln(1+a_n)$일 때, $\lim_{n\to\infty} na_n = 2$임을 보여라.

증명

KAIST 07학번 이동민

$a_{n+1} = \ln(1+a_n), \ a_1 > 0$

Note that $x - 1 \geq \ln x$ (and $=$ holds iff $x = 1$)

$$\therefore a_{n+1} = \ln(1+a_n) \leq a_n$$
$$\therefore a_n \searrow \alpha$$

by taking limits,

$$\alpha = \ln(1+\alpha) \leq \alpha$$
$$\therefore \alpha = 0$$
$$\therefore a_n \searrow 0$$

Now, $\dfrac{a_n}{a_{n+1}} = \dfrac{e^{a_{n+1}} - 1}{a_{n+1}} = \dfrac{e^x - 1}{x} = 1 + \dfrac{x}{2!} + \dfrac{x^2}{3!} + \cdots \quad (x = a_{n+1})$

And, $(1 - \dfrac{x}{r})^{-1} = 1 + (\dfrac{x}{r}) + (\dfrac{x}{r})^2 + \cdots + (\dfrac{x}{r})^n + \cdots$

$$\therefore \text{For } r > 2, \ \dfrac{e^x - 1}{x} > (1 - \dfrac{x}{r})^{-1} \text{ for small } x,$$
$$r < 2, \ \dfrac{e^x - 1}{x} < (1 - \dfrac{x}{r})^{-1} \quad //$$

① $r > 2$: For large n, $\dfrac{a_n}{a_{n+1}} > \left(1 - \dfrac{a_{n+1}}{r}\right)^{-1}$

$$\therefore a_n\left(1 - \dfrac{a_{n+1}}{r}\right) > a_{n+1} \Rightarrow \dfrac{1}{a_{n+1}} > \dfrac{1}{a_n} + \dfrac{1}{r}$$

$$\Rightarrow \dfrac{1}{a_{n+k}} > \dfrac{1}{a_n} + \dfrac{k}{r} = \dfrac{r + ka_n}{ra_n}$$

$$\Rightarrow (n+k) \cdot a_{n+k} < \dfrac{ra_n}{r + ka_n} \cdot (n+k) = \dfrac{r(n+k)}{r/a_n + k}$$

$\therefore \overline{\lim} \, na_n \leq r \cdots$ ☆

since ☆ hold for $\forall r > 2$. $\overline{\lim} \, na_n \leq 2$

② $r < 2$: Similarly, $\dfrac{a_n}{a_{n+1}} < (1 - \dfrac{a_{n+1}}{r})^{-1}$ & we get

$$(n+k) \cdot a_{n+k} > \dfrac{r(n+k)}{r/a_n + k}$$

$$\therefore \underline{\lim} \, na_n \geq r$$
$$\therefore \underline{\lim} \, na_n \geq 2$$
$$\therefore \lim \, na_n = 2$$

___

182-2-4 $\sum_{n=1}^{\infty} a_n = 1$인 수열 a_n에 대하여 다음이 성립함을 보여라.

$$\lim_{n \to \infty} \sum_{k=1}^{n} a_k(1 - \dfrac{k^2}{n^2}) = 1$$

─── 증명 ───

KAIST 07학번 최범준

$\sum_{j=1}^{k} a_i b_j = S_k b_{k+1} - \sum_{j=1}^{k} S_j(b_{j+1} - b_j)$

Abel's partial Summation Formula를 이용하자.

$\lim_{n \to \infty}(\sum_{k=1}^{n} \dfrac{k^2}{n^2} a_k) = 0$임을 보이도록 하자.

$$\sum_{k=1}^{n} \frac{k^2}{n^2} a_k = S_n \frac{(n+1)^2}{n^2} - \sum_{k=1}^{n} S_k \left(\frac{(k+1)^2}{n^2} - \frac{k^2}{n^2} \right)$$
$$= S_n \frac{(n+1)^2}{n^2} - \sum_{k=1}^{n} S_k \frac{2k+1}{n^2}$$

$\lim_{n\to\infty} S_n \frac{(n+1)^2}{n^2} = 1$ 이고, $\lim_{n\to\infty} \sum_{k=1}^{n} \frac{S_k}{n^2} = 0$임은 쉽게 보일 수 있으므로 $\lim_{n\to\infty} \sum_{k=1}^{n} \frac{2k}{n^2}(S_k - 1) = 0$임을 보이자.

$\lim_{n\to\infty} \left(\sum_{k=1}^{n} \frac{2k}{n^2}(S_k - 1) + \frac{1}{n} \right) = 0 \Leftrightarrow \lim_{n\to\infty} \sum_{k=1}^{n} \frac{2k}{n^2}(S_k - 1) = 0$임을 보이자.

$\forall \varepsilon > 0 \ \exists N \in \mathbb{N}$ s.t $j \geq \mathbb{N} \to |S_j - 1| < \varepsilon$에서 $n > N$이면 삼각부등식으로 쪼개면

$$\left| \sum_{k=1}^{n} \frac{2k}{n^2}(S_k - 1) \right|$$
$$\leq \frac{2}{n^2}(1|S_1 - 1| + 2|S_2 - 1| + \cdots + (N-1)|S_{N-1} - 1| + N\varepsilon + (N+1)\varepsilon + \cdots + n\varepsilon)$$
$$= \frac{2}{n^2} \left(1|S_1 - 1| + \cdots + (N-1)|S_{N-1} - 1| + \left(\frac{n(n+1)}{2} - \frac{N-(N-1)}{2} \right) \varepsilon \right)$$
$$= \frac{n^2 + n - N^2 + N}{n^2} \varepsilon + \frac{2}{n^2}(1|S_1 - 1| + 2|S_2 - 2| + \cdots + (N-1)|S_{n-1} - 1|)$$
$$< 2\varepsilon \text{ for large } n$$

엄밀히 말하면 given $\varepsilon > 0 \ \exists N' \in \mathbb{N}$ s.t

$$n \geq N' \to \left| \sum_{k=1}^{n} \frac{2k}{n^2}(S_k - 1) \right| < 2\varepsilon$$

$$\therefore \lim_{n\to\infty} \sum_{k=1}^{n} \frac{2k}{n^2}(S_k - 1) = 0$$

$$\to \lim_{n\to\infty} \sum_{k=1}^{n} \frac{k^2}{n^2} a_k = 0 \text{ (by 위의 논의)}$$

182-2-5 사상 $f : \mathbb{R}^2 \to \mathbb{R}^2$가 다음 조건을 만족한다.

[조건] 넓이가 1인 임의의 삼각형 $\triangle$에 대하여 $F(\triangle)$도 넓이가 1인 삼각형이다. 이때, 임의의 직선 l에 대하여 $F(l)$도 직선임을 보여라.

㊟ 이 문제는 아직 풀이가 접수되지 않았습니다. PROPOSAL로 넘깁니다.

2007 북유럽 수학올림피아드 풀이

183-1-1 방정식 $x^2 - 2x - 2007y^2 = 0$을 만족하는 자연수해를 하나 찾아라.

― 풀이 ―

KAIST 07학번 심규석

$x^2 - 2x - 2007y^2 = 0$

$x = 1 \pm \sqrt{1 + 2007y^2}$

x가 자연수해가 될 가능성이 있는 부호는 $+$이다. 따라서, 자연수 해 하나를 찾기 위해서는 $x = 1 + \sqrt{1 + 2007y^2}$이라해도 무방하다.

x가 자연수가 되려면, $1 + 2007y^2 = k^2$을 만족해야 한다. (단, k는 정수)

$$2007y^2 = (k-1)(k+1)$$
$$3^2 \times 223 \times y^2 = (k-1)(k+1)$$

자연수 해를 하나만 찾아도 된다는 점에 착안하여 $k - 1 = 223$이라고 해보자. $k + 1 = 3^2 y^2$이 되어야 하고, $y = 5 \in N$. 그에 따른 $n = 225$

183-1-2 주어진 세 직사각형이 주어진 삼각형의 세 변을 완전히 덮고 있다. 이 세 직사각형은 모두 주어진 한 직선과 평행한 변을 갖는다. 이 세 직사각형이 이 삼각형의 내부도 모두 덮음을 증명하여라.

― 풀이 ―

KAIST 07학번 심규석

주어진 직선을 l이라하고, $\overline{AB}$를 덮는 직사각형을 R_1, $\overline{BC}$를 덮는 직사각형을 R_2, $\overline{CA}$를 덮는 직사각형을 R_3라 하자. 여기서 주어진 삼각형을 ABC라 하고, l과 가장 가까운 점을 A, l과 가장 먼점을 C라 해도 일반성을 깨지 않는다.

점 A에서 l에 그은 수선을 l'이라고 하자. l'이 평면을 두 부분으로 나눈다고 할 때, 우리는 세가지 경우를 생각해 볼 수 있다.

i) B와 C가 각각 다른 부분에 있을 때,

ii) B와 C가 같은 부분에 있으면서 B가 l'에서 C보다 멀리 떨어져 있을 때,

iii) B와 C가 같은 부분에 있으면서 C가 l'에서 B보다 멀리 떨어져 있을 때

ii)와 iii)은 같은방법으로 증명이 가능하므로 i)과 ii)만 증명하면 된다.

i)의 경우 : 삼각형 ABC의 내부에 R_1, R_2, R_3에 모두 덮히지 않는 점 D가 있다고 가정해보자. D가 B보다 l에서 멀리 떨어져 있다면, R_2가 $\overline{BC}$를 덮는다는 가정에서 D는 R_2에 덮이게 되고, D가 B보다 l에서 가깝다면, R_1과 R_3가 각각 $\overline{AB}$와 $\overline{CA}$를 덮는다는 가정에서 D는 R_1과 R_3중 하나에 덮히게 된다. 모순발생. 즉, 삼각형 ABC의 내부는 R_1, R_2, R_3에 의해 모두 덮힌다.

ii)의 경우 : i)과 같이 가정해 보자. D가 B보다 l에서 가깝다면, R_1이 $\overline{AB}$를 덮는다는 가정에서 D는 R_1에 덮힌다. D가 B보다 l에서 멀리 떨어져있다면, R_2와 R_3가 각각 $\overline{BC}$와 $\overline{CA}$를 덮는다는 가정에서 D는 R_2와 R_3 중 하나에 덮히게 된다. 모순발생.

즉, 삼각형 ABC의 내부는 R_1, R_2, R_3에 의해 모두 덮힌다.

183-1-3 칠판에 수 10^{2007}이 쓰여져 있다. 두 사람 A와 B가 번갈아 다음 중 한가지 조작을 하는 게임을 한다.

(i) 칠판의 한 수 x를 택해, $ab = x$인 1보다 큰 두 정수 a, b로 대체한다.

(ii) 칠판에 같은 두 수가 있을 때 그 중 하나 혹은 둘 다를 지운다.

더 이상 위의 조작 중 어떤 것도 실행할 수 없는 사람이 지게된다. A가 먼저 시작하고 둘다 최선의 경기를 한다고 할 때 누가 이기겠는가?

|풀이|

KAIST 08학번 류연식

A가 $10^{2007} = 2^{2007} \cdot 5^{2007}$ 조작을 한다.

칠판에 쓰여진 모든 수는 2^n or 5^m으로 표현된다.

W.L.O.G. B가 어떤 조작으로 2^m을 없애면 A는 5^m을 없애는 같은 조작을 할 수 있음을 보이면 A가 이김이 증명된다.

let, 2-set= $\{2^m | 2^m$은 칠판위의 수$\}$, 5-set= $\{5^m | 5^m$은 철판위의 수$\}$

i) W.L.O.G. B가 $2^{2007} = 2^\alpha \cdot 2^\beta$ 조작을 하면, A는 $5^{2007} = 5^\alpha \cdot 2^\beta$ 조작을 하면 다시 2-set과 5-set은 일대일 대응.(여기서 일대일 대응 이란 지수가 같은 것까지의 일대일 대응이 가능함을 의미)

ii) 2-set과 5-set이 일대일 대응일 때

W.L.O.G. B가 2-set의 임의의 원소 $2^k = 2^y \cdot 2^z$조작을 하면 A는 5-set의 대응 되는 원소 $5^x = 5^y - 5^z$ 조작을 하여 다시 2-set, 5-set은 일대일 대응이 된다.

iii) 2-set과 5-set이 일대일 대응일 때

W.L.O.G. B가 2-set의 임의의 원소 $2^x, 2^x$ 중 1개 또는 2개를 제거하면 A는 5-set의 대응되는 원소 $5^x, 5^x$중 B와 같은 개수의 원소를 제거하는 조작을 할 수 있다.

$\therefore A$는 전 turn에 B가 어떤 조작을 하든 그 다음에 대응되는 조작을 따라 알 수 있으므로 A는 처음에 $10^{2007} = 2^{2007} \cdot 5^{2007}$조작을 하면 항상 이길 수 있다.

183-1-4 점 A를 지나는 직선이 한 원과 두 점 B, C에서 만난다. B는 A와 C 사이의 점이다. A에서 이 원에 그은 두 접선이 각각 점 S, T에서 접한다. 두 직선 ST와 AC의 교점을 P라 할 때, 다음을 증명하여라.

$$\frac{AP}{PC} = 2 \cdot \frac{AB}{BC}$$

―― 풀이 ――

KAIST 08학번 전병현

$\frac{BC}{AB} = 2 \cdot \frac{PC}{AP} \cdots$ ①

그림과 같이 각을 정하자.

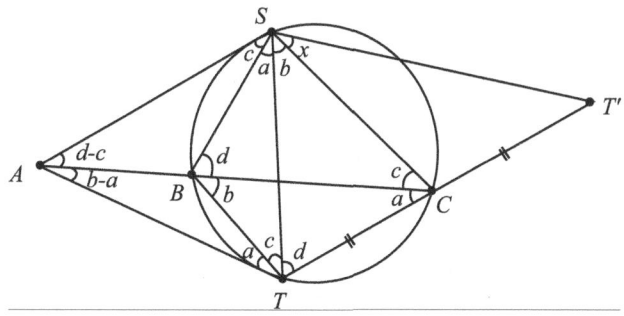

$\Leftrightarrow \frac{BC}{BS} \cdot \frac{BS}{BA} = 2 \cdot \frac{PS}{PA} \cdot \frac{PC}{PS}$

$\Leftrightarrow \frac{\sin(d-c)}{\sin c} \cdot \frac{\sin(a+b)}{\sin c} = 2 \cdot \frac{\sin(d-c)}{\sin(a+c)} \cdot \frac{\sin b}{\sin c}$

$$\Leftrightarrow \frac{\sin(a+b)}{\sin c} = 2 \cdot \frac{\sin b}{\sin(a+c)}$$

$$\Leftrightarrow \frac{BC}{BS} = 2 \cdot \frac{TC}{ST} \cdots ② (\therefore ②를 증명하면 됨)$$

$TC = CT'$을 만족하는 $\overline{TC}$위의 점 T'을 그림과 같이 잡자.
먼저 $\frac{TB}{TC} = \frac{AT}{AC} = \frac{AS}{AC} = \frac{SB}{SC}$이므로
$\frac{TB}{TC} = \frac{\sin a}{\sin b}, \frac{SB}{SC} = \frac{\sin c}{\sin d}$에서 $\frac{\sin a}{\sin b} = \frac{\sin c}{\sin d} \cdots ③$
$\angle CST'$을 x라 하자.
$\frac{\sin d}{\sin b} = \frac{CS}{TC} = \frac{CS}{CT'} = \frac{\sin(a+c-x)}{\sin x}$인데 ③에 의해 $\frac{\sin c}{\sin a} = \frac{\sin(a+c-x)}{\sin x}$이다.

$$\Leftrightarrow \sin c \times \sin x = \sin a \times \sin(a+c-x)$$
$$\Leftrightarrow \cos(c+x) - \cos(c-x) = \cos(2a+c-x) - \cos(x-c)$$
$$\Leftrightarrow \cos(c+x) = \cos(2a+c-x)$$

$\therefore x = a$
$\therefore \triangle SBC \infty \triangle STT'$
$\therefore \frac{BC}{BS} = \frac{TT'}{ST} = 2\frac{TC}{ST} (\Rightarrow ②가 증명됨)$
$\therefore$ Q.E.D.

2007 일본 수학올림피아드 풀이

183-2-1 n은 양의 정수이다. 2명의 선수가 집합 $\{1, 2, \cdots, n\}$에서 공집합이 될때까지, 서로 번갈아가면서 숫자를 뽑는다. 만약, 첫 번째 선수가 뽑은 수들의 총 합이 3의 배수라면, 첫 번째 선수가 이긴다. 그 외에는 두 번째 선수가 이긴다. 어떤 n에 대해, 첫번째 선수는 필승수를 갖겠는가?

풀이

KAIST 08학번 류연식

Let,

$$N_0 = \{x \mid x \equiv 0 \pmod{3}, \ 0 < x \leq n\}$$
$$N_1 = \{x \mid x \equiv 1 \pmod{3}, \ 0 < x \leq n\}$$
$$N_2 = \{x \mid x \equiv 2 \pmod{3}, \ 0 < x \leq n\}$$

(claim) $n \equiv -2, -1, 0 \pmod 6$이면 A에게 필승 수가 존재하고, $n \equiv 1, 2, 3 \pmod 6$이면 A에게 필승수가 존재하지 않는다.

i) $n \equiv -2 \pmod 6$

let, $n = 6k+4$

A가 첫 turn에 N_2의 원소를 택한 후 B가 전 turn에 선택한 원소와 같은 집합의 원소를 선택한다.(선택할 수 없을 경우 ($=N_0$의 모든 원소가 선택된 시점) N_1의 원소를 선택 후 B를 따라간다. 이마저 불가능하다면 N_2만 짝수가 남은 것이므로 결과는 같다.)

$$|N_0| = 2k+1$$
$$|N_1| = 2k+2$$
$$|N_2| = 2k+1$$

이므로 A는 N_1에서 $k+1$개의 원소를 N_2에서 $k+1$개의 원소를 선택하게 된다. ($\because$ 첫 turn에 N_2의 원소를 선택)

A가 총 $3k+2$개를 선택하였으므로 $N_0 = k$개

$\therefore A$가 선택한 원소의 총합 $\equiv 0 \cdot k + 1 \cdot (k+1) + 2 \cdot (k+1) \equiv 0 \pmod 3$. A는 필승 수가 존재한다.

ii) $n \equiv -1 \pmod 6$

let, $n = 6k + 5$

A가 첫 turn에 N_0의 원소를 택한 후 B가 전 turn에 선택한 원소와 같은 집합의 원소를 선택한다.

$$|N_0| = 2k + 1$$
$$|N_1| = 2k + 2$$
$$|N_2| = 2k + 2$$

이므로 첫 turn 이후 B의 turn이 항상 각 집합의 원소의 개수는 짝수개가 되므로 A는 N_0에서 $k+1$, N_1에서 $k+1$, N_2에서 $k+1$개를 선택하게 된다.

∴ $0 \cdot (k+1) + 1 \cdot (k+1) + 2 \cdot (k+1) \equiv 0 \pmod{3}$ A의 필승 수가 존재.

iii) $n \equiv 0 \pmod{6}$

let, $n = 6k$

첫 turn에 A는 임의의 원소를 택한 수 B가 전 turn에 선택한 원소의 집합의 원소를 선택하되, 선택할 수 없으면 임의로 선택한 원소의 집의 원소를 제외한 원소를 선택하고 B를 따라간다.

∴ $0 \cdot k + 1 \cdot k + 2 \cdot k \equiv 0 \pmod{3}$ A의 필승수가 존재.

$B = (k, k+1, k)$ or $(k, k, k+1)$이 되고 $A = (k+1, k, k+1)$ or $(k+1, k+1, k)$가 된다. 이 두 경우 모두

$$0 \cdot (k+1) + 1 \cdot k + 2 \cdot (k+1) \equiv 2 \pmod{3}$$

$$0 \cdot (k+1) + 1 \cdot (k+1) + 2 \cdot k \equiv 1 \pmod{3}$$

∴ A에게 필승수가 존재하지 않는다.

∴ A에게 필승수가 존재하는 n은 $n \equiv -2, -1, 0 \pmod{6}$인 n이다.

183-2-2 모든 $x, y > 0$에 대해, 다음을 만족하는 함수 $f : \mathbb{R}^+ \to \mathbb{R}$을 모두 구하여라.

$$f(x) + f(y) \leq \frac{f(x+y)}{2}, \quad \frac{f(x)}{x} + \frac{f(y)}{y} \geq \frac{f(x+y)}{x+y}$$

KAIST 07학번 이병찬

주어진 조건에 $y = x$를 대입하면

$$f(x) + f(x) \leq \frac{f(x+y)}{2}$$
$$\Rightarrow 4f(x) \leq f(2x) \cdots \text{①}$$
$$\frac{f(x)}{x} + \frac{f(x)}{x} \geq \frac{f(x+x)}{x+x}$$
$$\Rightarrow 4f(x) \geq f(2x) \cdots \text{②}$$

①, ②에서 $4f(x) = f(2x)$이고, 귀납법을 이용하면, $4^n f(x) = f(2^n x)$임을 알 수 있다.

$g(x) = \frac{f(x)}{x}$라고 하면 문제의 조건에서 $g(x) + g(y) \geq g(x+y)$이다. 이 식에서 $g(ny) \leq ng(x)$임을 알 수 있고, $4^n f(x) = f(2^n x)$에서 $2^n g(x) = g(2^n x)$임을 알 수 있다.

이제 $g(nx) = ng(x)$임을 보이자.

$g(nx) < ng(x)$인 어떤 정수 n, 양의 실수 x가 있다고 하면, $2^m > n$인 m에 대해서,

$$2^m g(x) = g(2^m x) \leq g((2^m - n)x) + g(nx) < ng(x) + (2^r - n)gx = 2^r g(x)$$

가 되어 모순이다.

즉 $g(nx) = ng(x)$이고 $g(qx) = qg(x)(q \in \mathbb{Q}^+)$임을 알 수 있다. 그리고 $g(x) + g(y) \geq g(x+y)$에서 g는 단조감소하므로, $g(1) = f(1) = a$라고 하면 $y(x) = ax$임을 보일 수 있다. (x가 유리수인 경우는 앞에서 했고, x가 무리수라면 임의의 $\varepsilon > 0$에 대해 $x_1 \in (x - \varepsilon, x) \cap \mathbb{Q}$, $x_2 \in (x, x + \varepsilon) \cap \mathbb{Q}$인 x_1, x_2를 찾을 수 있고, 단조감소에 의해 $ax_2 \leq g(x) \leq ax_1$인데 $\varepsilon \to 0$이면, $x_1, x_2 \to x$이므로 샌드위치 정리에 의해 $g(x) = ax$이다.)

또한, g가 단조감소라는 조건에서 $a \leq 0$이다. 즉, $f = ax^2 (a \leq 0)$의 함수만이 주어진 조건을 만족한다.

183-2-3 삼각형 ABC의 외심원을 Γ라고 하자. AB, AC와 접하고, Γ에 내접하는 원을 Γ_A라고 하고, Γ_B와 Γ_C도 같은 방법으로 정의한다. $\Gamma_A, \Gamma_B, \Gamma_C$가 Γ와 접하는 점을 각각 P, Q, R이라 하자. 직선 AP, BQ, CR이 한 점에서 만남을 보여라.

㈜ 이 문제는 아직 풀이가 접수되지 않았습니다. PROPOSAL로 넘깁니다.

183-2-4 거리가 d인 '띠'를 한 직선으로 부터 거리가 최대 $\frac{d}{2}$인 평면위의 점들이라 하자. 평면 위에 주어진 네 개의 점 중 임의로 세 개를 뽑아도, 거리가 1인 '띠'로 덮을 수 있다고 한다. 이 때, 이 네 점은 거리가 $\sqrt{2}$인 '띠'로 덮을 수 있음을 보여라.

㊀ 이 문제는 아직 풀이가 접수되지 않았습니다. PROPOSAL로 넘깁니다.

183-2-5 각각의 양수 x에 대해, $A(x) = \{[nx]|n \in \mathbb{N}\}$로 정의하자. 다음 성질을 만족하는 무리수 $\alpha > 1$을 모두 구하여라.
양수 β에 대하여, $A(\alpha) \supset A(\beta)$이면, $\frac{\beta}{\alpha}$는 정수이다.

──────|풀이|──────

KAIST 08학번 양해훈

(Lemma 1) $A(\alpha) \supset A(2\alpha)$

증명 $\{[2\alpha n]|n \in \mathbb{N}\} = \{[2n\alpha]|n \in \mathbb{N}\} = \{[n\alpha]|n \in 2\mathbb{N}\} \subset \{[\alpha n]|n \in \mathbb{N}\}$
□

(Lemma 2) $\frac{1}{\alpha} + \frac{1}{\beta} = 1$이라면, $A(\alpha) \cap A(\beta) = \phi$, $A(\alpha) \cup A(\beta) = \mathbb{N}$.

증명 i) $A(\alpha) \cap A(\beta) = \phi \Rightarrow$ 어떤 n이 존재해 $n \in A(\alpha), n \in A(\beta)$라면
$n < p\alpha < n+1, n < q\beta < n+1$을 만족시키는 p, q 존재.
$n < p\alpha < n+1 \Rightarrow \frac{p}{n+1} < \frac{1}{\alpha} < \frac{p}{n}, n < q\beta < n+1 \Rightarrow \frac{q}{n+1} < \frac{1}{\beta} < \frac{q}{n}$
$\therefore \frac{p+q}{n+1} < 1 < \frac{p+q}{n}$ 이는 모순.
ii) $A(\alpha) \cup A(\beta) = \mathbb{N} \Rightarrow \alpha < 2 < \beta$라 가정할 수 있다.
$k\alpha < n < n+1 < (k+1)\alpha$인 n, k가 있다면

$$k\alpha < n \to k < \frac{n}{\alpha} \to k < n - \frac{n}{\beta} \to n < (n-k)\beta$$

$$n+1 < (k+1)\alpha \to \frac{n+1}{\alpha} < k+1 \to n+1 - \frac{n+1}{\beta} < k+1 \to (n-k)\beta < n+1$$

$$\therefore n < (n-k)\beta < n+1$$

i), ii)에 의해 증명 끝 □

본 문제 증명 시작

증명 i) $\alpha < 2$
$\frac{1}{\alpha} + 1/\frac{\alpha}{\alpha-1} = 1$에서 $A(\alpha) \cap A\left(\frac{\alpha}{2(\alpha-1)}\right) = \phi$, $A(\alpha) \cup A\left(\frac{\alpha}{\alpha-1}\right) = \mathbb{N}$.
또한 $\frac{\alpha}{\alpha-1}$은 2보다 큰 무리수이므로 $\frac{\alpha}{2(\alpha-1)}$는 이보다 큰 무리수.
$A\left(\frac{\alpha}{\alpha-1}\right) \subset A\left(\frac{\alpha}{2(\alpha-1)}\right)$에서 $A(\alpha) \cup A\left(\frac{\alpha}{2(\alpha-1)}\right) = \mathbb{N}$.
$1/\frac{\alpha}{2(\alpha-1)} + 1/\frac{\alpha}{2-\alpha} = 1$에서 $a(\alpha) \supset A\left(\frac{\alpha}{2-\alpha}\right)$
하지만 $\frac{\frac{\alpha}{2-\alpha}}{\alpha} = \frac{1}{2-\alpha} \notin \mathbb{Z}$

ii) $\alpha > 2$
$[\alpha] = p$라 하자. $\frac{\alpha}{p}$는 1보다 크고 2보다 작은 무리수이다.
i)의 논증에 의해 다른 무리수 $\frac{\beta}{p}$를 찾을 수 있고 $A(\frac{\alpha}{p}) \supset A(\frac{\beta}{p})$ 따라서
$A(\alpha) \supset A(\beta)$. 또한

$$\frac{\beta}{p} = \frac{\frac{\alpha}{p}}{2 - \frac{\alpha}{p}} = \frac{\alpha}{2p - \alpha} = \frac{\frac{p\alpha}{2p-\alpha}}{p}$$
$$\beta = \frac{p\alpha}{2p-\alpha}$$

즉, $\frac{\beta}{\alpha}$는 정수가 아니다.
i), ii)에 의해 이를 만족하는 수는 없다.

□

2008 캐나다 수학올림피아드

184-1-1 $ABCD$는 AB가 가장 긴 변의 볼록사각형이다. 점 M과 N이 각각 변 AB와 CD위에 있는데, 각각의 선분 AN과 CM은 사각형의 넓이를 이등분한다고 한다. MN이 대각선 BD를 이등분함을 보여라.

184-1-2 모든 x, y에 대해, 다음을 만족하는 $f : \mathbb{Q} \to \mathbb{Q}$을 모두 찾아라.
$$f(2f(x) + f(y)) = 2x + y$$

184-1-3 양의 실수 a, b, c가 $a + b + c = 1$을 만족한다고 하자. 다음 부등식을 증명하여라.
$$\frac{a - bc}{a + bc} + \frac{b - ca}{b + ca} + \frac{c - ab}{c + ab} \le \frac{3}{2}$$

184-1-4 모든 자연수 n과 소수 p에 대해, 다음을 만족하는 $f : \mathbb{N} \to \mathbb{N}$을 모두 찾아라.
$$(f(n))^p \equiv n \pmod{f(p)}$$

184-1-5 체스판 위에서 '자기회피 룩 걸음'이라는 것을 이전에 지난 칸을 지나지 않으면서 체스판의 모서리와 평행한 방향으로 하는 일련의 움직임의 경로를 말한다. $R(m, n)$을 $m \times n$ 체스판에서 왼쪽아래 모서리에서 시작해서 오른쪽 위로 가는 '자기회피 룩 걸음'의 수를 말한다. 예를 들어서, 임의의 자연수 m에 대해 $R(m, 1) = 1$이고, $R(2, 2) = 2$, $R(3, 2) = 4$, $R(3, 3) = 11$이다. $R(3, n)$에 대한 공식을 찾아라.

PROPOSALS SOLUTIONS

Proposals Solutions코너는 독자분들과 함께 문제를 생각해보는 코너입니다. 독자분들 중에서 자신이 창작한 문제가 있는 분이나 Proposals란에 실린 문제를 푸신 분은 수학문제연구회로 보내주시면 실어드리겠습니다. 보낼 때는 FAX나 우편, 홈페이지 등으로 보내시면 됩니다. 이미 풀이가 실린 문제일지라도 색다른 풀이를 보내주시면 실어드리겠습니다.

PROPOSALS

184-1
진주 대아중
3학년 한민기

$\triangle ABC$와 임의의 점 P에 대해서 $\triangle ABP$, $\triangle BCP$, $\triangle CAP$의 수심을 X, Y, Z라 하면 $S_{\triangle ABC} = S_{\triangle XYZ}$임을 보여라. (단, P는 $\triangle ABC$ 둘레 위에 있지 않으며 $S_{\triangle ABC}$는 $\triangle ABC$의 넓이)

SOLUTIONS

171-1-4
2006년 페루 수학
올림피아드 최종선발전

예각삼각형 ABC에서 그 외접원을 w라 하고 그 중심을 O라 한다. 삼각형 AOC의 외접원을 w_1이라 하고 OQ를 그 지름이라 하자. M과 N은 각각 직선 AQ와 AC 위의 점으로, $AMBN$이 평행사변형이 되도록 하는 점들이다. 두 직선 MN과 BQ의 교점은 원 w_1 위에 있음을 증명하여라.

─ 증명 ─

대전 어은중 3학년 임준혁

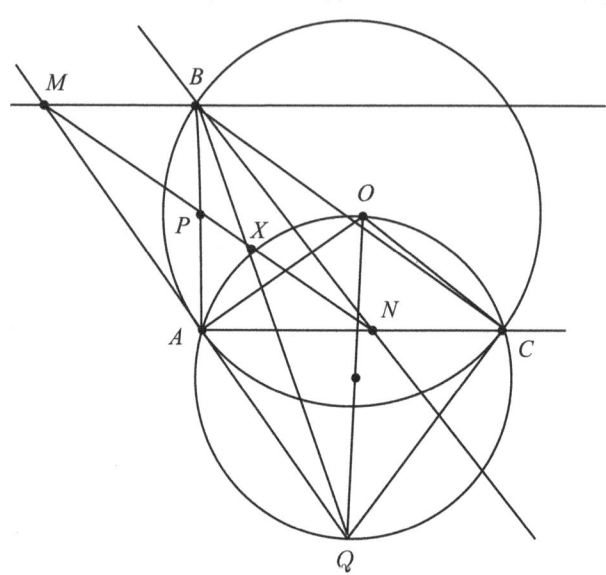

(보조정리) 예각 삼각형 △ABC의 외접원 w에서 B, C에 그은 접선의 교점을 X라 하면 $\angle BAM = \angle CAX$를 만족한다.

증명 일반성을 잃지 않고 $\angle B > \angle C$라 두고 ($\angle B = \angle C$일 때는 당연하다.)
AM과 외접원의 두 번째 교점을 Q라 하자. 그리고 A에서 BC에 내린 수선의 발을 H라 하자.
O, B, X, C가 한 원 위에 있으므로 $OM \cdot MX = BM \cdot MC$($O, M, X$가 일직선 상에 있으므로)
A, B, Q, C가 한 원 위에 있으므로 $AM \cdot MQ = BM \cdot MC$(할선정리)
따라서 $OM \cdot MX = AM \cdot MQ$이고 A, X, Q, O는 한 원 위에 있게 된다.
따라서 $\angle AQO = \angle AXO$(원주각)이고 $\angle AXO = \angle XAH$(엇각)이므로 $\angle AQO = \angle XAH$이고 $\angle AQO = \angle QAO(\because AO = QO)$이므로 $\angle QAO = \angle XAH$
그리고 $\angle OAC = \angle HAB$는 잘 알려진 사실이다.
$\angle BAM = \angle BAX + \angle MAX = \angle BAH + \angle XAH + \angle MAX$
$\angle CAX = \angle CAM + \angle MAX = \angle CAO + \angle OAQ + \angle MAX$에서
$\angle BAH = \angle CAO, \angle XAH = \angle OAQ$이므로 $\angle BAM = \angle CAX$이다.

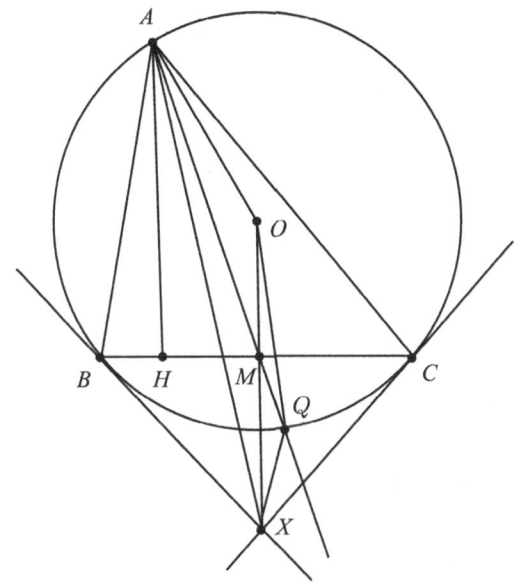

AB의 중점을 P라 놓자. M, N, P가 일직선 상에 있다. ($AMBN$이 평행사변형이므로)

그리고, AQ, CQ는 w에 그은 접선이 된다.

$\angle MBA = \angle BAC$, $\angle AMB = \angle CAQ = \angle ABC$(접현각)이므로 $\triangle BMA$와 $\triangle ABC$는 닮았다.

여기서 보조정리를 적용하면 $\angle AMP = \angle ABQ$임을 알 수 있다.($\triangle BMA$와 $\triangle ABC$가 닮았으므로) 따라서 A, M, B, X는 한 원 위에 있고 $\angle QXA = \angle AMB$이다.

$\angle AMB = \angle ABC = \angle ACQ$(접현각)이므로 $\angle AXQ = \angle ACQ$이고, A, X, C, Q는 한 원 위에 있음을 알 수 있다.

180-2
숭실중 2
김철영

$i = 1, 2, \ldots, n$와 양의 실수열 a_i와 b_i에 대해 다음이 성립함을 보이자. 모든 $i = 1, 2, \ldots, n$에 대해 $\frac{b_i}{n} \geq \frac{a_i + b_i - 1}{a_i + n - 1}$가 성립할 때, $\frac{\sum_{i=1}^{n}(a_i^{b_i} - 1)}{n} \geq \sum_{i=1}^{n}(a_i - 1)$가 성립함을 보이자.

풀이

대구 정화중 3학년 김도현

$\frac{b_i}{n} \geq \frac{a_i+b_i-1}{a_i+n-1}$ 인데 $n > 0$이고 $a_i + n - 1 > 0$이므로 ($\because a_i > 0$, $n \geq 1$)
양변에 $n(a_i + n - 1)$을 곱하면

$$b_i(a_i + n - 1) \geq n(a_i + b_i - 1)$$
$$\Leftrightarrow a_i b_i - b_i \geq na_i - n$$
$$\Leftrightarrow (a_i - 1)(b_i - n) \geq 0$$

$$\therefore a_i \geq 1,\ b_i \geq n \text{ or } a_i \leq 1,\ b_i \leq n$$

lemma $(1+h)^n \geq 1 + nh$ (단 $-1 < h$, $n \geq 1$)(베르누이부등식이다.*)
우리는 여기서
$(1+A_i)^n \geq 1 + nA_i$, $(1+B_i)^n \geq 1 + nB_i$
$\Leftrightarrow (1-C_i)^n \geq 1 - nC_i$ (단 $0 < A_i$, $-1 < B_i < 0$, $C_i = -B_i$) 이것들이
성립함을 알 수 있다. □

우리가 증명하고자 하는 식은 $\dfrac{\sum_{i=1}^{n}(a_i^{b_i} - 1)}{n} \geq \sum_{i=1}^{n}(a_i - 1)$ 이다.
이제 경우를 나눠보자.

case 1 $a_i \geq 1$, $b_i \geq n$ 일 때
$\dfrac{\sum_{i=1}^{n}(a_i^{b_i} - 1)}{n} = \dfrac{(a_1^{b_1} + a_2^{b_2} + \cdots + a_n^{b_n} - n)}{n}$ 이다.
$\sum_{i=1}^{n}(a_i - 1) = a_1 + a_2 + \cdots + a_n - n$ 이다.
또, $a_i = 1 + A_i$라 잡자. (단 $0 \leq A_i$)

$$\dfrac{(a_1^{b_1} + a_2^{b_2} + \cdots + a_n^{b_n} - n)}{n} \geq a_1 + a_2 + \cdots + a_n - n \text{를 증명}$$
$$\Leftrightarrow (a_1^{b_1} + a_2^{b_2} + \cdots + a_n^{b_n} - n) \geq n(a_1 + a_2 + \cdots + a_n - n)$$
$$\Leftrightarrow a_1^{b_1} + \cdots + a_n^{b_n} \geq n(a_1 + \cdots + a_n + 1 - n)$$
$$\Leftrightarrow (1+A_1)^{b_1} + \cdots + (1+A_n)^{b_n} \geq n(n + A_1 \cdots + A_n + 1 - n)$$

$(1+A_1)^{b_1} + \cdots + (1+A_n)^{b_n} \geq n + b_1 A_1 + \cdots + b_n A_n$ (by lemma)
즉 $n + b_1 A_1 + \cdots + b_n A_n \geq n(n + A_1 + \cdots + A_n + 1 - n)$ 보여도 된다.

$\Leftrightarrow b_1 A_1 + \cdots + b_n A_n \geq n(A_1 + \cdots + A_n)$

Q.E.D ($\because b_i \geq n$)이므로

(case 2) $0 < a_i \leq 1, b_i \leq n$일 때 이것도 마찬가지로 $a_1^{b_1} + \cdots + a_n^{b_n} \geq n(a_1 + \cdots + a_n - n + 1)$을 증명하면 됨

$a_i = 1 + B_i = 1 - C_i$라고 두자.($a_i \leq 1$이므로 $-1 < B_i \leq 0, 0 \leq C_i < 1$)

$$a_1^{b_1} + \cdots + a_n^{b_n} \geq n(a_1 + \cdots + a_n - n + 1)$$
$$\Leftrightarrow (1 - C_1)^{b_1} + \cdots + (1 - C_n)^{b_n} \geq n(n - (C_1 + \cdots + C_n) - n + 1)$$
$$\Leftrightarrow (1 - C_1)^{b_1} + \cdots + (1 - C_n)^{b_n} \geq n(-(C_1 + \cdots + C_n) + 1)$$

$(1 - C_1)^{b_1} + \cdots + (1 - C_n)^{b_n} \geq n - (b_1 C_1 + \cdots + b_n C_n)$ (by lemma)이므로
$n - (b_1 C_1 + \cdots + b_n C_n) \geq n(-(C_1 + \cdots + C_n) + 1)$을 증명하면 됨
$\Leftrightarrow -(b_1 C_1 + \cdots + b_n C_n) \geq n(-(C_1 + \cdots + C_n))$
$\Leftrightarrow n(C_1 + \cdots + C_n) \geq (b_1 C_1 + \cdots + b_n C_n)$

Q.E.D ($\because n \geq b_i$)

∴ 위의 부등식은 항상 성립

베르누이 부등식

$h > 0$ or $0 > h > -1$ or $h = 0$일 때 (즉 $h > -1$일 때) 모든 사연수 n에 대해서 다음 식이 성립한다.
$$(1 + h)^n \geq 1 + nh$$

증명 $(1 + h)^n \geq 1 + nh$ $n = 1$일 때와 h는 0일 때는 자명.
수학적 귀납법으로 증명한다. $n = 2$일 때는
$$(1 + h)^2 = 1 + 2h + h^2 > 1 + 2h (\because h^2 > 0)$$

$n = k(k \geq 2)$일 때 성립한다고 가정하자.

$(1 + h)^k (1 + h) > (1 + kh)(1 + h) = 1 + (k + 1)h + kh^2 > 1 + (k + 1)h$

⇒모든 n에 대하여 $(1 + h)^n > 1 + nh$성립. (이때 $1 + h > 0$여야 하므로 $0 > h > -1$일 때도 됨을 알 수 있음.) □

Double bubble problem

KAIST 수리과학과 06학번 김치헌

표면장력. 중학교 때의 과학 시간에 다들 한번쯤은 이 단어를 들어봤을 것이다. 소금쟁이가 물 위에 떠 있을 수 있는 것도 이 표면장력 때문인데, 액체의 응집력이 겉넓이를 최소화 하는 방향으로 행동하면서 생기는 힘을 말한다. 어떤 자연현상이든, 무언가를 최소화 하는 것은 아주 자연스러운 일이다. 공이 아래로 떨어지는 것도, 빛이 직진하는 것도 모두 자연이 어떤 에너지를 최소화 하는 방향으로 진행하는 것이라고 볼 수 있다.

비눗방울을 생각해보자. 비눗물을 마구 휘저으면 그 위로 비눗방울이 많이 생기는데, 각 면이 구면의 일부분이거나 평면이 되는 것을 쉽게 관찰할 수 있다. 비눗방울들이 표면장력에 따라 겉넓이를 최소화 하는 모양을 만들기 때문이다. 수학자들은 이런 비눗방울이 어떤 모양으로 나타날지를 궁금해 했다.

비눗방울 문제는 다음과 같이 서술할 수 있다.

비눗방울 문제

어떤 양수 $v_1, v_2, \ldots, v_m$이 주어져 있다. 이 때, $\mathbb{R}^n (n \geq 2)$에서 이 값들을 부피로 갖고 겉넓이가 최소인 비눗방울들이 존재하는가? 즉, $S \subset \mathbb{R}^n$가 어떤 곡면이어야 겉넓이가 최소이면서 $\mathbb{R}^n - S$의 연결 요소들 중 적당히 몇 개 씩을 골라 합한 부피가 각각 $v_1, \ldots, v_m$이 되는가?

여기서 각 방울은 연결되어 있을 수도 있고 아닐 수도 있는데, 예를 들어 넓이가 합해서 v_1인 두 영역 같은 것도 포함한다. 만일 3차원 이상이면 이 문제는 각 방울이 연결되어 있는 경우와 동일한 문제가 된다. 만일 비눗방울이 분리되어 있으면 그 두 방울을 매우 가느다란 관으로 연결하여 보자. 그러면 겉넓이가 조금 늘어나지만, 각 방울은 연결된 상태가 된다. 관의 굵기를 점점 줄이면, 겉넓이의 차는 0으로 수렴하고 따라서 겉넓이의 하한값은 연결된 경우나 그렇지 않은 경우나 같다는 것을 알 수 있다. 하지만 2차원의 경우 겉넓이=길이가 되고 곡선의 넓이는 0이어도 길이는 0이 아니기 때문에 이런 논의가 성립하지 않는다.

비눗방울 문제에서 부피의 개수인 m이 1인 경우를 특별히 등적 문제라고 한다. 이 문제는 구(sphere)가 정답이라는 것이 널리 알려져 있다. 하지만 m이

2 이상인 경우에 대해선 많은 결과가 알려져 있지 않다. m이 2인 경우에 대해서는 다음 가설이 제안되어 있다.

Double bubble conjecture

양수 v_1, v_2가 주어졌을 때 $\mathbb{R}^n$에서 겉넓이를 최소화하고 부피가 각각 v_1, v_2인 비눗방울은 'standard double-bubble'(이하 SDB라 약함)이다. 여기서 SDB는 $(n-1)$차원 구면 조각 3개가 겹치는 부분이 $(n-2)$차원 구의 모양이고, 만나는 각이 120도인 모양을 뜻한다. 즉, 2차원에서는 원호 3개가 두 점에서 만나고 그 두 점에서 세 원호가 만나는 각이 각각 120도인 것이다.

실제로 비눗방울 2개를 만들어 붙이면 SDB가 된다는 것은 쉽게 관찰할 수 있다. 하지만 증명은 쉽지 않았는데, $n = 2$인 경우가 1993년에 Foisy 등에 의해 증명되었고([FAB+]), $n = 3$인 경우가 2000년에 Hutchings 등에 의해 증명되었고([HMRR]), 2003년에 $n = 4$인 경우가 Reichardt 등에 의해 증명되었다([RHLS]). Reichardt는 2007년 최종적으로 임의의 n에 대해 이 가설을 증명하였고([Re]), 그 아이디어는 $n = 3$에 대한 증명의 확장이다. $n \geq 3$인 경우는 각 방울이 연결된 경우만 생각하면 되니까 일견 쉬워 보이지만, 연결되어 있다 하더라도 두 거품 사이에 '빈 공간'이 있을 수 있기 때문에 쉽지 않은 문제가 된다.

n이 3 이하일때 겉넓이를 최소화 하는 비누방울에서 각 곡면 조각이 구 또는 평면의 일부여야 하고 만나는 각이 120도여야 한다는 것은 Taylor 등에 의해 증명되었다([Ta]). 특히 2차원에서는 각 꼭지점에서 만나는 원호의 개수가 3개이며 그 각이 120도여야 한다. [FAB+]은 이 정리에 근거하여 $n = 2$인 경우를 증명하고 있다.

증명은 크게 세 단계로 나눠진다. 먼저, SDB의 존재성과 유일성을 증명하고, 만약 비눗방울의 외부가 연결되어 있다면 SDB여야 한다는 것을 보이고, 마지막으로 비눗방울의 외부가 연결되어 있어야만 한다는 것을 보이고 있다.

정리 1

두 넓이가 주어졌을 때, 이 넓이에 해당하는 SDB가 유일하게 존재한다.

증명 두 넓이의 넓이 비 $0 < \lambda \leq 1$가 주어졌을 때, 이것을 만족하는 SDB가 모두 합동임을 보이면 충분하다. SDB에서 두 꼭지점(세 원호가 만나는 점)이 거리 1만큼 떨어져 있다고 가정하자. 그러면, 만나는 각이 120도여야 하므로 원호 중 하나만 결정하면 나머지 두 개가 결정된다. 그런데, 이 하나를 변화시키면 두 영역의 넓이 비가 항상 달라진다는 것을 쉽게 확인할 수 있다. 따라서 넓이 비와 이 원호가 일대일 대응 관계에 있고 따라서 유일하다.

□

그런데, 비눗방울의 외부가 연결되어 있고, 각 방울이 연결되어 있으면 겉넓이를 최소화 하는 방울은 SDB여야 한다. 이 두 방울이 떨어져 있다면 이동하여 두 방울이 접하게 할 수 있다. 하지만 겉넓이를 최소화 하는 비눗방울에서 만나는 호들은 120도를 이루어야 한다. 따라서 두 방울은 붙어 있으며 각 꼭지점에서 만나는 원호의 개수는 3개이다. 그러면, 평면 그래프에서 오일러 공식 $v - e + f = 1$을 적용하면 $f = 2$여야 하므로 $v = 2, e = 3$을 얻는다. 따라서 SDB여야 한다.

이제 외부가 연결되어 있으면 SDB여야 한다는 것을 보이자. 위의 논의에 의해 SDB가 아니라면 반드시 어떤 방울은 분리된 여러 개의 조각으로 구성되어 있고, 그러면서도 각 방울의 조각은 연결 요소들끼리는 서로 붙어있어야 한다. 각 연결 요소를 꼭지점으로 하고 각 원호를 꼭지점을 연결하는 모서리로 보면 평면 그래프가 된다.

외부가 연결되어 있으므로, 이 평면 그래프는 트리여야 한다(만약 아니라면, 순환 경로가 존재하고 이 순환 경로는 외부를 두 개 이상의 조각으로 분리시킨다). 따라서 차수가 1인 꼭짓점이 존재하고, 이 꼭짓점에 해당하는 영역은 2개의 원호로 둘러싸여 있다. 만일 이 꼭짓점이 차수가 2이상인 다른 꼭짓점과 연결되어 있다면, 다음 그림과 같이 변형하여도 각 영역의 넓이는 보존되고 이것도 최소여야 한다. 이것은 각 원호의 꼭짓점에서 만나는 원호의 개수가 3개이고 만나는 각이 120도라는 것에 모순된다. 따라서 모든 (트리의) 꼭짓점의 차수는 1이고, 따라서 꼭짓점은 2개이다. 즉, 각 방울은 연결되어 있어야 하고 따라서 SDB이다.

한편, SDB가 있을 때 더 넓은 쪽의 넓이를 증가시켜서 만들어진 SDB는 원래 것보다 더 긴 둘레 길이를 갖는다. 이것은 간단한 계산으로 확인할 수 있으므로 증명하지 않겠다. 이제 A_1, A_2를 영역의 넓이로 갖는 비눗방울의 최소 둘레 길이를 $P(A_1, A_2)$라 하고, SDB의 둘레 길이를 $P_0(A_1, A_2)$라 하자. 그러면 P와 P_0는 연속함수다. 또한, 임의의 A에 대해 $P(A, A_2)$는 $2\sqrt{\pi A}(= $ 넓이

A인 원의 둘레)보다 크거나 같기 때문에, A를 무한대로 보내면 P는 양의 무한대로 발산한다. 따라서 임의의 양수 A_1, A_2에 대해 $P(A, A_2)$는 $[A_2, \infty)$에서 최소값을 갖는다.

정리 2

둘레 길이가 최소인 비눗방울의 외부는 연결되어 있어야 한다.

증명 일반성을 잃지 않고, $A_1 \geq A_2$이라 할 수 있다. 이 두 영역에 대해 둘레 길이를 최소화 하는 비눗방울을 B_1, B_2라 하고, 외부가 연결되어 있지 않다고 해 보자. 그러면, $P(A'_1, A_2)$를 최소화하는 $A_1 \leq A'_1$을 찾을 수 있다. 이 A'_1, A_2에 해당하는 비눗방울을 B'_1, B_2라고 하자.
만일 B'_1, B_2의 외부가 연결되어 있지 않으면, B'_1과 B_2가 이루는 영역의 내부에 빈 공간이 생긴다. 이 빈 공간과 B'_1의 경계를 없애고 이렇게 생긴 영역을 B''_1이라 하면, B''_1과 B_2는 외부가 연결되어 있는 비눗방울이 된다. 이 때 B''_1의 넓이는 A'_1보다 크고 둘레 길이는 $P(A'_1, A_2)$ 보다 작다. 이것은 A'_1이 $P(A'_1, A_2)$를 최소화 한다는데 모순이다. 따라서 B'_1, B_2의 외부는 연결되어 있고 둘은 SDB를 이룬다.
B_1, B_2의 외부가 연결되어 있으므로 $B_1 \neq B'_1$이고, 따라서 $A_1 \neq A'_1$이다. SDB의 둘레는 큰 쪽의 넓이를 크게 하면 늘어나므로, $P_0(A_1, A_2) < P_0(A'_1, A_2)$이고 B'_1과 B_2가 SDB이므로 $P_0(A'_1, A_2) = P(A'_1, A_2)$이다. 또한, P의 정의에 따라 $P(A_1, A_2) \leq P_0(A_1, A_2)$이다. 이것을 모두 종합하면

$$P(A_1, A_2) \leq P_0(A_1, A_2) < P_0(A'_1, A_2) = P(A'_1, A_2) \leq P(A_1, A_2)$$

인데, 이런 일은 일어날 수 없다. 따라서 B_1, B_2의 외부는 연결되어 있고 SDB를 이룬다.
(Main thm : $\mathbb{R}^2$에서의 Double bubble conjecture)
주어진 양수 A_1, A_2를 넓이로 갖고 둘레 길이를 최소화 하는 2차원 비눗방울은 SDB이다. □

참고 문헌

[FAB+] J. Foisy, M. Alfaro, J. Brock, N. Hodges and J. Zimba, The standard double soap bubble in $\mathbb{R}^2$ Uniquely minimizes perimiter, Pac. J. Math., **159**(1993), 47-59.

[HMRR] M. Hutchings, F. Morgan, M. Ritoré and A. Ros, Proof of the double bubble conjecture, Electron. Res. Announc. Amer. Math. Soc., **6** (2000), 45-49.

[RHLS] B. Reichardt, C. Heilmann, Y. Lai and A. Spielman, Proof of the double bubble conjecture in $\mathbb{R}^4$ and certain higher dimensional cases, Pac. J. Math., **208**(2003), 347-366.

[Re] B. Reichardt, Proof of the Double Bubble Conjecture in Rn, J. Geom. Anal., math.MG/0705.1601 (2007).

[Ta] J. Taylor, The structure of singularities in soap-bubble-like and soap-film-like minimal surfaces, Ann. Math., **103** (1976), 489-539.

Tarski's Infinity

KAIST 수학/신소재 04학번 조만석

우리는 수학의 대부분의 문제가 '무한성 Infinity'과 직면해 있음을 잘 알고 있습니다. 무한하다는 것은 수학을 조금 공부하다 보면 대단히 친숙한 개념이지만, 여전히 일상적으로는 문제가 많은 낯선 개념이 됩니다. 실제 이 세상에 무한한 것이 있는가 하는 것은 대단히 오래되고 원론적인 철학적 문제입니다.

집합론의 등장과 함께, 우리는 무한에 대해서 만족할 만한 정의를 내릴 수 있었습니다. 더 나아가 무한에도 '더 큰 무한'과 '더 작은 무한'이 있을 수 있다는 것을 발견할 수 있었습니다. $\aleph_0, \aleph_1$등 무한집합의 여러 가지 Cardinality는 현대 집합론의 가장 중요한 부분을 차지하고 있습니다. 하지만, 이번 Math Letter에서는 이러한 무한의 여러 가지 Cardinality는 무시한 채 그저 유한과 무한에 대해서만 논해보고자 합니다.

일반적인 무한의 정의

간단하게 생각하면 유한한 것의 개수는 자연수가 되어야 하고, 무한한 것의 개수는 자연수로 나타낼 수 없어야 할 것입니다. 그러므로 무한을 논하기 전에 자연수의 정의를 확실히 해 둘 필요가 있습니다. 현대 집합론에서는 일반적인 자연수 n이라는 것을 다음과 같이 귀납적으로 정의합니다.

정의

자연수 n(이 때, 자연수는 일반과 달리 0부터 자연수로 인정)
(i) $0 = \phi$. (ϕ는 공집합)
(ii) $n + 1 = n \cup \{n\}$

이 정의에 따르면 $1 = 0 \cup \{0\} = \{0\}$. $2 = 1 \cup \{1\} = \{0, \{0\}\} = \{0, 1\}$이 되며, 일반적으로는 $n = \{0, 1, 2, \ldots, n-1\}$꼴로 나타나게 됩니다. 처음 보면 낯선 정의이지만, 자연수의 덧셈, 곱셈 등이 모두 이 정의에서 나옵니다.

일반적으로 어떤 집합이 유한한가, 무한한가에 대해서는 다음과 같이 정의합니다.

정의

임의의 집합 A에 대해, A가 **유한하다**는 것은 일대일 대응 함수 $f : n \to A$이 존재한다는 것이다. A가 **무한하다**는 것은 A가 유한하지 않다는 것이다.

즉, 함수의 일대일 대응 관계(Bijection)을 이용하여 정의하는 것으로 대단히 자명한 것입니다. 이 정의에 따르면 자연스럽게 유한한 A에 대해 $|A| = n$이라는 것을 알 수 있습니다. 이 정의에서는 유한을 먼저 정의하고 무한을 그 반대로 정의하는 방식을 택하고 있습니다.

이와는 약간 다른, 무한부터 정의하는 방법으로 **'Dedekind-무한'**이라는 것이 또 하나 알려져 있습니다.

Dedekind's Infinity

임의의 집합 A가 **Dedekind-무한(D-무한)**이다는 것은, A의 어떤 진부분집합 B가 있어 일대일 대응 함수 $f : B \to A$가 존재하는 것이다.
A가 **D-유한이다**는 것은, A가 D-무한이 아니라는 것이다.

정의가 약간 복잡해 보이지만 간단한 것입니다. 예를 들어 자연수 집합 N이라고 하면, 짝수의 집합 $2N$을 생각해 볼 수 있습니다. 그럼 여기에서 $2N \subset N$이지만, $f : N \to 2N$을 $f(n) = 2n$으로 정의하면 이 f는 일대일 대응이 됩니다. 그러므로 N은 D-무한이라는 것을 확인해 볼 수 있습니다.

이러한 D-무한과 일반 무한의 정의는 선택공리 하에서 동치라는 것이 알려져 있습니다.

하지만 이 두가지 무한의 정의는 둘 다 일대일 대응 함수라는 것을 사용한다는 점에서 문제가 있습니다. 이러한 정의는 상당히 간접적인 방식이며, 또한 집합론의 여러 가지 공리를 거친 다음에야 나올 수 있다는 원론적 문제가지 얽혀 있습니다. 그러므로 함수의 개념을 사용하지 않고 무한을 정의하는 것도 생각해 볼만한 문제입니다. 이것을 생각한 사람이 바로 Alfred Tarski입니다.

Tarski's Infinity

Tarski는 선택공리의 모순을 지적한 'Banach-Tarski Paradox'로 잘 알려져 있는 수학자입니다. Tarski는 최소화 된 공리에서 집합의 유한을 정의하고 싶어 했습니다. 그래서 다음과 같은 새로운 유한을 정의하게 됩니다.

Tarski's Finite

집합 S가 **T-finite**하다는 것은 공집합이 아닌 임의의 부분집합들의 집합 $X \subseteq P(S)$에 대해 X가 $\subseteq$ −maximal을 갖는다는 것이다.
즉, $U \in X$가 있어 $u \subset V$인 $V \in X$가 없다는 것이다.
S가 **T-infinite**하다는 것은 S가 T-finite하지 않다는 것이다.

이 때, $P(S)$라는 것이 익숙하지 않으신 분들이 계실 텐데, $P(S)$는 S의 모든 부분집합의 집합으로서, 만약 $S = \{1,2\}$라면, $P(S) = \{\phi, \{1\}, \{2\}, \{1,2\}\}$로 정의 됩니다. 엄밀한 정의는 다음과 같습니다.

정의

Power Set $P(S) = \{X | \forall U \in X, U \in S\}$

즉, S가 T-finite하다는 것은 '가장 큰' 부분집합이 꼭 있어야 한다는 것입니다. 이제 이 T-infinity가 일반적인 infinity와 부합하는지 하나씩 알아보도록 합시다.

정리 1

임의의 $n \in N$은 T-finite하다. (이 때, $n = \{0, 1, 2, \ldots, n-1\}, 0 = \phi$임을 다시 상기합시다.)

증명 수학적 귀납법을 이용하자.
 (i) $n = 0$이면, $P(0) = \{\phi\}$이므로, 임의의 $X \subseteq P(n)$은 $\{\phi\}$. X의 원소가 하나이므로 그 자체가 $\subseteq$-maximal로서 존재
 (ii) n이 T-finite라고 가정하고, $n+1$이 T-finite임을 보이자.
  이 때 $x \in P(n+1)$이라고 하면, $x \in P(n)$이거나 $y \in P(n)$이 있어 $x = y \cup \{n+1\}$이라는 점을 상기하자.
  임의의 $Y \subseteq P(n+1)$에 대해,
  1. $X \subseteq P(n)$이 있어 $Y \subseteq X$이면 귀납적 가정에 의해 OK
  2. 그 외의 경우, 임의의 $x \in Y$에 대해 $x' = x - \{x+1\}$라고 하자. 이 때, 어떤 $X \subseteq P(n)$가 있어 $x' \in X$가 된다.
  귀납적 가정에 의해 n은 T-finite이므로, 이 X의 $\subseteq$-maximal을 u라고 하자.
  그러면 $x \cup \{n+1\} \in Y$일 경우, $u' = u \cup \{n+1\}$가 Y의 $\subseteq$-maximal이 되고, $u \cup \{n+1\}Y$일 경우, $u' = u$가 Y의 $\subseteq$-maximal이 된다.
  그러므로 정의에 따라 $n+1$은 T-finite하다.   □

정리 2
자연수 집합 N은 T-infinite 하다.

증명 $N \subset P(N)$이므로, N이 T-finite이라면 N이 $\subseteq$-maximal을 가져야 한다. 그러나 임의의 $n \in N$에 대해 $n \subseteq n+1 \in N$이다.
그러므로 N은 $\subseteq$-maximal을 갖지 않는다. : N은 T-infinite하다.   □

위의 두 정리에 따라 일단 자연수에 한해서는 Tarski와 일반적인 유, 무한의 정의가 잘 부합됨을 알 수 있습니다. 이를 확장하여 모든 집합에서 잘 부합되는지에 대하여 알아보도록 합시다.

정리 3
모든 유한 집합은 T-finite하다.

증명 임의의 유한 집합 S에 대해, 일대일 대응 함수 $f : n \to S$를 잡자. 이에 대해 일대일 대응 함수 $h : P(n) \to P(S)$를 $h(x) = \{f(y)|y \in x\}$로서 정의하자.

임의의 $X \subseteq P(S)$에 대해, $Y = h^{-1}[X]$라고 하자.

정리 1에 의해 n은 T-finite하므로, $Y \subseteq P(n)$에 대해 $\subseteq$-maximal $u \in Y$가 존재한다. $u' = h(u)$라고 하자. 그러면 이 u'이 곧 X의 $\subseteq$-maxmal이 된다.

그러므로 정의에 의해 S는 T-finite하다. □

정리 4

모든 무한 집합은 T-infinite하다.

증명 임의의 무한 집합 S에 대해, S의 유한부분집합의 모임 $X = \{U \subseteq S | U \text{ is finite}\}$를 생각하자. 그러면 $X \subseteq P(S)$이고, $X \neq \phi$이다.

그러나 임의의 $U \in X$에 대해 $y \in S - U$가 있어 $U \subseteq U \cup \{y\}$이다.

그러므로 X는 $\subseteq$-maximal을 갖지 않는다. : S는 T-infinite하다. □

위의 정리 3, 4에 의해 선택 공리 필요 없이 Tarski의 정의와 일반 정의가 잘 부합되는 것을 확인해 볼 수 있습니다. Tarski의 정의는 조금 복잡하지만, 대신 훨씬 직접적인 정의라는 점에서 대단히 중요한 의미를 가진다고 말씀드릴 수 있겠습니다.

여기까지 읽으시면서 집합 정의와 증명은 아마 대단히 색다르실 것이라 생각됩니다. 자연수 n의 정의부터 이상할뿐더러, 증명에서의 집합간의 상관관계는 처음 볼 때는 대단히 복잡하여 이해가 잘 안 될 수 있습니다. 하지만 천천히 생각하시며 보시면 이것이 얼마나 자명한 증명인가를 느끼실 수 있을 것입니다.

유, 무한과 Tarski 정의에 대한 것은 다음 참고 문헌을 참고하시길 바랍니다.

참고문헌

「Set Theory - 3rd Edition」 Thomas Jech. 2002.

도형의 무게중심(Geometric Centroid)

KAIST 수리과학과 07학번 이동민

I. 서론

무게중심에 관련된 연구는 수학과 물리, 공학 분야에서 폭넓은 활용을 가지는 간학문적 접근의 중요한 부분이며, 실생활에서 다양한 실제적인 예를 수학적 개념 및 방법에 관련시킬 수 있는 흥미로운 영역이라 할 수 있다. 무게중심은 교과과정상에서 중학교 2학년 때 삼각형의 무게중심에 관해 다루었지만 그 외의 다각형이나 다면체에 대해서는 다루어 보지 않았다. 우리는 이에 관하여 탐구하고 나아가 무게중심이 어떻게 활용할 수 있겠는가에 대해 연구해보고자 한다.

II. 본론

사실 다각형의 무게중심이란 용어는 조금 혼란스러울 수가 있다. 다각형의 무게중심이라 하면 3가지로 생각해볼 수 있는데 다각형 꼭지점의 무게중심인가? 다각형 모서리들의 무게중심인가? 아니면 다각형 판의 무게중심인가? 하는 문제에 부딪히게 된다. 여기서는 다각형 판의 무게중심에 대해 초점을 맞추도록 하자.

정의

다각형 판의 무게중심은 면(판)이 같은 밀도로 되어있다고 가정할 때, 다가형 내부의 무게중심을 구하는 것이다.

다각형 판의 무게중심이 가지는 실제적인 의미는 다각형 판의 무게중심 M을 실에 묶어서 매달면, 다각형 판이 균형을 이루는 것이다. Balk(1959)는 균일한 판의 무게중심에 대해, 다음과 같은 성질을 증명하지 않고 약속으로 규정하였다.

① 각각의 판은 유일한 무게중심을 가진다.

② 만약, 판을 유한개의 조각들로 분할하고 이들 조각 각각의 무게가 무게중심에 집중 된다고 하면, 각 조각의 무게중심과 각 조각의 무게에 의해 얻어진 질량 점들의 무게중심은 전체 판의 무게중심이다.

③ 만약, 판에 대칭축이 존재하면 판의 무게중심은 대칭축에 속한다.

두 번째 성질을 좀 더 구체적으로 나타내보면 판을 유한개의 조각 $F_1, F_2, \ldots, F_n$으로 분할하고, 이들 조각의 넓이를 각각 $S_1, S_2, \ldots, S_n$이라 하자. 한 변이 단위선분인 정사각형 판의 무게를 δ라 하면, 조각들 각각의 무게는 $S_1\delta, S_2\delta, \ldots, S_n\delta$이다. 이제, 이들 각 조각의 무게중심을 $M_1, M_2, \ldots, M_n$이라 하고, 조각의 무게가 무게중심에 집중된다고 하자. 그러면, 주어진 판에서 n개의 질량 점$(M_1, S_1\delta), (M_2, S_2\delta), \ldots, (M_n, S_n\delta)$을 얻게 되는데, 두 번째 성질은 이들 질량 점의 무게중심이 처음의 판의 무게중심이 된다는 것을 의미한다. 결국, 두 번째 성질에 의해, 균일한 다각형 판의 무게중심에 대한 탐구를 질량 점들의 무게중심의 문제로 귀착시킬 수 있다.

이제 위 사실을 바탕으로 구체적으로 볼록 다각형 판의 무게중심에 대해 살펴보도록 하자. 볼록 n각형 판의 무게중심은 판을 분할하여 지렛대의 원리를 이용하여 구할 수 있다. n각형 판을 분할하는 방법은 여러가지가 있겠지만 여기서는 한 점을 중심으로 다른 점들과 선분을 그어 삼각형으로 분할하겠다. 이것은 삼각형판의 무게중심이 삼각형이 세 점의 무게중심과 일치하기 때문인데 먼저 이를 증명해보이겠다.

[보조정리] 삼각형판 ABC의 무게중심 M으로부터 변 BC까지의 거리를 d_a, 변 BC에 내린 높이를 h_a라 하면, $d_a : h_A = 1 : 3$이다.

[증명] 삼각형판 ABC의 무게중심 M으로부터 변 BC까지의 거리 d_a는 $\triangle ABC$를 조각들로 분할한 다음, 이들 조각의 무게중심 및 무게중심에 집중된 무게를 이용하여 구할 수 있다. 이를 위해, 삼각형판 ABC의 각 변의 중점 D, E, F를 연결하여 서로 닮음인 네 개의 삼각형판을 만들고, 이들의 무게중심을 각각 M_1, M_2, M_3, M_4라고 하자.

이제, 이들 무게중심에 집중된 무게를 m_1, m_2, m_3, m_4라 하고, 이들 무게중심에서 변 BC까지의 거리를 d_1, d_2, d_3, d_4라 하자. 그런데, 삼각형판 ABC와 조각들은 닮음이며 닮음비가 2:1이므로, 삼각형판 ABC의 무게를 S라 하면, $m_1 = m_2 = m_3 = m_4 = \frac{1}{4}S$가 된다.

그러므로, $m_1 + m_2 + m_3 + m_4 = S$인 것과 지렛대의 원리를 이용하면, 다음을 얻을 수 있다.

$$d_a = \frac{\frac{1}{4}Sd_1 + \frac{1}{4}Sd_2 + \frac{1}{4}Sd_3 = \frac{1}{4}Sd_4}{m_1 + m_2 + m_3 + m_4} = \frac{d_1 + d_2 + d_3 + d_4}{4}$$

한편, 삼각형판 ABC와 FBD, EDC, AFE, DEF는 닮음이고, 닮음비가 2:1이다. 그러므로 삼각형판 FBD, EDC의 무게중심 M_2, M_4로부터 변 BC까지의 거리는 $\frac{1}{2}d_a$이다. 또한 점 M_1으로부터 변 FE까지의 거리가 $\frac{1}{2}d_a$이므로, 점 M_1에서 변 BC까지의 거리는 $\frac{1}{2}d_a + \frac{1}{2}h_A$가 된다.
한편, 점 M_3에서 변 BC까지의 거리는 $\frac{1}{2}h_A - \frac{1}{2}d_a$이다. 이로부터, 다음을 얻을 수 있다.

$$d_a = \frac{(\frac{1}{2}d_a + \frac{1}{2}h_A) + \frac{1}{2}d_a + (\frac{1}{2}h_A - \frac{1}{2}d_a) + \frac{1}{2}d_a}{4} = \frac{d_a + h_A}{4}$$

얻어진 식을 정리하면, $3d_a = h_A$을 얻을 수 있다.
보조정리와 같은 방법으로, 삼각형판 ABC의 무게주심 M으로부터 변AC, AB까지의 거리를 d_b, d_c, 이들 변에 내린 높이를 h_B, h_C라 하면, $d_b : h_B = 1 : 3$, $d_c : h_C = 1 : 3$임을 알았다.
즉, 삼각형판 ABC의 무게중심 M에서 각 변까지의 거리는 이들 변에 그은 높이의 $\frac{1}{3}$이다.

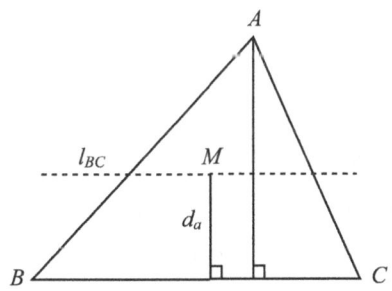

□

정리

삼각형판의 무게중심은 삼각형의 무게중심과 일치한다.

증명 보조정리에 의해 $d_a : h_A = 1 : 3$이므로, 삼각형판 ABC의 무게중심 M은 변 BC와 평행하며 $\frac{1}{3}h_A$만큼 떨어진 직선 l_{BC}에 속한다. 그런데, $\triangle ABC$의 무게중심 G는 중선을 2:1로 나누므로, $\triangle ABC$의 무게중심도 직선 l_{BC}에 속한다.

한편, $d_b : h_B = 1 : 3$, $d_c : h_C = 1 : 3$이므로, 삼각형판 ABC의 무게중심 M은 변 AC, AB와 각각 평행하며 $\frac{1}{3}h_B$, $\frac{1}{3}h_C$만큼 떨어진 직선 l_{AC}, l_{AB}에 각각 속한다. 또한, $\triangle ABC$의 무게중심 G도 l_{AC}, l_{AB}에 각각 속한다. 결국, $\triangle ABC$의 무게중심 G는 l_{AC}, l_{AB}, l_{BC}의 교점이다.

한편, 삼각형판 ABC의 무게중심 M은 유일하므로, 무게중심 M은 l_{AC}, l_{AB}, l_{BC}의 교점이 되며, $\triangle ABC$의 무게중심 G와 일치한다.

앞에서 살펴본 바와 같이, 삼각형판의 무게중심과 삼각형 꼭지점에서의 질량점들의 무게중심은 중학교 수학교과서에 닮음을 이용하여 증명된 삼각형의 무게중심과 일치한다.

그러므로, n각형 판을 삼각형 판들로 분할하여 삼각형에서 무게중심의 성질을 이용하면, n각형 판의 무게중심을 다양하게 탐구할 수 있다.

삼각형에서 두 무게중심이 일치한다는 사실은 n각형으로 일반화되지는 못한다. 예를 들어, 사다리꼴 판의 무게중심과 사다리꼴 꼭지점에서의 질량점들의 무게중심은 일치하지 않는다. □

삼각형으로 분할하는 방법은 한 점을 원점으로 하여 이 점을 공유하는 삼각형들의 무게중심을 구하면 지렛대의 원리를 적용시키면 된다.

볼록 n각형의 꼭지점들을 각각 $(0,0), (x_1, y_1), \ldots, (x_{n-1}, y_{n-1})$이라 하면 원점을 공유하는 $n-2$개의 삼각형으로 판을 분리할 수 있다.

예를 들어, $(0,0), (x_1, y_1), (x_2, y_2)$이 이루는 삼각형의 넓이는 $\frac{1}{2}|x_2 y_1 - x_1 y_2|$로 나타낼 수 있다. 또한 이 삼각형의 무게중심은 $\left(\frac{0+x_1+x_2}{3}, \frac{0+y_1+y_2}{3}\right)$이다.

이제 지렛대의 원리를 쓰면 볼록 n각형의 무게중심 좌표는 아래와 같이 나타내어진다.

$$x_{c \cdot m} = \frac{\left|\frac{x_2 y_1 - x_1 y_2}{2}\right| \cdot \frac{x_1 + x_2}{3} + \cdots + \left|\frac{x_{n-1} y_{n-2} - x_{n-2} y_{n-1}}{2}\right| \cdot \frac{x_{n-2} + x_{n-1}}{3}}{\left|\frac{x_2 y_1 - x_1 y_2}{2}\right| + \cdots + \left|\frac{x_{n-1} y_{n-2} - x_{n-2} y_{n-1}}{2}\right|}$$

$$y_{c \cdot m} = \frac{\left|\frac{x_2 y_1 - x_1 y_2}{2}\right| \cdot \frac{y_1 + y_2}{3} + \cdots + \left|\frac{x_{n-1} y_{n-2} - x_{n-2} y_{n-1}}{2}\right| \cdot \frac{y_{n-2} + y_{n-1}}{3}}{\left|\frac{x_2 y_1 - x_1 y_2}{2}\right| + \cdots + \left|\frac{x_{n-1} y_{n-2} - x_{n-2} y_{n-1}}{2}\right|}$$

이번에는 다면체의 무게중심에 대해 살펴보도록 하자. 먼저 다루기 쉬운 형태인 다각뿔부터 알아보도록 하자.

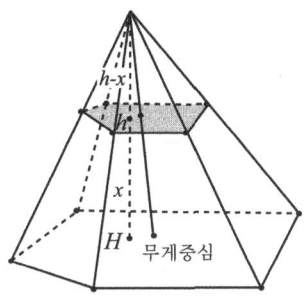

위와 같은 다각뿔에서 밑면의 무게중심과 위의 꼭지점을 선분으로 연결하였을 때, 밑면에 평행하게 잘랐을 때의 단면의 무게중심은 닮음에 의해 선분 위에 있게 된다. 다각뿔의 무게중심은 각 단면들의 무게중심들의 무게중심이 되므로 이 선분 위에 있게 될 것이고 이제 밑면에서 무게중심까지의 거리만 알면 무게중심의 위치를 알아낼 수 있다. 밑면에 수직이고 꼭지점을 지나는 높이를 x축으로 잡고 밑면을 S라 하자. 단면과 밑면의 닮음비는 위의 그림에서 $h-x : h$로 나타나므로 단면의 넓이는 $\frac{(h-x)^2}{h^2}S$로 나타나지고 무게중심의 높이는 아래와 같이 표현된다.

$$\frac{1}{V}\int_0^h x\frac{(h-x)^2}{h^2}Sdx = \frac{1}{h^2\frac{hS}{3}}\int_0^h (x^3 - 2x^2h + xh^2)Sdx$$
$$= \frac{3}{h^3S}\cdot S\left[\frac{1}{4}x^4 - \frac{2}{3}x^3h + \frac{1}{2}x^2h\right]_0^h$$
$$= \frac{3}{h^3S}\cdot \frac{1}{12}h^4S = \frac{h}{4}$$

따라서, 다각뿔의 무게중심은 밑면과 꼭지점을 연결한 선분을 4등분했을 때, 밑면과 가장 가까운 4등분점이 된다. 그렇다면 볼록 다면체의 무게중심은 어떻게 찾을 수 있을까? 여기서도 지렛대의 원리를 쓰면 쉽게 구해질 것이다.

앞에서 뿔의 무게중심을 구했으므로 오른쪽 그림처럼 한 점 (x, y, z)을 잡고 여러 개의 뿔로 분할하여 각 무게중심의 좌표와 부피를 이용하여 무게중심을 구할 수 있을 것이다. 면 S_1의 무게중심을 (x_1, y_1, z_1)이라 하면 이 뿔의 무게중심은 $(\frac{3x_1+x}{4}, \frac{3y_1+y}{4}, \frac{3z_1+z}{4})$이다.

이제 지렛대의 원리를 적용하면 볼록 n면체의 무게중심은 아래와 같이 나타낼 수 있다.

$$x_{c\cdot m} = \frac{\sum_{k=1}^n V_k \cdot \frac{3x_k+x}{4}}{n} = \frac{\sum_{k=1}^n h_kS_k \cdot \frac{3x_k+x}{4}}{3n}$$

$$y_{c \cdot m} = \frac{\sum_{k=1}^{n} V_k \cdot \frac{3y_k+y}{4}}{n} = \frac{\sum_{k=1}^{n} h_k S_k \cdot \frac{3y_k+y}{4}}{3n}$$

$$z_{c \cdot m} = \frac{\sum_{k=1}^{n} V_k \cdot \frac{3z_k+z}{4}}{n} = \frac{\sum_{k=1}^{n} h_k S_k \cdot \frac{3z_k+z}{4}}{3n}$$

이때, $h_k = \sqrt{(x-x_k)^2 + (y-y_k)^2 + (z-z_k)^2}$이고 S_k는 사선 정리로 구할 수 있다. 또한, 면 S_k의 무게중심 (x_k, y_k, z_k)는 앞에서 구한 두 가지 방법을 이용하면 된다. 앞에서 언급했으므로 여기서는 생략하겠다.

III. 결론

지금까지 볼록다각형과 볼록다면체에서 각 점의 좌표가 주어져 있을 때, 무게중심의 좌표를 구하는 방법에 대해 알아보았다.

이를 간단히 요약하면, 다각형을 여러 개의 삼각형을 분할하여 사선 정리로 그 넓이를 구하고 각 삼각형 판의 무게중심 좌표를 구한 후, 지렛대의 원리를 써서 무게중심을 구하는 것이다. 그리고 볼록다면체에서는 먼저 내부의 한 점을 잡아 여러 각 면을 밑면으로 하는 여러 개의 뿔로 분할하고 뿔의 무게중심이 밑면의 무게중심과 꼭지점을 연결한 선분의 4등분점 중 밑면과 가장 가까운 점이란 사실과 지렛대의 원리를 이용하여 무게중심을 구하는 방법이다.

여기서 다룬 무게중심의 수학적인 산출 방법이 볼록 다면체에 국한되어서 실생활에서의 응용이 한계가 있지만 무게중심 산출 방법에 대해 정리한 것에 그 의미를 찾을 수 있을 것이다.

참고문헌

1. 한인기, 강인주(2000). 삼각형의 무게중심에 관한 다양한 증명들과 수학교육적 의의, 한국수학교육학회 시리즈 E <수학교육 논문집> 10, pp.143-154.

2. 한인기 (2001). 유추를 활용한 무게중심 탐구에 관한 연구, 경상대학교 교육연구원 중등교육연구 13, pp.205-217.

3. Balk M.B (1959). Geometricheskie prilozeniya ponyatiya o tsentre tyazesti, Moskva: Fizmatgiz.

Propositional Logic-Compactness Theorem

KAIST 수리과학과 05학번 이정욱

혹시 '수리 논리학'이라는 수학 기초론 중의 한 분야를 들어 본적이 있는가? 논리학을 접해보면 문장과 문장 사이의 관계 등을 공부하는 구조적인 면을 주로 공부한다는 것을 알게 될 것이다. 이런 논리학을 단순히 자연언어가 아닌, 기호를 가지고 정형화를 하여 복잡한 문장들도 단순한 기호들의 나열로 간단히하여 그 문장의 구조를 공부하고(syntax) 또한 그러한 구조적인 것에 의미를 부여하여(semantyx) 그 의미에 대해서도 연구를 하는 것을 '수리 논리학'이라고 간단히 이해하면 될 것이다.

이 글에서는 '수리 논리학'의 가장 기본인, propositional Logic에 대해서 다루어 보려고 한다. 그 중에서도 compactness Theorem과 그것의 응용에 대해서 알아보겠다. (Propositional Logic에 대한 기본적인 소개는 ML 통권 182~183호를 참고하기 바란다.)

먼저, Propositional Logic에 사용되는 기호들을 소개하겠다.

1) 문장 연결 기호 (Sentential Connective Symbols)
   $\rightarrow$ (implication, if $\cdots$, then), $\neg$ (negation, not)

2) 문장 기호 (Sentence symbols)
   $A_1, A_2, \ldots$ (not necessary countable)

3) 괄호 (,)

혹시, 독자 중에 $\wedge$(conjunction, and)나 $\vee$(disjunction, or)는 어디에 있지하고 의아해 하는 분이 있을 것이다. 그런데 $\rightarrow$와 $\neg$를 가지고 $\wedge, \vee$를 표현할 수 있다. 즉, truth table이 다음과 같을 때,

A	B	$(A \rightarrow B)$	A	$\neg A$
T	T	T	T	F
T	F	F	F	T
F	T	T		
F	F	T		

$(A \vee B) \equiv ((\neg A) \rightarrow B)$라 하고, $(A \wedge B) \equiv (\neg((\neg A) \vee (\neg B)))$라 하면 된다. 직접 truth table을 그려서 확인 해보길 바란다. 더 나아가 $\rightarrow, \neg$만 가지고 어떤 truth table도 표현할 수 있다.

이제 적당히 기호들을 나열하면, 우리가 다룰 의미있는 기호들을 얻게 될것이다. 그런 의미있는 기호의 나열을 formula라고 부르자.

정의

$(L \neq 0) L \subseteq$ sentence symbols(L can be uncountable), L-formula는 L을 포함하고 $\to$과 $\neg$에 닫혀 있는 가장 작은 집합이다.

즉,

1) $\forall A \in L \quad A \in L$-formula

2) $\forall \alpha, \beta \in L$-formula $\quad (\alpha - \beta) \in L$-formula

3) $\forall \alpha \in L$-formula $\quad (\neg \alpha) \in L$-formula

다음으로 'satisfiable'이라는 개념을 소개하겠다.

임의의 공집합이 아닌 'sentence symbol'들의 집합 L에 대해서, 함수 $v : L \to \{T, F\}, A \mapsto T$ 또는 F를 정의할 수 있을 것이다. 그리고 이 함수의 정의역을 L-formula 까지 확장하여, 다음을 만족하는 함수 $\bar{v} = L$-formula $\to \{T, F\}$

1) $\forall \alpha, \beta \in L$-formula,
$\bar{v}((\alpha \to \beta)) = T$ iff $\bar{v}(\alpha) = F$ or $\bar{v}(\beta) = T$

2) $\forall \alpha \in L$-formula,
$\bar{v}((\neg \alpha)) = T$ iff $\bar{v}(\alpha) = F$

를 얻을 수 있다.

정의

$\sum \subseteq L$-formula, 함수 $\bar{v} : L$-formula $\to \{T, F\}$, $\forall \alpha \in \sum \bar{v}(\alpha) = T$가 존재할 때, $\sum$가 'satisfiable'하다고 한다.
그리고 $\sum$가 'satisfiable'하지 않으면 'unsatisfiable'하다고 한다.

예를 들면, $L = \{A, B\}, \sum = \{(\neg A), (A \to B)\}$일 때, $\bar{v}(A) = F$인 임의 함수 $\bar{v}$에 대해서, $\bar{v}((\neg A)) = \bar{v}((A \to B)) = T$이므로, $\sum$는 satisfiable하다.

이제 compactness thm을 소개할 모든 준비가 끝났다.

Compactness Theorem

$\sum \subseteq L$–formula, $\sum$ is satisfiable if and only if every finite subset is satisfiable (i.e. $\sum$ is finitely satistiable)

($\Rightarrow$)의 증명은 당연하므로 ($\Leftarrow$)의 증명만 하면 된다. 이것의 증명은

(fact1.) finitely satisfiable 한 $\sum \subseteq L$-formula에 대해서 $\forall \alpha \in L$–formula, $\sum \cup \{\alpha\}$ 또는 $\sum \cup \{\neg \alpha\}$가 finitely satistiable하다.

(fact2.) finitely satisfiable 한 $\sum \subseteq L$-formula,

i) $\sum_0 = \sum$

ii) $\sum_{i+1} = \sum_i \cup \{\alpha_i\}$ or $\sum_i \cup \{\alpha_i\}$ $\alpha_i \in L$–formula.

(if L is countable) If $\sum_i$ finitely stisfiable, then $\sum_{i+1}$ is also finitely satisfiable (by fact 1)

partially ordered set $(\{\sum_0, \sum_1, \dots\}, C)$에 zoru's lemma를 사용하여 maximal한 finitely satisfiable set을 찾으면, 그 set은 satisfiable 하다. (만약 L is uncountable 하다면, transfinite induction에 의해서 똑같은 작업을 하면 된다.) 로 부터 쉽게 증명 될 수 있다.

이제 Compactness Thm의 응용들을 살펴보자.

응용 1. 4-colors problem

4-colors problem은 매우 유명한 문제로, 지도 위의 서로 두 인접한 나라를 서로 다른 색으로 칠할 때, 4가지 색이면 충분하다는 것이다. 그런데 이 문제는 지도위의 나라가 finite할 때만이다. 만약 나라가 infinite 할 때는 어떻게 될까?

답은 그래도 4가지 색이면 충분하다는 것이다.

이제 그것의 증명을 살펴보자. 먼저 compactness Thm을 적용시키기 위해, 문제를 propositional logic의 기호들로 바꿔야할 것이다.
지도위의 나라가 index set I 만큼 있다고 하자.

$$L = \{c_{ij} : i \in I, j = 1,2,3,4\} \cup \{A_{pq}\}$$

c_{ij} : i번째 나라는 j번째 색깔로 칠해져 있다.
A_{pq} : p번째 나라와 q번째 나라가 인접해 있다.

$$\begin{aligned}\sum = \{&(C_{i1} \vee (C_{i2} \vee C_{i3} \vee C_{i4}) \rightarrow \\ &((C_{i1} \wedge (\neg C_{i2}) \wedge (\neg C_{i3}) \wedge (\neg(C_i4)) \vee \\ &((\neg C_{i1}) \wedge C_{i2} \wedge (\neg C_{i3}) \wedge (\neg C_{i4})) \vee \\ &((\neg C_{i1}) \wedge (\neg C_{i2}) \wedge C_{i3} \wedge (\neg C_{i4})) \vee \\ &((\neg C_{i1}) \wedge (\neg C_{i2}) \wedge (\neg C_{i3}) \wedge C_{i4})) : i \in I\} \\ \cup\, &\{A_{pq} \rightarrow (\vee_{1 \leq i \neq j \leq 4}(C_{pi} \wedge C_{qj}))\}\end{aligned}$$

라 하자. 그러면 $\sum$는 4-color problem을 propositional logic의 기호로 나타낸 것이다. 즉, 각 나라는 한가지 색깔로 칠해져 있고, 인접한 두 나라는 색깔이 같지 않다는 것을 기호로 나타내있다. 이제 $\sum$이 satisfiable 한 것만 보이면 되는데, 이것은 compactness Thm에 의해, $\sum$이 finitely satistiable한 것만 보이면 된다. 즉, 어떤 finite subset을 잡아도 그것이 satifiable 함을 보이면 되는데, 이것은 나라가 finite한 경우에는 된다는 사실로부터 나온다. 따라서 $\sum$는 satisfiable하고, 나라가 infinite 한 경우에도 4-color problem은 사실이다.

응용2. completeness of Propositional Logic

Propositional Logic이 complete 하다는 말은 간단히 참인 모든 formula는 증명가능할 뿐 만 아니라, 증명가능한 formula는 참이다 이다.
이를 위해 두가지 새로운 개념을 소개하겠다.
$\sum \subseteq L$–formular, $\alpha \in L$–formula,

1) α is a tautological consequence of $\sum$, $\sum \models \alpha$, iff $^\forall \bar{v} = L$-formula$\rightarrow \{T, F\}$, s.t. $^\forall \beta \in \sum \bar{v}(\beta) = T$, $\bar{v}(\alpha)$

2) A deduction (or proof) from $\sum$ is a finite sequence $<\alpha_0,\ldots,\alpha_m>$ of L-formulas,

   i) $\alpha_i \in \sum$ or α_i is tautology.
   ii) $1 \leq^\exists p, q < i, \alpha_p, \alpha_q \equiv \alpha_p \to \alpha_i$.
   iii) $\alpha_m \equiv \alpha$.

   and α is provable from $\sum$, $\sum \vdash \alpha$ iff there is a deduction of α from $\sum$.

여기서 'tautology'란 모든 $\bar{v} : L$-formula $\to \{T,T\}$에 대해서 'T'가 되는 formula이다. 예를 들면 $(A \vee (\neg A))$는 tautology이다.

Completeness Theorem

$\sum \subseteq L$-formula, $\alpha \in L$-formula, $\sum \models \alpha$ iff $\sum \vdash \alpha$.

sketch of proof,

($\Leftarrow$) 정의에 의해, deduction $<\alpha_0,\ldots,\alpha_m = \alpha>$가 있다. 이때 induction을 사용할여, $0 \leq^\forall i \leq m$, $\sum \models \alpha_i$임을 쉽게 보일 수 있다.

($\Rightarrow$) fact 3, $\sum \models \alpha$ iff $\sum \cup \{\neg \alpha\}$ is unsatisfiable. Compactness Thm에 의해, $\sum_0 \subseteq \cup \{\neg \alpha\}$ finite하고 unsatisfiable한 set이 있다. 그러면 $\sum_0 \cup \{\neg \alpha\}$ 또한 unsatisfiable하고, fact 3에 의해, $\sum_0 \models \alpha$이다. 그리고 $\sum_0$가 finite하므로 $\sum_0 \vdash \alpha$이다.

[힌트] . $\sum_0 = \{\alpha_0,\ldots,\alpha_n\}$이고, $\sum_0 \models \alpha$라면, $\alpha_0 \to \alpha_1 \to \cdots \to \alpha_n \to \alpha$는 tautology이다.

Compactness를 이용해서 Completeness를 증명하였다. 그렇다면 반대 방향은 어떠할까? 대답은 맞다이다. 이로부터 Compactness와 Completeness는 동치하는 것을 알 수 있다. 이를 위해,

(fact 4.) 'Completeness' is equivalent to 'satisfiable $\leftrightarrow$ consistent'

(fact 5.) 'finitely satisfiable' $\leftrightarrow$ 'consistent'

어떤 $\sum \subseteq L$-formula가 'inconsistent'하다는 것은 $\exists \alpha \in L$-formula, $\sum \vdash \alpha$이고 $\sum \vdash \neg \alpha$이다. 'inconsistent'하지 않으면 'consistent'하다라고 한다.

fact 4와 fact 5로부터, completeness가 compactness와 동치하는 사실을 알 수 있다.

fact 4와 fact 5의 증명은 지금까지 배운 개념들을 이용하여, 독자들이 한번 증명해 보길 바란다.

우리나라의 초, 중, 고등 과정에서 접할 수 있는 논리학은 역, 이, 대우나 충분조건이니 필요조건이니 하는 것이 전부일 것이다. 하지만 조금만 더 관심을 갖고 찾아보면, 우리가 몰랐던 많은 것들이 있다. 기회가 된다면, 수리논리학의 두번째 기호적인 내용인 1st order logic과 괴델의 불완전성 정리에 대한 내용도 소개를 했으면 좋겠다.

생각해 볼 문제

1. 원소가 2개인 subset은 satisfiable 하지만, 그 자체는 unstifiable한 set이 있을까?

2. 원소가 3개일 때 satisfiable 하지만, 그 자체는 unsatisfiable한 set이 있을까?

3. 임의 고정된 자연수 n에 대해서는 어떻게 될까?

References

1. Herbert B. Enderton, A Mathematical Introduction to Logic 2nd Edition, A cademic press, USA, 2002

2. http://math.yonsei.ac.kr/bkim/

2008 제22회 한국수학올림피아드 1차시험

중등부
2008년 5월 24일

185-1-1 방정식 $x^2 - 2x - 1 = 0$의 두 근을 a, b라고 할 때, $a^5 + b^5$의 값을 구하여라.

185-1-2 다음 방정식과 부등식을 모두 만족시키는 x의 최소값을 구하여라. 단, x, y, z, w는 모두 정수이다.
$$3x + y + z + w = 2008, 0 \leq w \leq z \leq y \leq x$$

185-1-3 방정식 $\frac{1}{x} + \frac{1}{y} = \frac{2}{15}$를 만족하는 정수쌍 (x, y)에 대하여, x의 최대값을 구하여라.

185-1-4 원 O에 내접하는 사각형 $ABCD$에 대하여 점 A에서의 원 O의 접선과 점 C에서의 원 O의 접선, 그리고 직선 BD가 한 점에서 만난다. $AB = 24, BC = 20, CD = 15$일 때, 변 AD의 길이를 구하여라.

185-1-5 숫자 1과 2만을 사용하여 만든 7자리 양의 정수 중에서 '1221'이 한 번만 나타나는 것의 개수를 구하여라. 단, 1221221은 '1221'이 두 번 나타난 것으로 본다.

185-1-6 동일한 흰 색 구슬 3개와 동일한 검은 색 구슬 6개가 있다. 이 9개의 구슬을 주어진 원 위에 같은 간격으로 배열하는 방법의 수를 구하여라. 단, 어떤 배열을 원의 중심을 기준으로 적당히 회전시켜 얻을 수 있는 배열들은 모두 같은 것으로 간주한다.

185-1-7 다음 조건을 만족시키는 이차함수 $P(x)$들에 대하여, $P(5)$의 값들 중 최대값을 구하여라.

[조건] 모든 실수 x에 대하여 $(x^2 - 1)[P(x-1) + P(x+1)] = 2x^2 P(x)$이고, $|P(0)| \leq 5$이다.

185-1-8 원에 내접하는 육각형 $ABCDEF$에 대하여 $AB = DE, CD = AF$이다. 선분 AC와 BD의 교점이 G, 선분 DF와 EA의 교점이 H이고
$$DG = 12, GB = 7, DH = 16, HF = 2$$
일 때, AD^2을 구하여라.

185-1-9 어느 학급에 1번부터 40번까지 40명의 학생이 있다. 이들을 한 조에 세 명씩 모두 13개 조로 편성하고 한 명이 남았다. 각 조에 속한 세 사람의 번호의 합이 9, 19, 29, ⋯ 등과 같이 끝자리가 모두 9라고 한다. 남은 한 명의 번호로 가능한 수 중 가장 큰 것을 구하여라.

185-1-10 직사각형 $ABCD$에서 $AB = 2, BC = 100$이다. 점 M은 CD의 중점이고 점 N은 선분 AM 위의 점으로서 $NC = BC$이다. 선분 BN의 중점을 P라 할 때, 비 $\frac{CP}{BP}$의 값을 구하여라.

185-1-11 서로 다른 실수 x, y에 대하여 $xy = 8$ 일 때, $\frac{(x+y)^4}{(x-y)^2}$의 최소값을 구하여라.

185-1-12 밑면은 넓이가 4인 정사각형이고 높이는 3인 뚜껑이 열린 직육면체 통이 있다. 이 통의 네 옆면에는 서로 다른 색이 칠해져 있어서 서로 구분된다. 가로, 세로, 높이가 각각 1, 1, 2인 똑같이 생긴 각목 6개를 이 통에 꼭 맞게, 꽉 차게 채우려고 한다.
이렇게 채우는 방법의 수를 구하여라.

185-1-13 세 자리 양의 정수 abc를 생각하자. 세 개의 자리수 a, b, c 중 어떤 두 개의 합이 나머지 하나의 두 배인 양의 정수 abc의 개수를 구하여라.

185-1-14 원 위에 네 점 A, B, C, D가 순서대로 있다. 선분 AC와 BD의 교점이 G이고 선분 BC 위의 한 점 E와 G를 연결한 직선과 선분 AD와의 교점이 F이다.
$$\frac{AG}{GC} = \frac{3}{2}, \quad \frac{AG}{GB} = 2, \quad \frac{CE}{EB} = \frac{11}{9}$$
일 때, $\frac{AF}{FD} \times 320$의 값을 구하여라.

185-1-15 다음과 같이 정의된 수열을 생각하자.
$$u_1 = 1, \; u_2 = 1; \; u_{n+2} = u_{n+1} + u_n, \; n = 1, 2, 3, \ldots.$$

이때 다음 두 정수의 최대공약수를 구하여라.

$$u_{2007} + u_{2008} + u_{2009} + u_{2010} + u_{2011} + u_{2012},$$
$$u_{2008} + u_{2009} + u_{2010} + u_{2011} + u_{2012} + u_{2013}.$$

185-1-16 다음 그림과 같이 합동인 두 정오각뿔의 밑면을 붙여 만든 도형에서 모서리들을 길로 간주하자. 아래의 규칙에 따라 점 P에서 점 Q로 이동했다가 다시 점 P로 돌아오는 경로의 수를 구하여라.

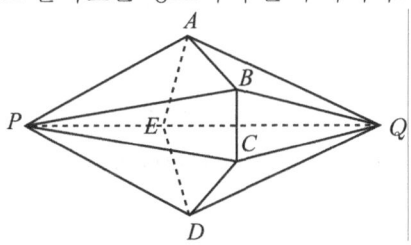

[규칙 1] 점 P에서 점 Q로, 그리고 점 Q에서 점 P로 이동할 때에는 각각 적어도 세 개의 모서리를 지나간다.

[규칙 2] 한 번 지나간 점이나 모서리는 다시 지나가지 않는다.

185-1-17 어떤 양의 정수 n의 양의 약수의 개수는 6개이고, 이 약수들의 합이 $\frac{3n+9}{2}$이다. n의 값을 구하여라.

185-1-18 원 O에 내접하는 정36각형 $A_1 A_2 \cdots A_{36}$에 대하여, 꼭지점 A_{18}에서 원 O에 내접하는 원이 대각선 $A_{17}A_{21}$과 점 P에서 접한다. 또 꼭지점 A_{34}에서 원 O에 내접하는 원이 대각선 $A_3 A_{31}$과 점 Q에서 접한다. 직선 $A_{18}P$와 직선 $A_{34}Q$의 교점 R에 대하여 $\angle PRQ = x°$라고 할 때, x의 값을 구하여라. 단, $0 \leq x \leq 180$이다.

185-1-19 다음 부등식을 만족시키는 정수 N 가운데 가장 큰 수를 구하여라.

$$\frac{1}{2} \times \frac{3}{4} \times \frac{5}{6} \times \cdots \times \frac{61}{62} \times \frac{63}{64} < \frac{1}{4N}.$$

185-1-20 양의 정수 n에 대하여, $1 \leq a \leq n$인 정수 a 중에서 a도 n과 서로 소이고, $a+1$도 n과 서로 소인 것들의 개수를 $k(n)$이라 하자. $k(n) = 15$를 만족시키는 가장 큰 양의 정수 n의 값을 구하여라.

2008 제22회 한국수학올림피아드 1차시험

고등부
2008년 5월 24일

185-2-1 유리수 $\frac{1}{13}$을 이진법으로 전개하면 다음과 같은 꼴이다. 단, 모든 a_i는 0 또는 1이다.

$$0.\overline{a_1 a_2 \cdots a_r} = 0.a_1 a_2 \cdots a_r a_1 a_2 \cdots a_r a_1 a_2 \cdots a_r \cdots$$

이때, 순환마디의 길이 r의 최솟값을 구하여라.

185-2-2 모든 양의 정수 n에 대하여 $(n!)^2 \cdot a^n$이 $(2n)!$보다 크게 되는 양의 정수 a의 값 중 가장 작은 값을 구하여라.

185-2-3 상수가 아닌 다항식 $f(x)$가 모든 실수 s, t에 대하여

$$f(s^2 + f(t)) = (s - 2t)^2 f(s + 2t)$$

를 만족시킬 때, $|f(10)|$을 구하여라.

185-2-4 원탁에 10명의 사람이 앉아 있다. 연이어 앉아 있는 사람들의 모임을 '그룹'이라 부르자. 이 10명의 사람들을 두 개 이상의 그룹으로 분할하는 방법의 수를 구하여라. 단, 각 사람은 반드시 어떤 그룹에 속하되 둘 이상의 그룹에 속할 수는 없으며, 각 그룹은 두 사람 이상을 포함한다.

185-2-5 중등부 19번과 중복

185-2-6 다음 조건을 만족시키는 300보다 작은 소수 p중에서 가장 큰 것을 구하여라.

[조건] $p = x^2 + y^2 = u^2 + 7v^2$를 만족시키는 정수 x, y, u, v가 존재한다.

185-2-7 원 O에 내접하는 사각형 ACD에 대하여 점 A에서의 원 O의 접선과 점 C에서의 원 O의 접선, 그리고 직선 BD가 한 점에서 만난다. $AB = 24, BC = 20, CD = 15$일 때, $\frac{61}{100} BD^2$의 값을 구하여라.

185-2-8 집합 $E = \{1,2,3,4,5,6,7,8\}$에 대하여 다음 조건을 만족시키는 일대일 대응 $f : E \to E$의 개수를 구하여라.

[조건] 모든 $n \in E$에 대하여, $|f(n) - n|$은 홀수이고, $f(f(n)) \neq n$이다.

185-2-9 밑면은 넓이가 4인 정사각형이고 높이는 5인 뚜껑이 열린 직육면체 통이 있다. 이 통의 네 옆면에는 서로 다른 색이 칠해져 있어서 서로 구분된다. 가로, 세로, 높이가 각각 1, 2, 3인 똑같이 생긴 각목 10개를 이 통에 꼭 맞게, 꽉 차게 채우려고 한다. 이렇게 채우는 방법의 수를 구하여라.

185-2-10 임의의 양의 정수 n에 대하여 $2^{a(n)} = 3^{b(n)} = n$이라 할 때, $\lfloor a(n) \rfloor + \lfloor b(n) \rfloor = 11$을 만족시키는 양의 정수 n의 개수를 구하여라. 단, 실수 x에 대하여 $\lfloor x \rfloor$는 x를 넘지 않는 최대의 정수이다.

185-2-11 실수 x에 대하여 x와 가장 가까운 정수를 $\lfloor x \rceil$로 나타내자. (단, 가장 가까운 정수가 두 개 있으면 둘 중 큰 것으로 한다.) 양의 정수 n에 대하여, $a_n = \lfloor \sqrt{n} \rceil$, $b_n = \lfloor \sqrt{a_n} \rceil$일 때, $b_1, b_2, \ldots, b_{2007}$ 중에서 b_{2008}과 같은 것들의 개수를 구하여라.

185-2-12 원에 내접하는 오각형 $ABCDE$가 있다. 점 B에서 직선 AC에 내린 수선의 길이, 점 C에서 직선 BD에 내린 수선의 길이, 점 D에서 직선 CE에 내린 수선의 길이, 점 E에서 직선 AD에 내린 수선의 길이가 각각 순서대로 1, 2, 3, 4이다. 선분 AE의 길이가 16일 때, 선분 AB의 길이를 구하여라.

185-2-13 선분 AB는 중심이 O인 원의 지름이고, 선분 AO와 선분 BO의 중점이 각각 G, H이다. 이 원 위의 점 C에 대하여 $\angle ACG = \angle ABC$이고 $AC < BC$이다. 직선 CG가 이 원과 만나는 또 다른 점이 X, 직선 XH가 이 원과 만나는 또 다른 점이 D이다.
$CD^2 = 336$일 때, AB^2을 구하여라.

185-2-14 다음 조건을 만족시키는 볼록사각형 $OAPB$의 넓이의 최댓값을 M이라 할 때, $(2M - 9)^2$의 값을 구하여라.

[조건] 두 선분 OA, OB는 서로 수직이고, $AP + PB = 6$이다.

185-2-15 다음 그림에서 점 $I_1, I_2, \ldots, I_8$은 8개의 섬을 나타내고, 각 점

선은 두 섬을 잇는 다리를 건설할 수 있는 위치를 나타낸다. 건설하는 다리의 수를 최소로 하면서 모든 섬이 연결되도록 하는 방법의 수를 구하여라. 단, 모든 섬이 연결되었다는 것은 임의의 한 섬에서 임의의 다른 섬으로 다리(들)을 따라 이동할 수 있음을 뜻한다.

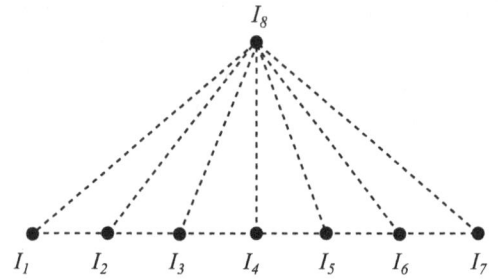

185-2-16 삼각형 ABC에서 점 D는 변 AC 위의 점이고 점 E는 변 AB 위의 점이며 점 G는 변 BC 위의 점이다. 직선 l은 점 A를 지나고 변 BC와 평행한 직선이다. 또 점 F는 선분 BD와 선분 C의 교점이다. 직선 GD, 직선 GF, 직선 GE와 직선 l과의 교점을 각각 H, K, I라고 하자. $\triangle EBF : \triangle DFC : \triangle FBC = 1 : 2 : 3$이고 $BG = 7$일 때, 선분 AI의 길이와 선분 KH의 길이의 곱을 구하여라.

185-2-17 다음 그림과 같이 합동인 두 정육각뿔의 밑면을 만든 도형에서 모서리들을 길로 간주하자. 점 P에서 점 Q로 이동했다가 다시 점 P로 돌아오는 경로의 수를 구하여라. 단, 한 번 지나간 점이나 모서리는 다시 지나가지 않는다.

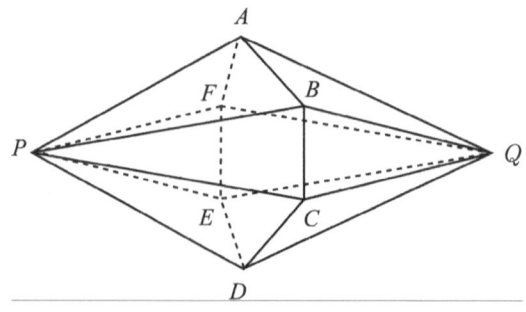

185-2-18 두 정수 $2008! + 2^{2008}$과 $2009! - 2^{2007}$의 최대공약수를 1000으

로 나눈 나머지 r을 구하여라.($0 \leq r < 1000$) 단, 4019는 소수라는 사실을 이용하여도 된다.

185-2-19 양의 정수 n에 대하여, $1 \leq a < n$인 정수 a 중에서 a도 n과 서로 소이고, $a+1$도 n과 서로 소인 것들의 개수를 $\beta(n)$이라 하자. $\beta(n) = 45$를 만족시키는 가장 큰 양의 정수 n의 값을 구하여라.

185-2-20 원 O에 내접하는 정36각형 $A_1 A_2 \cdots A_{36}$에 대하여, 꼭지점 A_8에서 원 O에 외접하는 원이 직선 $A_{10}A_{28}$과 점 P에서 접하고, 꼭지점 A_{30}에서 원 O에 외접하는 원이 직선 $A_{21}A_{23}$과 점 Q에서 접한다. 직선 $A_8 P$와 직선 $A_{30}Q$의 교점 R에 대하여 $\angle PRQ = x°$라고 할 때, x의 값을 구하여라. 단, $0 \leq x \leq 180°$이다.

2008 캐나다 수학올림피아드 풀이

184-1-1 $ABCD$는 AB가 가장 긴 변의 볼록사각형이다. 점 M과 N이 각각 변 AB와 CD위에 있는데, 각각의 선분 AN과 CM은 사각형의 넓이를 이등분한다고 한다. MN이 대각선 BD를 이등분함을 보여라.

──────────── |풀이| ────────────

대전대신중 3학년 정원식

(i) 점 M이 A가 아닌 AB위에 있을 때,

$|AMCD| = \frac{1}{2}|ABCD| > |AND| = \frac{1}{2}|ABCD|$ 모순

(ii) 점 $M =$ 점 A

$|ABC| = \frac{1}{2}|ABCD| \Rightarrow$ 점$N =$ 점C

만일 MN이 대각선 BD를 이등분하지 않는다면, $AC \cap BD = P$라 하고 $BP > PD$인 경우 $|BAP| > |APD|$

$|BPC| > |CPD|$가 되어 $|ABC| > |ACD|$가 되어 모순.

반대 경우도 마찬가지.

따라서, MN이 대각선 BD를 이등분한다.

184-1-2 모든 x, y에 대해, 다음을 만족하는 $f : \mathbb{Q} \to \mathbb{Q}$을 모두 찾아라.

$$f(2f(x) + f(y)) = 2x + y$$

──────────── |풀이| ────────────

KAIST 수학과학과 07학번 이동민

(i) 먼저 $f(0) = 0$임을 보이자. $f(0) = a$라고 가정하자.

$x = y = 0$을 대입하면 $f(3f(0)) = f(3a) = 0$

$x = y = 3a$을 대입하면 $f(3f(3a)) = f(0) = 9a$

이때, 가정에 의해 $9a = a$가 되어 $a = 0 \therefore f(0) = 0$

(ii) $f(nx) = nf(x)$

$x = 0$ 대입하면 $f(f(y)) = y$ 곧, $f(f(2x)) = 2x$

$y = 0$ 대입하면 $f(2f(x)) = f(f(2x)) = 2x$

$x \neq y$이면 $f(f(x)) \neq f(f(y))$이므로 마찬가지로 $f(x) \neq f(y)$ 곧, 함수 f는 일대일 함수.

따라서, $f(2x) = 2f(x)$.
$f(2f(x) + f(y)) = f(f(2x) + f(y)) = 2x + y = f(f(2x + y))$
여기서 $2x$를 x로 치환하면 $f(x) + f(y) = f(x+y) \cdots$ ①
수학적 귀납법을 이용하여 $f(nx) = nf(x)$ (단, $n \in \mathbb{N}$)임을 보이자.
$n = 1, 2$일 때는 이미 보였다.
$n = k$일 때, $f(kx) = kf(x)$일 때, ①에 의해

$$f((k+1)x) = f(kx) + f(x) = kf(x) + f(x) = (k+1)f(x)$$

따라서, $f(nx) = nf(x)$.
(iii) $m, n \in \mathbb{N}$일 때, $f(nx) = mf(\frac{n}{m}x)$ 곧, $f(\frac{n}{m}x) = \frac{n}{m}f(x)$
곧, $f(cx) = cf(x)(c \in \mathbb{Q})$
따라서, $f(x)$는 1차 함수꼴이므로 $f(x) = ax(a \in \mathbb{R})$
이때, $f(f(x)) = a(ax) = a^2x = x$ 곧, $a^2 = 1$
$\therefore f(x) = x$ 또는 $-x$

184-1-3 양의 실수 a, b, c가 $a + b + c = 1$을 만족한다고 하자. 다음 부등식을 증명하여라.
$$\frac{a-bc}{a+bc} + \frac{b-ca}{b+ca} + \frac{c-ab}{c+ab} \leq \frac{3}{2}$$

|풀이|

대전대신중 3학년 정원식

$$\frac{a-bc}{a+bc} + \frac{b-ca}{b+ca} + \frac{c-ab}{c+ab} \leq \frac{3}{2}$$
$$\Leftrightarrow \frac{bc-a}{a+bc} + 1 + \frac{ca-b}{b+ca} + 1 + \frac{ab-c}{c+ab} + 1 \geq -\frac{3}{2} + 3 = \frac{3}{2}$$
$$\Leftrightarrow \frac{bc}{a+bc} + \frac{ca}{b+ca} + \frac{ab}{c+ab} \geq \frac{3}{4}$$

통분 후 전개하면

$$\Leftrightarrow \frac{3a^2b^2c^2 + 2a^3bc + 2ab^3c + 2abc^3 + a^2b^2 + b^2c^2 + c^2a^2}{a^2b^2c^2 + a^3bc + ab^3c + abc^3 + a^2b^2 + b^2c^2 + c^2a^2 + abc} \geq \frac{3}{4}$$

$$\Leftrightarrow 5(a^3bc + ab^3c + abc^3) + a^2b^2 + b^2c^2 + c^2a^2 + 9a^2b^2c^2 \geq 3abc$$

양변을 abc로 나누면

$$\Leftrightarrow 5(a^2 + b^2 + c^2) + \frac{bc}{a} + \frac{ca}{b} + \frac{ab}{c} + 9abc \geq 3$$

그런데, $\frac{bc}{2a} + \frac{ca}{2b} \geq 2\sqrt{\frac{abc^2}{2ab}} = c(AM-GM)$이므로

$$\Leftrightarrow 5(a^2 + b^2 + c^2) + a + b + c + 9abc = 5(a^2 + b^2 + c^2) + 1 + 9abc \geq 3$$

$$\Leftrightarrow 5(a^2 + b^2 + c^2) + 9abc \geq 2$$

$a+b+c=1$임을 이용하여 차수를 맞춰주면,

$$\Leftrightarrow 5(a^2 + b^2 + c^2)(a+b+c) + 9abc \geq 2(a+b+c)^3$$

$$\Leftrightarrow 5\sum_{cyc} a^3 + 5\sum_{sym} a^2b + 9abc \geq 2\sum_{cyc} a^3 + 6 = \sum_{sym} a^2b + 12abc$$

$$\Leftrightarrow 3\sum_{cyc} a^3 \geq \sum_{sym} a^2b + 3abc$$

이는

$$a^3 + a^3 + b^3 + b^3 + c^3 + c^3 \geq a^2b + ab^2 + b^2c + bc^2 + c^2a + ca^2$$

$$a^3 + b^3 + c^3 \geq 3abc (AM-GM)$$

이 성립하므로 증명되었다. (단, 등호는 $a=b=c=\frac{1}{3}$일 때 성립한다.)

184-1-4 모든 자연수 n과 소수 p에 대해, 다음을 만족하는 $f: \mathbb{N} \to \mathbb{N}$을 모두 찾아라.

$$(f(n))^p \equiv n \pmod{f(p)}$$

|풀이|

KAIST 수리과학과 07학번 이동민

$n=p$를 대입하면 $(f(p))^p \equiv p \equiv u \pmod{f(p)}$

곧, $f(p)|p$인데 p는 소수이므로 $f(p) = 1$ 또는 p $f(p) = 1$일 수는 없으므로 $f(p) = p$.

따라서, $(f(h))^p \equiv f(n) \equiv n \pmod{p}$ ($\because$ by Fermat's little Theorem)

n이 주어질 때, 모든 소수 p에 대해 $f(n) \equiv n \pmod{p}$이므로 $f(n) = n$.

$\therefore$ 함수 $f : \mathbb{N} \to \mathbb{N}$은 $f(x) = x$

184-1-5 체스판 위에서 '자기회피 룩 걸음'이라는 것을 이전에 지난 칸을 지나지 않으면서 체스판의 모서리와 평행한 방향으로 하는 일련의 움직임의 경로를 말한다. $R(m,n)$을 $m \times n$ 체스판에서 왼쪽아래 모서리에서 시작해서 오른쪽 위로 가는 '자기회피 룩 걸음'의 수를 말한다. 예를 들어서, 임의의 자연수 m에 대해 $R(m,1) = 1$이고, $R(2,2) = 2$, $R(3,2) = 4$, $R(3,3) = 12$이다. $R(3,n)$에 대한 공식을 찾아라.

(주) 이 문제는 아직 풀이가 접수되지 않았습니다. **PROPOSAL**로 넘깁니다.

□ PROPOSALS SOLUTIONS

Proposals Solutions코너는 독자분들과 함께 문제를 생각해보는 코너입니다. 독자분들 중에서 자신이 창작한 문제가 있는 분이나 Proposals란에 실린 문제를 푸신 분은 수학문제연구회로 보내주시면 실어드리겠습니다. 보낼 때는 FAX나 우편, 홈페이지 등으로 보내시면 됩니다. 이미 풀이가 실린 문제일지라도 색다른 풀이를 보내주시면 실어드리겠습니다.

□ SOLUTIONS

183-2-3
2008 일본
수학올림피아드

삼각형 ABC의 외심원을 Γ라고 하자. AB, AC와 접하고, Γ에 내접하는 원을 Γ_A라고 하고, Γ_B와 Γ_C도 같은 방법으로 정의한다. $\Gamma_A, \Gamma_B, \Gamma_C$가 Γ와 접하는 점을 각각 P, Q, R이라 하자. 직선 AP, BQ, CR이 한 점에서 만남을 보여라.

─── 증명 ───

KAIST 08학번 나기훈

보조정리

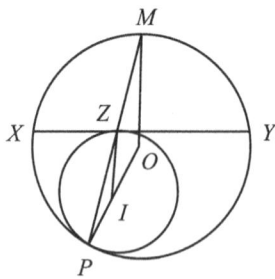

그림과 같이 한 점 P에서 내접하는 두 원에 대하여 큰 원O의 현 XY가 작은 원I와 점 P에서 접할 때 PZ와 원O의 P가 아닌 교점을 M이라 하면 M은 호XY의 중점이 됩니다.

왜냐하면 이 두원이 접하고 있으므로 O, I, P가 한 직선상에 있다는 것을 알 수 있습니다. 또한 $PI : IZ = PO : OM = 1 : 1$이고 각$P$가 공통이므로 $\triangle PIZ \backsim \triangle POM$이고 이로 인하여 $ZI // MO$입니다.

Z는 접점이므로 $ZI \perp XY$입니다만 $ZI // MO$이므로 $MO \perp XY$이므로 M은 XY의 중점이 됩니다.

문제에서 Γ_A가 AB, BC와 접하는 점을 T, S라 하면 보조정리에 의하여 PT, PS가 Γ와 만나는 점을 N, M이라 했을 때 N, M은 호 AB, AC의 중점이므로 CN, BM은 각C와 각B의 이등분선이 됩니다.

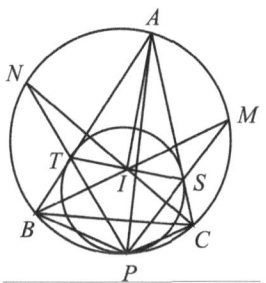

그러므로 CN, BM의 교점을 내심I가 되는데, 육각형 $BACNPM$에서 파스칼 정리를 쓰면 T, I, S는 한직선상에 존재합니다.

결론적으로 보여야하는 것은 AP, BQ, CR이 한 점에서 만난다는 것입니다. 이는 체바의 정리를 응용하면 $\frac{\sin \angle BAP}{\sin \angle CAP} \cdot \frac{\sin \angle CBQ}{\sin \angle ABQ} \cdot \frac{\sin \angle ACR}{\sin \angle BCR} = 1$임과 동치입니다.

$\frac{\sin \angle BAP}{\sin \angle CAP} = \frac{BP}{CP}$이고 M이 호AC의 중점이므로 PS는 $\angle APC$를 이등분합니다. 그러므로 $AP : PC = AS : SC$, 결과적으로 $PC = \frac{AP \cdot SC}{AS}$

같은 방법으로 B에서 $PB = \frac{AP \cdot TB}{AT}$

$AT = AS$이므로 $\frac{BP}{CP} = \frac{TB}{SC}$입니다.

$AT = AS$이고 AI는 각A를 이등분하므로 $\triangle ATI \equiv \triangle ASI, TI = IS, AI \perp TS$입니다. ($A, I, S$가 일직선 상에 있으므로)

곧, $\angle BTI = \angle ISC = 90° + \frac{\angle A}{2}$, $\angle TBI = \frac{\angle B}{2}$이므로 $\angle TIB = \frac{\angle C}{2} = \angle SCI$

따라서 $\triangle BTI \sim \triangle ISC$입니다.

$BT : TI : IB = IS : SC : CI$이므로 $\frac{BT}{SC} = \frac{\frac{IB \cdot IS}{CI}}{\frac{TI \cdot CI}{IB}} = \frac{IB^2}{IC^2}$ 입니다.($TI = IS$)

결과적으로 $\frac{\sin \angle BAP}{\sin \angle CAP} = \frac{BP}{CP} = \frac{BT}{SC} = \frac{IB^2}{IC^2}$

$$\frac{\sin \angle BAP}{\sin \angle CAP} \cdot \frac{\sin \angle CBQ}{\sin \angle ABQ} \cdot \frac{\sin \angle ACR}{\sin \angle BCR} = \frac{IB^2}{IC^2} \cdot \frac{IC^2}{IA^2} \cdot \frac{IA^2}{IB^2} = 1$$

그러므로 AP, BQ, CR은 한 점에서 만나게 됩니다.

Erdös-Szekeres 정리와 순열 개수 세기

KAIST 수리과학과 06학번 김치헌

들어가기

Erdös-Szekeres 정리는 조합수학에서 굉장히 잘 알려진 결과로 그 증명도 여러가지 알려져 있다.

Erdös-Szekeres정리

자연수 p, q가 주어져 있다. 그러면 길이 $pq+1$의 임의의 순열에는 항상 길이가 $p+1$인 증가하는 부분수열이 있거나 길이가 $q+1$인 감소하는 부분수열이 있다.

증명 그런 부분수열이 없다고 가정하자. 주어진 수열은 $w = w_1 w_2 \cdots w_{pq+1}$이라 하자.

이 때, 각 숫자 w_i에 대해 w_i로 끝나는 가장 긴 증가 부분수열의 길이를 a_i, w_i로 끝나는 가장 긴 감소 부분수열의 길이를 b_i라 하자. 가정에 의해, $1 \leq a_i \leq p$, $1 \leq b_i \leq q$이다. 따라서 (a_i, b_i)가 가질 수 있는 값은 모두 pq개다. 비둘기 집의 원리에 의해, $(a_i, b_i) = (a_j, b_j)$인 $i \neq j$가 존재한다. 일반성을 잃지 않고 $i < j$라 하자.

만약 $w_i < w_j$라면 w_i로 끝나는 증가 부분수열에 w_j를 덧붙여 더 긴 증가 수열을 만들 수 있다. 마찬가지로, $w_i > w_j$인 경우에는 더 긴 감소 수열을 만들 수 있어서 모순이 된다. 즉, 가정이 틀렸고 길이가 $p+1$인 증가 부분수열이 존재하거나 길이가 $q+1$인 감소 부분수열이 존재한다. □

위 증명은 비둘기 집의 원리를 이용한 가장 간단한 증명이다. 이 외에도 Dilworth의 정리를 이용하는 방법 등이 있다. 이 정리는 적어도 길이가 $pq+1$인 순열에서는 증가 부분수열의 최대 길이가 $p+1$ 이상이거나 감소 부분수열의 최대 길이가 $q+1$ 이상이라는 것을 알려준다. 그렇다면 역으로, 증가 부분수열의 최대길이가 p인 순열은 얼마나 있을까? 또는 감소 부분수열의 최대 길이가 q인 순열은 얼마나 있을까?

여기서는 길이 n짜리 순열 중에서 증가 부분수열의 최대 길이가 p인 순열의 개수를 조합적으로 나타내는 방법을 알아보도록 하겠다. 그리고 이 방법을 이용한 Erdös-Szekeres 정리의 다른 증명도 소개한다.

제1절. 자연수 분할과 영 타블로

조합수학에서 매우 중요하게 다뤄지는 것 중 하나로, 영 타블로(Young tableau)라는 것이 있다. 영 타블로를 소개하기 전에, 필요한 개념을 몇 가지 소개하겠다.

정의

자연수 n이 주어져 있다. 이 때, 자연수 $\lambda_1 \leq \lambda_2 \leq \cdots \leq \lambda_k$의 합이 n이면 이 순서쌍 $\lambda = (\lambda_1, \lambda_2, \cdots, \lambda_k)$를 n의 **분할(partition)**이라 하고 $\lambda \vdash n$이라 쓴다.

자연수 분할을 그림을 통해 나타내기도 한다. 상자가 쌓여있는 그림을 상상하면 되는데, i번째 줄에는 λ_i개의 상자가 있으며 각 줄은 왼쪽 모서리를 기준으로 정렬되어 있다. 이것을 **영 다이어그램(Young diagram)**이라 한다. 일반적으로 어떤 두 자연수 분할 λ와 μ가 있을 때, λ의 영 다이어그램이 μ의 영 다이어그램에 속하면, 즉 모든 i에 대해 $\lambda_i \leq \mu_i$이면 $\lambda \subseteq \mu$라고 표기한다. 한편, 영 다이어그램을 대각선으로 뒤집으면 또 다른 영 다이어그램을 얻을 수 있고, 이것 또한 자연수 분할을 나타낸다. 이렇게 얻은 분할을 켤레 분할이라 하며,

$$\lambda' = (\lambda'_1, \lambda'_2, \ldots, \lambda'_m)$$

이라 표기한다.

영 다이어그램에 숫자를 채워 넣은 것을 **영 타블로(Young tableau)**라 한다. 영 타블로 T의 모양이 λ의 영 다이어그램이면 λ를 T의 모양이라 하고, $sh(T) = \lambda$라 표기한다. 그리고, 영 타블로 T에 1은 몇 개 있는지, 2는 몇 개 있는지 등 각 숫자의 개수에 해당하는 순서쌍을 얻을 수 있는데 이것을 T의 유형이라 하고 $type(T)$라 표기한다.

영 타블로 중에 특별한 방법으로 숫자를 채워 넣은 것에는 이름이 붙어있다. 칸이 n개 일 때 정확이 1부터 n까지의 숫자를 사용하여 오른쪽이나 아래로

갈수록 숫자가 증가하도록 채운 영 타블로를 정규 영 타블로(standard Young tableau, SYT)라고 한다. 한편, 숫자 사용에 제한은 없지만 아래로 갈수록 증가하고 오른쪽으로 갈 때는 감소하지 않도록 채운 영 타블로를 준정규 영 타블로(semistandard Young tableau, SSYT)라고 한다.

SYT가 SSYT의 일종이라는 것은 쉽게 알 수 있다. SYT는 굉장히 특별한 영 타블로로 특히 '표현론'이라는 분야에서 중요하게 취급된다. SYT를 표현하는 방법은 여러 가지가 있는데, 그 중 대표적인 것으로 자연수 분할의 나열이 있다. SYT의 정의에 따르면, 1부터 i까지 써진 칸들만 택해도 이것은 영 다이그램이다. 따라서 각 $1 \leq i \leq n$에 대해 i의 자연수 분할 $\lambda^{(i)}$를 얻을 수 있고, 이 분할들은 각각 $\lambda^{(i)} \subset \lambda^{(i+1)}$ 관계를 만족한다. 따라서 이런 자연수 분할의 나열이 SYT를 유일하게 표현해준다.

제2절. RSK 알고리즘

RSK 알고리즘은 Robinson, Schensted, Knuth 세 사람에 의해 만들어졌다 하여 이름의 첫 글자를 따 RSK라는 이름을 붙였다. 이 알고리즘은 0이상의 정수를 성분으로 갖는 행렬과 SSYT의 순서쌍을 일대일 대응시켜주는 알고리즘이다. 원래 이 알고리즘은 1부터 n까지의 순열과 크기 n인 SYT의 순서쌍을 일대일 대응 시켜주는 알고리즘으로 제안되었고, Knuth가 이것을 일반화 하였다. 여기서는 간단하게 일반화 되기 전의 알고리즘을 소개하겠다.

어떤 SSYT P가 주어져있다고 하자. 이 때, k라는 숫자를 P에 집어넣어 새로운 SSYT를 만들고 싶은데 어떻게 해야할까? RSK 알고리즘에서는 행 삽입이라는 방식을 사용한다. 먼저, 첫 번째 행에서 k보다 큰 첫 번째 수를 찾는다. 이 수를 k'이라 하자. 만일 이런 k'이 없다면, k를 첫 번째 행의 마지막에 넣는다. 이런 k'이 있다면, 그 자리에 k를 집어넣고 k'을 두 번째 행에 같은 방식으로 집어넣는다. 이 과정을 반복하면, SSYT의 성질을 유지한 채 새로운 영 타블로를 얻을 수 있다. 이렇게 얻은 영 타블로를 $P \leftarrow k$라고 쓴다.

정리

(a) P에 k를 삽입한 후에 다시 k보다 큰 m을 삽입할 때, m을 삽입하는 경로가 k를 삽입하는 경로보다 항상 오른쪽에 있다.

(b) 행 삽입은 SSYT의 성질을 깨뜨리지 않는다.

위 정리의 증명은 독자들에게 맡긴다. 이제 RSK 알고리즘의 과정을 살펴보자. 순열 $w = w_1w_2\cdots w_n$이 주어져 있다. 이 숫자들을 순서대로 행 삽입하여 만들어진 영 타블로를 P라 하자. 즉, $P_0 = \phi$이라 할 때,

$$P_i = P_{i-1} \leftarrow w_i$$

라 정의하면 $P = P_n$이 된다. 이렇게 만들어진 P를 w의 삽입 타블로라고 한다. 한편, $\lambda^{(i)} = sh(P_i)$는 i의 분할로 $\lambda^{(i)} \subseteq \lambda^{(i+1)}$를 만족한다. 따라서 자연수 분할의 나열인 $\{\lambda^{(i)}\}$이 유일하게 결정하는 SYT Q가 존재한다. 이 Q를 w의 기록 타블로라고 한다. 만일 RSK 알고리즘이 w에서 삽입 타블로 P와 기록 타블로 Q를 얻어냈다면, 이것을

$$w \xrightarrow{RSK} (P, Q)$$

라고 표기한다. 한편, 이렇게 얻어진 P, Q는 $sh(P) = sh(Q)$를 만족한다. 이 것을 이용하여 w의 모양을

$$sh(w) = sh(P) = sh(Q)$$

로 정의한다. 이렇게 정의하면 RSK 알고리즘은 n의 순열과 크기가 n인 SYT의 순서쌍과 일대일 대응을 만들어준다 (왜 그럴까?).

모양이 λ인 SYT의 개수를 f^λ라 한다. 여기서, RSK 알고리즘은 일대일 대응이기 때문에 길이 n인 순열의 개수 $n!$과 크기 n짜리 SYT의 순서쌍의 개수가 정확히 일치한다. 따라서

$$n! = \sum_{\lambda \vdash n} (f^\lambda)^2$$

라는 식을 얻을 수 있다.

제3절. 순열 개수 세기

이제 본격적으로 특정한 조건을 만족하는 순열의 개수를 구해보자. 어떤 길이 n의 순열 $w = w_1w_2\cdots w_n$이 주어졌을 때, 가장 긴 증가 부분열의 길이를 $is(w)$라 하고 가장 긴 감소 부분열의 길이를 $ds(w)$라 하자. 또, $1 \leq i \leq is(w)$에 대해 $r_i(w)$를 이 숫자로 끝나는 가장 긴 증가 부분열의 길이가 i인 것 중 가장 오른쪽에 있는 것으로 정의하자. 예를 들어, $w = 725481963$이면 $is(w) = 4$dlrh, $r_1(w) = 1, r_2(w) = 3, r_3(w) = 6, r_4(w) = 9$다.

예제 1

$1 = r_1(w) < r_2(w) < \cdots < r_{is(w)}(w)$임을 보여라.

정리

길이 n인 순열 w이 $m = is(w)$를 만족한다. $w \xrightarrow{RSK} (P, Q)$라 하면, P의 첫째 줄은 정확히 $r_1(w), r_2(w), \ldots, r_m(w)$이다.

이 정리를 이용하면, $sh(P) = \lambda$라 할 때 $\lambda_1 = is(w)$라는 것을 알 수 있다. 따라서, 길이 n이고 $is(w) = p$인 순열의 개수를 $g_p(n)$이라 하면,

$$g_p(n) = \sum_{\substack{\lambda \vdash n \\ \lambda_1 = p}} (f^\lambda)^2$$

이 성립한다.

λ_1은 $is(w)$와 관계 있다는 것을 알았다. 그렇다면 λ_2는 w와 어떤 관계가 있을까? 다음 정리는 w의 부분열과 $sh(w)$가 어떤 관계가 있는지를 말해준다.

Greene의 정리

길이 n인 순열 w가 있다. $sh(w) = \lambda$라 할 때, $\lambda_1 + \lambda_2 + \cdots + \lambda_i$는 w에서 i개의 서로 겹치지 않는 증가 부분열로 이루어진 가장 긴 부분열의 길이이다. 또, $\lambda'_1 + \lambda'_2 + \cdots + \lambda'_i$는 i개의 서로 겹치지 않는 감소 부분열로 이루어진 가장 긴 부분열의 길이이다.

이 정리는 Knuth 변환이라는 것을 이용하여 증명할 수 있으며 이 증명은 뒤에서 다시 다루도록 하겠다. 정리에 따르면, $is(w) = \lambda_1$이고 $ds(w) = \lambda'_1$이다. 따라서, 길이가 n이고 $is(w) = p, ds(w) = q$인 w의 개수를 $g_{p,q}(n)$이라 하면

$$g_{p,q}(n) = \sum_{\substack{\lambda \vdash n \\ \lambda_1 = p, \lambda'_1 = q}} (f^\lambda)^2$$

를 얻는다.

> **예제 2**

위 식을 이용하여 Erdös-Szekeres 정리를 증명하여라.

> **예제 3**

$p, q \geq 2$이다. 1부터 $p+q$가지의 숫자를 뒤섞어서 만들어지는 순열 중, 증가 부분렬의 최대 길이가 p이고 감소 부분열의 최대 길이가 q인 것의 개수를 구하여라.

제4절. Greene의 정리

순열 w가 주어져 있을 때, k개의 서로 겹치지 않는 증가 부분열로 이루어진 가장 긴 부분열의 길이를 $I_k(w)$, k개의 서로 겹치지 않는 감소 부분열로 이루어진 가장 긴 부분열의 길이를 $D_k(w)$라 하자. 그러면 $sh(w) = \lambda$일 때

$$I_k(w) = \lambda_1 + \cdots + \lambda_k, \qquad D_k(w) = \lambda'_1 + \cdots + \lambda'_k$$

이라는 것이 Greene의 정리이다. 이 정리를 증명하기 위해 먼저 Knuth 변환을 소개한다.

> **정의**
>
> Knuth 변환은 어떤 순열에서 $a < b < c$일 때 acb를 cab로 바꾸거나, cab를 acb로, bac를 bca로, 또는 bca를 bac로 바꾸는 변환이다.

만일 u라는 순열에 Knuth 변환을 여러 번 하여 v라는 순열이 만들어 졌다면 두 순열은 서로 Knuth 동치라 하고, $u \stackrel{K}{\sim} v$라 쓴다. 그리고, Knuth 동치인 순열들을 모아 놓은 것을 Knuth 동치류라고 한다. 그러면, Knuth 변환은 $I_k(w)$와 $D_k(w)$를 보존한다.

한편, 어떤 SYT T가 주어졌을 때, 이것의 가장 아랫줄부터 왼쪽에서 오른쪽으로 읽어서 얻어지는 순열을 T의 읽기라고 하고, $\mathrm{reading}(T)$라고 쓴다. 이 때, 만일 $w \xrightarrow{RSK} (P, Q)$이면 $\mathrm{reading}(P)$는 w와 Knuth 동치 관계에 있다. 이것은

$$\text{reading}(P) \cdot k \overset{K}{\sim} \text{reading}(P \leftarrow k)$$

이라는 것을 보이면 쉽게 알 수 있다. 한편, $\text{reading}(T)$의 삽입 타블로는 T가 된다. 이제 이 사실들을 종합하여 Greene의 정리를 증명해보자.

증명 w의 삽입 타블로를 T라 하자. 이 때, w와 $\text{reading}(T)$는 Knuth 동치이므로 $I_k(w)$와 $D_k(w)$가 보존된다. 또, 둘의 삽입 타블로는 일치한다. 따라서, $w = \text{reading}(T)$라 해도 무방하다.

T의 각 행은 $\text{reading}(T)$의 증가하는 부분열이므로 임의의 k에 대해

$$I_k(w) \leq \lambda_1 + \cdots + \lambda_k$$

임을 알 수 있다. 마찬가지로, T의 각 열은 감소하는 부분열이고 따라서 임의의 l에 대해

$$D_l(w) \geq \lambda'_1 + \cdots + \lambda'_l$$

이다. $sh(T)$의 가장자리의 상자들을 생각해보자. k번째 행과 l번째 열에 있는 상자를 생각하면

$$(\lambda_1 + \cdots + \lambda_k) + (\lambda'_1 + \cdots + \lambda'_l) - n + kl$$

이라는 것을 알 수 있다. 따라서,

$$I_k(w) + D_l(w) \geq n + kl$$

이다. 한편, 증가 수열과 감소 수열은 최대 하나의 원소만 공유할 수 있다. 따라서,

$$I_k(w) + D_l(w) \leq n + kl$$

이다. 즉, $I_k(w) + D_l(w) = n + kl$이고 이런 k, l에 대해서는

$$I_k(w) = \lambda_1 + \cdots + \lambda_k, \quad D_k(w) = \lambda'_1 + \cdots + \lambda'_k$$

이 성립함을 알 수 있다. 임의의 행과 열은 가장자리의 상자를 적어도 하나 포함하므로, 이 등식은 모든 k, l에 대해 성립한다. □

한편, 위의 논의들에서 Knuth 동치류가 정확히 삽입 타블로가 같은 순열을 모아놓은 것이라는 것을 알 수 있다.

참고문헌

[i] Richard P. Stanley, Enumerative Combinatorics Volume 2, Cambridge University Press, 2005

세 방향의 상이 같은 입체와 그 상 사이의 관계

KAIST 08학번 류연식

일반적으로 일정한 부피를 가진 입체의 겉넓이의 최대값은 무한대이다. 끝없이 주름을 만들면 되기 때문이다. 반대로 일정한 겉넓이를 가진 입체의 부피의 최소값은 무엇일까? 그 중에서도 단위정육면체로 이루어진 입체의 경우에는 어떨까? 이 경우에는 주름과 같이 표면적을 늘일 수 있는 방법에 한계가 존재할 것이다. 이번에는 겉넓이는 아니지만 한 면에서의 넓이와 부피간의 관계에 대해 생각하였다.

블록으로 쌓은 무수히 많은 입체들에서 한 면에서의 넓이와 부피간의 관계를 논할 때 한 면이라는 기준이 없다면 너무나도 경우가 많아지고, 관계를 찾기가 힘들어진다. 그래서 몇 가지 규칙 아래에서 블록을 쌓는 경우에서의 관계를 그래프이론의 관점에서 접근해보았다.

그래프 이론

Graph는 막대그래프나 2차함수의 그래프와 같이, 양의 변화를 시각적으로 나타낼 때의 그래프가 아니라, 주어진 몇 개의 점(vertex)과 그 점을 끝점으로 하는 몇 개의 선(edge)으로 이루어진 도형을 말한다. 예를 들어, 철도망이나 도로망의 도형을 머릿속에 그려보자. 거기에는 현실적으로 방위나 거리 등은 무시되고, 대폭적으로 생략된 그림이 그려지는 것이 일반적이다.

그럼에도 불구하고, 그 그림이 쓸모가 있는 것은 필요한 정보, 즉 역과 역이 몇개의 선으로 연결되어 있는가, 바꾸어 타는 것은 어느 역에서 하면 좋은가 하는 것 등이 나타나 있기 때문이다. 또, 회사의 조직도나 가계도, 토너먼트의 조합, 전기회로의 배선도 등도 마찬가지이다. 여기서 중요한 것은 점으로 표시되는 것의 결합 관계이다.

경로

Graph의 한 vertex에서 이어진 edge를 따라 edge를 반복하지 않으면서 또 다른 vertex로 이동할 때, 순서대로 vertex를 나열한 것을 경로라고 한다. 또 n개의 vertex로 이루어진 경로는 항상 적어도 $n-1$개 이상의 edge을 가지고 있다.

입체들이 만족해야할 조건

1. 모든 입체의 단위는 1 × 1 × 1크기의 단위 정육면체이다.
2. 모든 정육면체는 적어도 한 면이 다른 정육면체와 맞닿아있다.

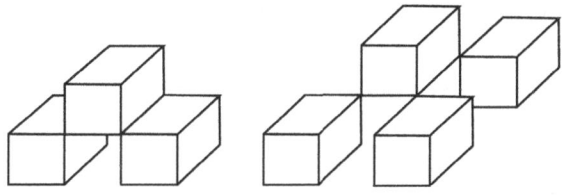

그림 1. 조건 2를 만족하지 못하는 입체

그림과 같이 2개 또는 그 이상의 덩어리로 나뉘지 않고, 1개의 덩어리로 쌓아야 한다. 그렇기 때문에 상 역시 1개의 덩어리이다.

3. 정육면체를 쌓을 때에는 항상 다른 정육면체 위에 바르게 쌓는다.

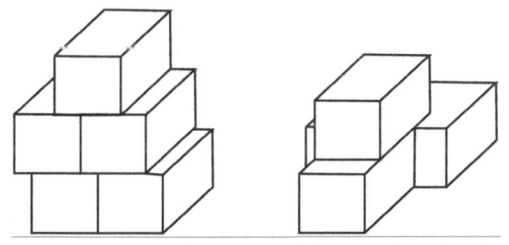

그림 2. 조건 3를 만족하지 못하는 입체

그림과 같이 정육면체의 중간에 걸치지 않게 쌓아야 한다.
4. 이 글에서 모든 방향이란 상, 하, 좌, 우, 앞, 뒤만을 의미한다.
5. 모든 방향의 상은 대칭 또는 회전에 의해 모두 합동이다.

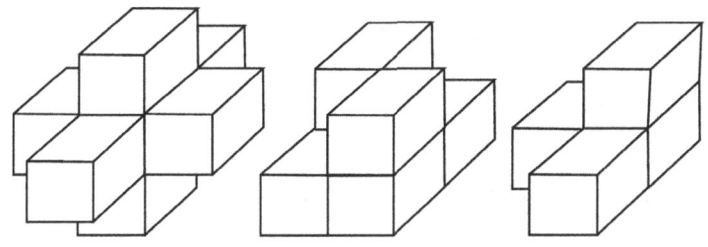

그림 3. 조건 5를 만족하는 입체

전체길이

조건을 만족하는 입체들은 무수히 많지만 정육면체를 쌓아 만들 수 있는 입체들에 비하면 만들기 어렵다. 문제를 해결하기 위해 sampling을 하던 중에 입체들에서 공통점을 발견하였는데 전체가로길이와 전체세로길이가 같다는 것이다.

전체(가로)길이란 상에서 적어도 1개의 정사각형이 보이는(정육면체가 존재하는) 연속된 열의 수이다. 위의 조건에 모든 입체는 한 덩어리여야 한다고 하였으므로 전체길이는 하나의 상에서 항상 1개의 입체가 1개의 값을 가진다. 마찬가지로 전체 세로길이는 적어도 1개의 정사각형이 보이는 (정육면체가 존재하는) 연속된 행의 수를 의미하며 이 역시 항상 1개의 입체는 1개의 값을 가진다.

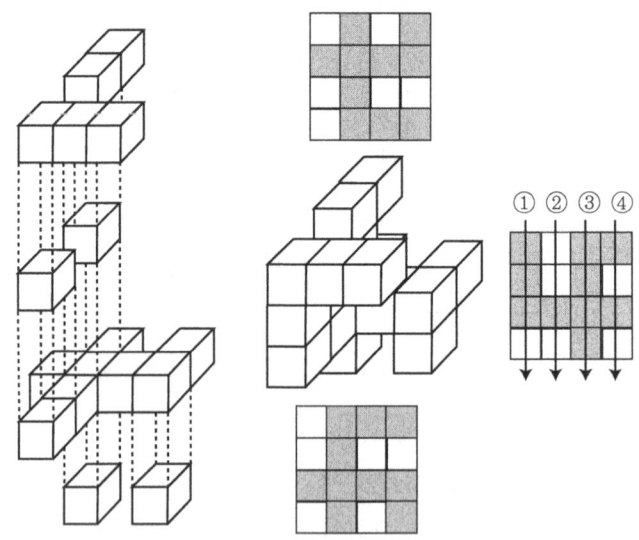

그림 4. 입체와 (12시 방향부터 시계방향으로) 평면도, 측면도, 정면도. 측면도에서 1열, 2열, 3열, 4열까지 적어도 하나의 정육면체가 존재하므로 이 상의 전체(가로)길이는 4이다. 마찬가지로 다른 방향에서도 전체 길이를 구할 수 있다.

- 전체가로길이와 전체세로길이가 같아야하는 이유

(귀류법) 전체가로길이와 전체세로길이가 다른 입체가 존재한다고 가정. 일반성을 잃지 않고 앞에서 본 모습(정면도)의 전체가로길이= a, 전체세로

길이= b이며 $a \neq b$인 자연수이다.

이러한 입체를 일반성을 잃지 않고 이번에는 옆에서 보았다고 하자.

그러면 전체 세로길이는 여전히 b이므로 전체높이길이= a이다.

이제 남은 방향인 위에서 보면 전체가로길이=전체세로길이= a이다. 전체가로길이와 전체세로길이가 다른 두 도형이 합동일 수 없으므로 연구 주제로 정한 입체라는 살시에 모순.

$$\therefore a = b$$

상, 상의 값

조건을 만족하는 입체가 있을 때 이 입체를 어떤 방향에서 보았을 때의 정사각형(정육면체의 면)의 배치를 '상'이라고 하며, 이 때 보이는 정사각형의 개수가 n개 일 때 이 n을 상의 값이라고 한다. 즉 상이 달라도 상의 값은 같을 수 있으며 여기서는 상의 값과 그 상을 가지는 입체를 이루는 정육면체의 개수 P_n과의 관계를 구하고자 한다. (P_n:조건을 만족하며 상이 값이 n인 입체를 이루고 있는 정육면체의 개수)

상의 값 n에 따른 $\min\{P_n\}$값의 증명과정.

lemma c개의 단위정육면체가 각각의 정육면체가 적어도 한 변을 인접하며 만들어진 입체의 겉넓이는 $4c+2$이하이다.

단위 정육면체로 만들어진 입체에서 각각의 정육면체를 점으로 하고, 두 정육면체의 면이 인접한 것을 변으로 하는 그래프로 표현할 수 있다. 이 때 이 그래프는 입체가 하나의 덩어리로 이루어져 있으며, 정육면체들은 서로 다른 정육면체와 인접하기 때문에 단순연결그래프가 된다. 이때 이 그래프를 연결그래프로 만들기 위한 최소한의 변의 개수는 $c-1$개이다. 정육면체의 개수가 결정되었을 때 부피가 최소인 때는 그래프에서 변의 개수가 최소가 되는 때이다. 또 그래프에서 1개의 변은 두 정육면체가 인접하는 것이므로 겉넓이가 2줄어드는 것이다.

$\therefore$ 겉넓이를 S라고 하면 $S \leq 6c - 2e = 6c - 2(c-1) = 4c + 2$ □

i) 상의 값이 홀수일 때,

claim $\min\{S_{2k-1}\} = 3k - 2 (k \geq 1)$

(귀류법) $\exists k \geq 1, S_{2k-1} < 3k - 2$라고 가정.

이 때 입체의 겉넓이 S는 여섯 방향에서의 상의 값이 $2k-1$이므로 다음을 만족한다.
$$S \geq 12k - 6 \quad \cdots \text{①}$$
하지만 $P_{2k-1} < 3k-2$를 만족하는 입체에서는 다음이 성립한다.
$$S \leq 4P_{2k-1} + 2 \leq 4(3k-3) + 2 (\text{by Lemma})$$
$$\therefore S \leq 12k - 10 \quad \cdots \text{②}$$
①, ②에 의하여
$$12k - 6 \leq S \leq 12k - 10$$

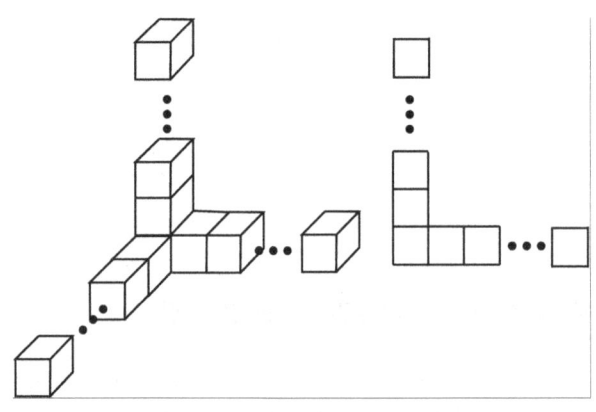

그림 5. n이 홀수일 때의 실례와 그때의 상

$\therefore P_{2k-1} \geq 3k-2$이며 그림 5와 같은 실례가 존재하므로 $\min\{P_{2k-1}\} = 3k-2$이다.

ii) 상의 값이 짝수일 때

(claim) $\min\{P_{2k}\} = 3k (k > 1)$

(귀류법) $\exists k > 1$, $P_{2k} < 3k$라고 가정.

이 때 입체의 겉넓이 S는 여섯 방향에서의 상의 값이 $2k$이므로 다음을 만족한다.
$$S \geq 12k \quad \cdots \text{①}$$
하지만 $P_{2k} < 3k$를 만족하는 입체에서는 다음이 성립한다.
$$S \leq 4P_{2k} + 2 \leq 4(3k-1) + 2 (\text{by Lemma})$$

$$\therefore S \leq 12k - 2 \qquad \cdots ②$$

①, ②에 의하여
$$12k \leq S \leq 12k - 2$$

∴ 모순

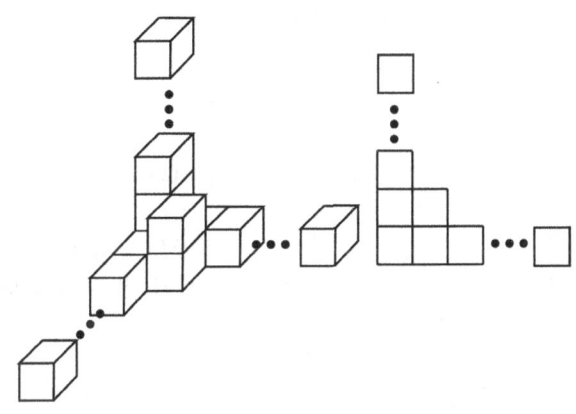

그림 6. n이 짝수일 때의 실례와 그때의 상

∴ $P_{2k} \geq 3k$이며 그림 6과 같은 실례가 존재하므로 $\min\{P_{2k}\} = 3k$이다.

결론

상의 값 n에 다른 P_n의 값은 n이 홀수일 때와 n이 2가 아닌 짝수일 때로 나눌수 있으며 이를 [ ]기호를 이용하여 아래와 같이 하나의 식으로 표현 할 수 있다.

$$P_n = \begin{cases} [\frac{3}{2}] & (n \neq 2) \\ \text{존재하지 않는다.} & (n = 2) \end{cases} \text{(단, } [n] \text{은 } n \text{보다 크지 않은 최대의 정수)}$$

P_n이 넓이와 관련이 있기 때문에 그동안 부피를 길이에 대해 표현하는 대부분의 공식과는 달리 위 식은 겉넓이와 부피와의 관계에 가깝다. 이는 주름이 있거나 울퉁불퉁한 물체의 부피의 범위를 구하는데 도움이 될 수 있으리라고 생각한다.

2008 제22회 한국수학올림피아드 2차시험

중등부
2008년 8월 16일

186-1-1 삼각형 XYZ의 변 ZX위에 두 점 A와 B, 변 XY위에 두 점 C와 D, 변 YZ위에 두 점 E와 F가 있다. 네 점 A, B, C, D가 한 원 위에 있고, 등식 $\frac{AZ \cdot EY \cdot ZB \cdot YF}{EZ \cdot CY \cdot ZF \cdot YD} = 1$이 성립한다. 직선 ZX와 DE가 점 L에서 만나고, 직선 XY와 AF가 점 M에서 만나고, 직선 YZ와 BC가 점 N에서 만날 때, 세 점 L, M, N이 한직선 위에 있음을 보여라.

186-1-2 실수 x, y에 대하여 $x > 2, y > 3$일 때 $\frac{(x+y)^2}{\sqrt{x^3-4}+\sqrt{y^2-9}}$의 최소값을 구하여라.

186-1-3 임의의 양의 정수 n에 대하여, 방정식 $x^2 + y^2 = 5^n$을 만족하고 5의 배수가 아닌 정수 x, y가 존재함을 증명하여라.

186-1-4 모든 양의 정수의 집합을 N이라 하자. 집합 N의 세 부분 집합 A, B, C가 다음의 조건을 모두 만족하면 A, B, C를 N의 '분할'이라 한다.

(i) $A, B, C \neq \phi$; (ii) $A \cap B = B \cap C = C \cap A = \phi$; (iii) $A \cup B \cup C = N$

아래의 세 조건을 모두 만족하는 N의 분할 A, B, C가 존재하지 않음을 보여라.

(1) 모든 $a \in A, b \in B$에 대하여, $a + b + 1 \in C$

(2) 모든 $b \in B, c \in C$에 대하여, $b + c + 1 \in A$

(3) 모든 $c \in C, a \in A$에 대하여, $c + a + 1 \in B$

186-1-5 원 O에 내접하는 오각형 $ABCDE$가 있다. 점 E에서의 원 O의 접선이 직선 AD와 평행하다. 원 O 위의 점 F가 직선 CD에 대하여 점 A의 반대편에 있고 두 조건

$$AB \cdot BC \cdot DF = AE \cdot ED \cdot CF; \angle CFD = 2\angle BFE$$

를 모두 만족한다. 점 B에서의 원 O의 접선과 점 E에서의 원 O의 접선, 그리고 직선 AF가 모두 한점에서 만남을 보여라.

186-1-6 양의 정수 n의 서로 다른 모든 양의 약수를 $d_1, d_2, \ldots, d_k$라 할 때, 양의 정수 s에 대하여 $f_s(n) = d_1^s + d_2^s + \cdots + d_k^s$으로 정의하자. 예를 들어, $f_1(3) = 1 + 3 = 4$이고 $f_2(4) = 1^2 + 2^2 + 4^2 = 21$이다. 모든 양의 정수 n에 대하여 $n^3 f_1(n) - 2n f_9(n) + n^2 f_3(n)$이 8의 배수임을 보여라.

186-1-7 다음 조건을 만족하는 두 함수 $f, g : R \to R$의 쌍을 모두 구하여라.

임의의 실수 $x, y \neq 0$에 대하여

$$f(x+y) = g(\frac{1}{x} + \frac{1}{y}) \cdot (xy)^{2008}$$

단, R은 모든 실수의 집합이다.

186-1-8 회원이 12명인 어떤 동아리에서 다음 두 조건을 모두 만족하도록 소모임들을 만들었다.

(조건1) 각 소모임의 구성원은 3명 또는 4명이다.

(조건2) 회원 12명 중 임의로 선택한 2명에 대하여, 이들을 모두 포함하는 소모임은 정확히 하나이다.

이 때, 각각의 회원이 가입한 소모임의 개수는 모두 같음을 보여라.

2008 제22회 한국수학올림피아드 1차시험

중등부
2008년 5월 24일

185-1-1 방정식 $x^2 - 2x - 1 = 0$의 두 근을 a, b라고 할 때, $a^5 + b^5$의 값을 구하여라.

풀이

KAIST 08학번 류연식

$x^2 - 2x - 1 = 0$의 해들은 $x^2 = 2x + 1$이 성립.

$$x^3 = x^2 \cdot x = (2x+1) \cdot x$$
$$= 2x^2 + x = 2(2x+1) + x = 5x + 2$$

$$x^5 = x^3 \cdot x^2 = 10x^2 + 9x + 2$$
$$= (20x + 10) + (9x + 2) = 29x + 12$$

$$a^5 + b^5 = 29(a+b) + 12 \times 2 = 82$$

185-1-2 다음 방정식과 부등식을 모두 만족시키는 x의 최소값을 구하여라. 단, x, y, z, w는 모두 정수이다.

$$3x + y + z + w = 2008, \quad 0 \leq w \leq z \leq y \leq x$$

풀이

KAIST 08학번 류연식

$$2008 = 3x + y + z + w \leq 6x$$
$$334 + \frac{2}{3} \leq x \text{ (단, } x\text{는 정수)}$$

$x = 335, y = 335, z = 334, w = 334$ 일 때 x가 최소

185-1-3 방정식 $\frac{1}{x} + \frac{1}{y} = \frac{2}{15}$를 만족하는 정수쌍 (x,y)에 대하여, x의 최댓값을 구하여라.

───────────── 풀이 ─────────────

KAIST 수리과학과 07학번 심규석

$\frac{x+y}{xy} = \frac{2}{15}$

$15x + 15y = 2xy$

$x = \frac{15y}{2y-15} = \frac{15}{2} + \frac{\frac{225}{2}}{2y-15}$가 최대가 되려면, $\frac{\frac{225}{2}}{2y-15}$가 양수이면서 분모가 가장 작은 경우를 택하면 된다.

$2y - 15 > 0$

$y > \frac{15}{2}$

$\therefore y = 8, x = 120$

185-1-4 원 O에 내접하는 사각형 $ABCD$에 대하여 점 A에서의 원 O의 접선과 점 C에서의 원 O의 접선, 그리고 직선 BD가 한 점에서 만난다. $AB = 24$, $BC = 20$, $CD = 15$일 때, 변 AD의 길이를 구하여라.

───────────── 풀이 ─────────────

KAIST 수리과학과 07학번 이동민

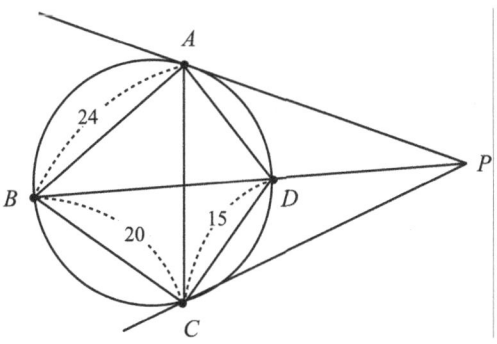

$AD = x$라 하고 점 A에서의 접선과 점 C에서의 접선 그리고 직선 BD가 만나는 교점을 P라 하자. 이 때, $\angle DAP = \angle ABP$, $\angle DCP = \angle CBP$이므로 $\triangle ADP \backsim \triangle BAP$, $\triangle CDP \backsim \triangle BCP$

따라서, $\overline{AP} : \overline{AB} = \overline{CD} : \overline{BC}$가 되어 $\overline{AD} = \frac{\overline{AB} \cdot \overline{CD}}{\overline{BC}} = \frac{24 \cdot 15}{20} = 18$

185-1-5 숫자 1과 2만을 사용하여 만든 7자리 양의 정수 중에서 '1221'이 한 번만 나타나는 것의 개수를 구하여라. 단, 1221221은 '1221'이 두 번 나타난 것으로 본다.

풀이

KAIST 08학번 류연식

$T = 1221$이라 가정하자.

7자리수를 1과 2가 3개와 T로 이루어진 배열이라고 생각할 수 있다.

T의 위치의 경우의 수 : 4

각각의 T에 따른 1과 2의 배열의 경우의 수 : 2^3

$\therefore 4 \times 2^3 = 32$

1221221은 $T221$, $122T$ 두 가지 방법으로 세어진다.

$\therefore 32 - 2 = 30$(가지)

185-1-6 동일한 흰 색 구슬 3개와 동일한 검은 색 구슬 6개가 있다. 이 9개의 구슬을 주어진 원 위에 같은 간격으로 배열하는 방법의 수를 구하여라. 단, 어떤 배열을 원의 중심을 기준으로 적당히 회전시켜 얻을 수 있는 배열들은 모두 같은 것으로 간주한다.

풀이

KAIST 08학번 류연식

먼저 원이 아닌 선형에서 생각해 보자. 9개의 구슬로 이루어진 배열은 주기가 9인 경우와 3인 경우가 있다.

i) 주기가 3인 경우

각 주기는 흰 구슬 2개와 검은 구슬 1개로 이루어져 있다.

$\therefore$ 3가지

하지만, 이를 원으로 만들면 모두 같은 경우가 된다.

$\therefore$ 1가지

ii) 주기가 9인 경우

$\binom{9}{3} = 84$

이 중 주기가 3인 경우가 3가지

이를 원 위에 배열하면 $\frac{81}{9} = 9$

∴ 10가지

185-1-7 다음 조건을 만족시키는 이차함수 $P(x)$들에 대하여, $P(5)$의 값들 중 최대값을 구하여라.

[조건] 모든 실수 x에 대하여 $(x^2-1)[P(x-1) + P(x+1)] = 2x^2 P(x)$이고, $|P(0)| \leq 5$이다.

풀이

KAIST 08학번 류연식

$$(x^2-1)(p(x-1) + p(x+1)) = 2x^2 p(x)$$

$$P(x) = ax^2 + bx + c, (a \neq 0)$$

$$(x^2-1)(ax^2-2ax+a+bx-b+c+ax^2+2ax+a+bx+b+c) = 2x^2(ax^2+bx+c)$$

$$2ax^4 + 2bx^3 + 2cx^2 - 2bx - 2(a+c) = 2ax^4 + 2bx^3 + 2cx^2$$

$$\therefore b = 0, a + c = 0$$

$a = -c$이므로

$$P(x) = -cx^2 + c$$
$$P(5) = -24c$$
$$|P(0)| = |c| \leq 5$$

$$\therefore P(5) \leq 120$$

185-1-8 원에 내접하는 육각형 $ABCDEF$에 대하여 $AB = DE, CD = AF$이다. 선분 AC와 BD의 교점이 G, 선분 DF와 EA의 교점의 H이고

$$DG = 12, GB = 7, DH = 16, HF = 2$$

일 때, AD^2을 구하여라.

풀이

KAIST 수리과학과 07학번 심규석

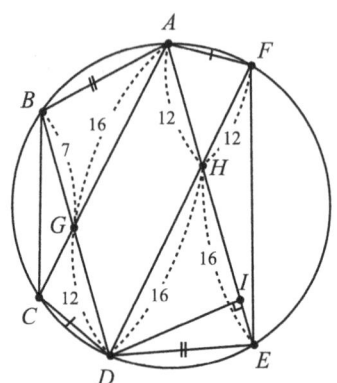

∠ADG = ∠DAH이므로 $\overline{GD} // \overline{AH}$

∠GAD = ∠ADH이므로 $\overline{AG} // \overline{DH}$

따라서, □AGDH는 평행사변형.

$\overline{AH} = 12, \overline{AG} = 16$이 되고, $\overline{AG} \cdot \overline{HE} = \overline{FH} \cdot \overline{HD}$에 의해 $\overline{HE} = 16$.

또한, 호AD와 호BE의 길이가 같으므로 ∠BAE = ∠DEA가 되어 □ABDE는 등변사다리꼴이다.

점D에서 $\overline{AE}$에 내린 수선의 발을 I라 하자.

$\overline{IE} = (28 - 19) \div 2 = 4.5$ ($\because$ □ABDE는 등변사다리꼴)

$\overline{HI} = 11.5$

$\therefore HDI$에서 $\overline{DI}^2 = 123.75$

$\therefore \triangle ADI$에서 $\overline{AD}^2 = \overline{DI}^2 + \overline{IA}^2 = 123.75 + (12+11.5)^2 = 676$

185-1-9 어느 학급에 1번부터 40번까지 40명의 학생이 있다. 이들을 한 조에 세 명씩 모두 13개 조로 편성하고 한 명이 남았다. 각 조에 속한 세 사람의 번호의 합이 9, 19, 29, … 등과 같이 끝자리가 모두 9라고 한다. 남은 한 명의 번호로 가능한 수 중 가장 큰 것을 구하여라.

> 풀이

KAIST 수리과학과 07학번 심규석

모든 학생의 번호의 합은 $\frac{40 \times 41}{2} = 820$

각 조에 속한 학생들의 번호의 합은 일의자리 숫자가 9이므로 13개 조에 속한 모든 학생들의 번호의 합은 일의자리 숫자가 7이다.

∴ 남은 학생의 번호로 가장 큰 숫자는 33이다.

185-1-10 직사각형 $ABCD$에서 $AB = 2, BC = 100$이다. 점 M은 CD의 중점이고 점 N은 선분 AM 위의 점으로서 $NC = BC$이다. 선분 BN의 중점을 P라 할 때, 비 $\frac{CP}{BP}$의 값을 구하여라.

> 풀이

KAIST 수리과학과 07학번 이동민

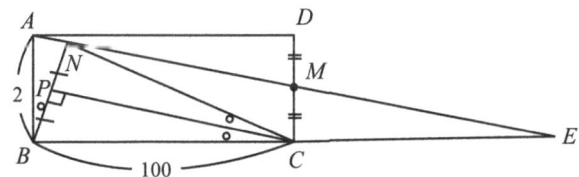

AM과 BC를 연장시켜 만나는 교점을 E라 할 때, $\overline{CM} = \frac{1}{2}\overline{AB}$이고 $\overline{AB}$와 $\overline{CM}$은 평행하므로 $\overline{AM} = \overline{PM}, \overline{BC} = \overline{CE}$

가정에 의해 $\overline{BP} = \frac{1}{2}\overline{BN}$이고 $\overline{BC} = \frac{1}{2}\overline{BE}$, $\angle PBC$는 공통.

곧, $\triangle BCP \backsim \triangle BEN$

한편, $\triangle BEN$과 $\triangle AEB$에서 $\angle ABC = \angle BNE = 90°$, $\angle E$는 공통.
$\triangle BEN \backsim \triangle AEB$.

따라서, $\frac{\overline{CP}}{\overline{BP}} = \frac{\overline{EN}}{\overline{BN}} = \frac{\overline{BE}}{\overline{AB}} = \frac{200}{2} = 100$.

185-1-11 서로 다른 실수 x, y에 대하여 $xy = 8$ 일 때, $\frac{(x+y)^4}{(x-y)^2}$의 최솟값을 구하여라.

> **풀이**

KAIST 08학번 류연식

$$\begin{aligned}
\frac{(x+y)^4}{(x-y)^2} &= \frac{(x^2+2xy+y^2)^2}{(x^2-2xy+y^2)} \\
&= \frac{(x^2-2xy+y^2+4xy)^2}{(x^2-2xy+y^2)} \\
&= \frac{(x^2-2xy+y^2)^2 + 8xy(x^2-2xy+y^2) + 16x^2y^2}{x^2-2xy+y^2} \\
&= (x^2-2xy+y^2) + 8xy + \frac{16x^2y^2}{x^2-2xy+y^2} \\
&\leq 2\sqrt{(x^2-2xy+y^2)\cdot \frac{16x^2y^2}{x^2-2xy+y^2}} + 8xy \\
&\quad \left(AM \geq GM, \text{등호는} \begin{cases} x=4+2\sqrt{2} \\ y=4-2\sqrt{2} \end{cases} \text{에서 성립}\right) \\
&= 16xy \\
&= 128
\end{aligned}$$

185-1-12 밑면은 넓이가 4인 정사각형이고 높이는 3인 뚜껑이 열린 직육면체 통이 있다. 이 통의 네 옆면에는 서로 다른 색이 칠해져 있어서 서로 구분된다. 가로, 세로, 높이가 각각 1, 1, 2인 똑같이 생긴 각목 6개를 이 통에 꼭 맞게, 꽉 차게 채우려고 한다.

이렇게 채우는 방법의 수를 구하여라.

> **풀이**

KAIST 08학번 류연식

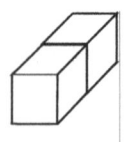

이러한 각목을 '눕힌 각목'이라고 하자.

i) 1층에 눕힌 각목이 0개인 경우 4개의 각목을 눕히지 않고 2층까지 채우는 경우 : 1가지

3층을 2개의 눕힌각목으로 채우는 경우 : 2가지

$$\therefore 2가지$$

ii) 1층에 눕힌 각목이 1개인 경우 눕힌 각목의 위치의 경우의 수 : 4가지

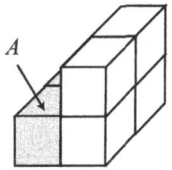

위 그림과 같은 상태에서 면 A위에 '눕힌 각목'을 올린 후 3층을 쌓는 경우 : 2가지

면 A위에 '눕히지 않는 각목'을 올린 후 쌓는 경우 : 1가지

$$\therefore 12가지$$

iii) 1층에 '눕힌 각목'이 2개인 경우

2층에 '눕힌 각목'이 0개인 경우 : $2 \times 1 = 2$가지.

2층에 '눕힌 각목'이 1개인 경우 : $2 \times 4 = 8$가지.

2층에 '눕힌 각목'이 2개인 경우 : $2 \times 4 = 8$가지.

$$\therefore 18가지$$

$$\therefore 32가지$$

185-1-13 세 자리 양의 정수 abc를 생각하자. 세 개의 자리수 a, b, c 중 어떤 두 개의 합이 나머지 하나의 두 배인 양의 정수 abc의 개수를 구하여라.

KAIST 08학번 류연식

(i) $a, b, c \neq 0$일 때,

W.L.O.G. $a \geq b \geq c$, $a + c = 2b$여야 한다.

($\because a \geq b, a \geq c \Rightarrow 2a \geq b+c \Rightarrow a=b=c,\ a=b=c$이면 $a+c=2b$ 역시 성립. $a \geq c, b \geq c \Rightarrow a+b \geq 2c \Rightarrow a=b=c,\ a=b=c$이면 $a+c=2b$ 역시 성립. $\therefore a+c=2b$)

$a=9 \Rightarrow (b,c) = (5,1), (6,3), (7,5), (8,7), (9,9)$

$a=8 \Rightarrow (b,c) = (5,2), (6,4), (7,6), (8,8)$

$a=7 \Rightarrow (b,c) = (4,1), (5,3), (6,5), (7,7)$

$a=6 \Rightarrow (b,c) = (4,2), (5,4), (6,6)$

$a=5 \Rightarrow (b,c) = (3,1), (4,3), (5,5)$

$a=4 \Rightarrow (b,c) = (3,2), (4,4)$

$a=3 \Rightarrow (b,c) = (2,1), (3,3)$

$a=2 \Rightarrow (b,c) = (2,2)$

$a=1 \Rightarrow (b,c) = (1,1)$

25가지 경우 중 $a=b=c$인 경우가 9가지

$3! \times (25-9) = 96$

$\therefore 96 + 9 = 105$

(ii) W. L. O. G $a \geq b \geq c = 0$일 때,

$a + b = 2b$

$a = 2b$

$840, 630, 420, 210$

각각 4가지 → 16가지

$\therefore 121$

185-1-14 원 위에 네 점 A, B, C, D가 순서대로 있다. 선분 AC와 BD의 교점이 G이고 선분 BC 위의 한 점 E와 G를 연결한 직선과 선분 AD와의 교점이 F이다. $\dfrac{AG}{GC} = \dfrac{3}{2}, \quad \dfrac{AG}{GB} = 2, \quad \dfrac{CE}{EB} = \dfrac{11}{9}$

일 때, $\dfrac{AF}{FD} \times 320$의 값을 구하여라.

풀이

KAIST 수리과학과 07학번 심규석

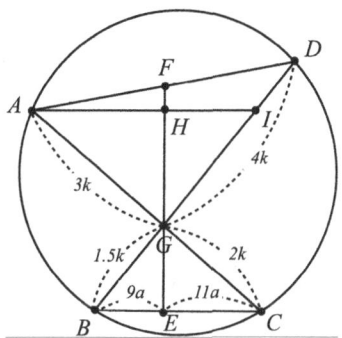

$\overline{AG} = 3k$, $\overline{GC} = 2k$, $\overline{BE} = 9a$, $\overline{EC} = 11a$라 하면, 문제의 조건에 의해 $\overline{BG} = 1.5k$

$\overline{AG} \cdot \overline{GC} = \overline{BG} \cdot \overline{GD}$에서 $\overline{GD} = 4k$

$\triangle GAD \infty \triangle GBC$에서 $\overline{GA} : \overline{GB} = 2 : 1$이므로 $\overline{AD} = 40a$.

점 A를 지나면서 $\overline{BC}$에 평행한 선을 긋고, $\overline{GF}, \overline{GD}$와 만나는 교점을 각각 H, I라 하자.

$\triangle GAI \infty \triangle GCB$이고, $\overline{GA} : \overline{GC} = 3 : 2$이므로 $\overline{GI} = 2.25k$

마찬가지 이유로 $\overline{HI} = 13.5a$, $\overline{AH} = 16.5a$

$\overline{GF}$가 $\triangle AID$를 지난다는 점에 착안하여 메넬라우스의 정리를 사용하면,

$\frac{AF}{FD} \cdot \frac{HI}{AH} \cdot \frac{GD}{GI} = 1$이므로 $\frac{AF}{FD} \cdot \frac{9}{11} \cdot \frac{16}{9} = 1$

즉, $\frac{AF}{FD} = \frac{11}{16}$

$\therefore \frac{AF}{FD} \times 320 = 220$

185-1-15 다음과 같이 정의된 수열을 생각하자.

$$u_1 = 1, \ u_2 = 1; \ u_{n+2} = u_{n+1} + u_n, \ n = 1, 2, 3, \ldots.$$

이때 다음 두 정수의 최대공약수를 구하여라.

$$u_{2007} + u_{2008} + u_{2009} + u_{2010} + u_{2011} + u_{2012},$$
$$u_{2008} + u_{2009} + u_{2010} + u_{2011} + u_{2012} + u_{2013}.$$

풀이

KAIST 수리과학과 07학번 이동민

보조정리

모든 자연수 n에 대하여 $(u_n, u_{n+1}) = 1$.

증명 (i) $n = 1$일 때, $u_1 = u_2 = 1$이므로 $(u_1, u_2) = 1$
(ii) $n = k$일 때, $(u_k, u_{k+1}) = 1$이라면

$$(u_{k+1}, u_{k+2} = (u_{k+1}, u_k + u_{k+1}) = (u_{k+1}, u_k) = (u_k, u_{k+1}) = 1$$

∴ (i), (ii)에 의하여 모든 자연수 n에 대하여 $(u_n, u_{n+1}) = 1$. □

$$u_{2007} + u_{2008} + u_{2009} + u_{2010} + u_{2011} + u_{2012}$$
$$= u_{2007} + u_{2008} + u_{2009} + 2u_{2010} + 2u_{2011}$$
$$= u_{2007} + u_{2008} + 3u_{2009} + 4u_{2010}$$
$$= u_{2007} + 5u_{2008} + 7u_{2009}$$
$$= 8u_{2007} + 12u_{2008}$$

같은 방법으로 하면

$$u_{2008} + u_{2009} + u_{2010} + u_{2011} + u_{2012} + u_{2013} = 8u_{2008} + 12u_{2009} = 12u_{2007} + 20u_{2008}$$

이제 구하고자 하는 수는

$$(8u_{2007} + 12u_{2008}, 12u_{2007} + 20u_{2008}) = 4(2u_{2007} + 3u_{2008}, 3u_{2007} + 5u_{2008})$$
$$= 4(2u_{2007} + 3u_{2008}, u_{2007} + 2u_{2008})$$
$$= 4(u_{2007} + u_{2008}, u_{2007} + 2u_{2008})$$
$$= 4(u_{2007} + u_{2008}, u_{2008})$$
$$= 4(u_{2007}, u_{2008})$$

보조정리에 의하여 $(u_{2007}, u_{2008}) = 1$

∴ 두 정수의 최대공약수는 4

185-1-16 다음 그림과 같이 합동인 두 정오각뿔의 밑면을 붙여 만든 도형에서 모서리들을 길로 간주하자. 아래의 규칙에 따라 점 P에서 점 Q로 이동했다가 다시 점 P로 돌아오는 경로의 수를 구하여라.

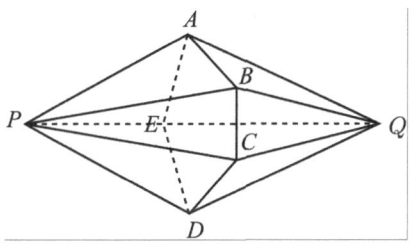

[규칙 1] 점 P에서 점 Q로, 그리고 점 Q에서 점 P로 이동할 때에는 각각 적어도 세 개의 모서리를 지나간다.

[규칙 2] 한 번 지나간 점이나 모서리는 다시 지나가지 않는다.

풀이

KAIST 08학번 류연식

$P \to K \to L \to Q \to M \to N \to P$ 경로를 통해 갔다고 하자.

K, L 사이의 모서리 갯수는 1개 or 2개

i) K, L 사이에 1개의 모서리 존재 : $5 \times 2 \times 3 \times 2 = 60$

ii) K, L 사이에 2개의 모서리 존재 : $5 \times 2 \times 2 \times 1 = 20$

∴ 80(가지)

185-1-17 어떤 양의 정수 n의 양의 약수의 개수는 6개이고, 이 약수들의 합이 $\frac{3n+9}{2}$이다. n의 값을 구하여라.

i) $n = p^5$ (p는 소수)꼴 일때,

$$1 + p + p^2 + p^3 + p^4 + p^5 = \frac{3p^5 + 9}{2} \qquad \cdots ①$$

$p = 2$일 때는 우변이 자연수가 아니고, $p \geq 3$일 때는 좌변<우변이 되어 ①을 만족하는 p값을 찾을 수 없다.

ii) $n = p \times q^2$ ($p \neq q$, p와 q는 소수)꼴 일때,

$$(1+p)(1+q+q^2) = \frac{3pq^2 + 9}{2} \qquad \cdots ②$$

n이 짝수이면 우변이 자연수가 되지 않으므로 $p \neq 2, q \neq 2$이다.

즉, p, q는 3이상의 소수.

②를 전개하여 p에 관해 정리하면,

$$p = 2 + \frac{6q - 3}{q^2 - 2q - 2} \qquad \cdots ③$$

$p \geq 3$이므로 $\frac{6q-3}{q^2-2q-2} \geq 1$이 되고, $q \geq 3$일 때 $q^2 - 2q - 2$는 항상 양수이다.

결국, $6q - 3 \geq q^2 - 2q - 2$가 되고, $4 - \sqrt{15} \leq q \leq 4 + \sqrt{15}$

q가 될수 있는 숫자는 3, 5, 7중에 하나이고, 각각의 경우를 ③에 대입하여 p값을 찾으면, $p = 17, q = 3$만이 문제의 조건을 만족함을 알 수 있다.

∴ i)과 ii)에 의해 $n = 17 \times 3^2 = 153$

185-1-18 원 O에 내접하는 정36각형 $A_1 A_2 \cdots A_{36}$에 대하여, 꼭지점 A_{18}에서 원 O에 내접하는 원이 대각선 $A_{17} A_{21}$과 점 P에서 접한다. 또 꼭지점 A_{34}에서 원 O에 내접하는 원이 대각선 $A_3 A_{31}$과 점 Q에서 접한다. 직선 $A_{18} P$와 직선 $A_{34} Q$의 교점 R에 대하여 $\angle PRQ = x°$라고 할 때, x의 값을 구하여라. 단, $0 \leq x \leq 180$이다.

KAIST 수리과학과 07학번 심규석

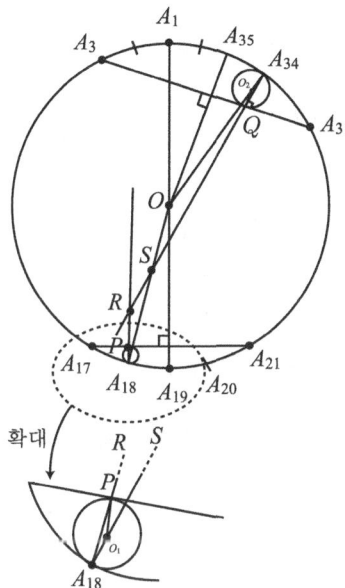

$\overline{A_{34}Q}$를 연장한 선과 $\overline{OA_{18}}$과의 교점을 S라 하자. 점 O에서 $\overline{A_3A_{31}}$에 수선을 그리면, $\overline{A_3A_{31}}$은 수직 이등분되고, 수선은 점 A_{35}를 지난다.

$\overline{OA_{35}}//\overline{QO_2}$이므로
$$\angle A_{35}OQ_{34} = \angle OO_2Q = 10°$$

$\triangle O_2QA_{34}$는 이등변삼각형이므로 $\angle OA_{34}S = 5°$

$\angle A_{34}OS = 160°$이므로 $\angle OSA_{34} = 15°$가 된다.

$\overline{OA_{19}}//\overline{O_1P}$에서 $\angle SO_1P = 10°$이고,

$\triangle PO_1A_{18}$은 이등변삼각형이므로 $\angle O_1A_{18}P = 5°$

$\therefore \triangle RA_{18}S$에서 $\angle SRA_{18} = 160°$

즉, $\angle PRQ = 160°$

185-1-19 다음 부등식을 만족시키는 정수 N 가운데 가장 큰 수를 구하여라.
$$\frac{1}{2} \times \frac{3}{4} \times \frac{5}{6} \times \cdots \times \frac{61}{62} \times \frac{63}{64} < \frac{1}{4N}.$$

> **풀이**

KAIST 수리과학과 07학번 이동민

$A = \frac{1}{2} \times \frac{3}{4} \times \frac{5}{6} \times \cdots \times \frac{61}{62} \times \frac{63}{64}$ 이라 하자.

$\frac{1}{2} \times \frac{2}{3} \times \frac{3}{4} \times \cdots \times \frac{60}{61} \times \frac{62}{63} < A < \frac{2}{3} \times \frac{4}{5} \times \frac{6}{7} \times \cdots \times \frac{62}{63} \times 1 (\because \text{항별비교})$

각변에 A를 곱하여 계산하면 $\frac{1}{128} < A^2 < \frac{1}{64}$ 이 되어 $\frac{1}{8\sqrt{2}} < A < \frac{1}{8}$

$\therefore N$의 최대값은 2이다.

185-1-20 양의 정수 n에 대하여, $1 \leq a \leq n$인 정수 a 중에서 a도 n과 서로 소이고, $a+1$도 n과 서로 소인 것들의 개수를 $k(n)$이라 하자. $k(n) = 15$를 만족시키는 가장 큰 양의 정수 n의 값을 구하여라.

> **풀이**

KAIST 08학번 류연식

소인수로 2가 들어갈 수 없다.

$k(105) = 15$

(claim) $\max\{n|k(n) = 15\} = 105$

if, $\max\{n|k(n) = 15\} > 105$

$\max\{n|k(n) = 15\}$는 $n = p_1^{e_1} p_2^{e_2} \cdots p_k^{e_k} (2 < p_1 < p_2 \cdots < p_k)$라 하자.

$(n, tp_1^{e_1} p_2^{e_2} \cdots p_{k-1}^{e_{k-1}} + 1) = 1$인 p_k보다 작은 t가 $p_k - 1$개 이상 존재.

$(n, tp_1^{e_1} p_2^{e_2} \cdots p_{k-1}^{e_{k-1}} + 2) = 1$인 p_k보다 작은 t가 $p_k - 1$개 이상 존재. ($t = 0, 1, \cdots, p_k - 1$)

$\therefore k(n) \geq p_k - 2$

$\therefore p_k \leq 17$

$(a, 105) = 1 \ (a+1, 105) = 1$을 만족하는 $(a, a+1)$중 11, 13, 17과도 서로소인 쌍이 (31,32), (37,38), (46,47), (58,59), (61,62), (67,68), (73,74), (82,83), (103,104) ((1,2)제외)

9쌍이 존재하므로, 최대 소인수는 8이하여야 한다. ($\because$ 최대 6쌍이 $tp_1^{e_1} \cdots p_k^{e_k} + 1, p_k^{e_k} + 2$)쌍이다. 이러한 t가 $p_k - 2$개이상이므로 $p_k - 2 \leq 6$)

그런데, , $k(105) = 15$이므로 $\forall n = 3^{e_1}, 5^{e_2}, 7^{e_3} (e_1, e_2, e_3 \geq 1)$에 대하여
$(a, 105) = 1, (a+1, 105) = 1 \to (a, 3^{e_1} \cdot 5^{e_2} \cdot 7^{e_3}) = 1, (a+1, 3^{e_1} \cdot 5^{e_2} \cdot 7^{e_3}) = 1$
가 성립하므로 $e_1 = e_2 = e_3 = 1$일 수 밖에 없다.
소인수가 2개 이하라면

$$k(3 \times 5) = 3 \Rightarrow k(3 \times 5^2) = 15$$
$$k(5 \times 7) = 15$$
$$k(7 \times 3) = 5 \Rightarrow k(3^2 \times 7) = 15$$
$$k(3) = 1 \Rightarrow k(3^3) = 9, k(3^4) = 27$$
$$k(5) = 3 \Rightarrow k(5^2) = 15$$
$$k(7) = 5 \Rightarrow k(7^2) = 35$$

$\therefore k(n) = 15$인 n의 최대값은 105

PROPOSALS SOLUTIONS

Proposals Solutions코너는 독자분들과 함께 문제를 생각해보는 코너입니다. 독자분들 중에서 자신이 창작한 문제가 있는 분이나 Proposals란에 실린 문제를 푸신 분은 수학문제연구회로 보내주시면 실어드리겠습니다. 보낼 때는 FAX나 우편, 홈페이지 등으로 보내시면 됩니다. 이미 풀이가 실린 문제일지라도 색다른 풀이를 보내주시면 실어드리겠습니다.

PROPOSALS

186-1
대청중 3학년
김범수

$\sum_{cyc} a^2 b^2 [6c^2 - 4(a+b)c + (a^2 + b^2)] \geq 0$임을 증명하시오.
(단, $\sum_{cyc} f(a,b,c) = f(a,b,c) + f(b,c,a) + f(c,a,b)$)

186-2
대전 대신중 3학년
정원식

삼각형 세변의 길이를 a, b, c라 하고 r은 내접원, R은 외접원의 반지름, r_a, r_b, r_c를 각 변에 대응하는 방접원의 반지름이라고 할 때, 다음을 증명하시오.

$$r_a r_b + r_b r_c + r_c r_a + r(r_a + r_b + r_c) \leq 9R^2$$

186-3
단대부중 3학년
박경택

$AB = BC$이고 $CA = 1$인 삼각형이 있다. 점 P를 수심삼각형 $H_A H_B H_C$의 외심이라고 하자. 이때, 다음을 증명하여라.

$$AB(PA^2 + PC^2) \geq AB^2 - PB^2$$

SOLUTIONS

164-3-8
2005년 벨로루시
수학올림피아드

어느 내각에 대해서도 그 이등분선이 항상 대각선을 하나 포함하여 지나는 볼록오각형이 존재하는가?

| 풀이 |

서울대 수의예과 07학번 배정우

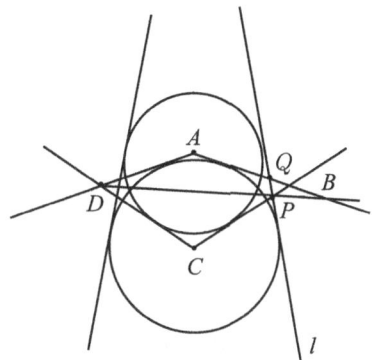

위 그림에서 직선 DP가 꼭지점 D의 각의이등분선이라면 오각형 $AQPCD$는 모든 내각에서 각의 이등분선이 대각선과 일치하는 볼록오각형이다. (나머지 점에서는 원과 접선사이의 관계에 의해 각의 이등분선이 대각선이 된다. 여기서 각A가 각C보다 크거나 같다고 가정한다.)

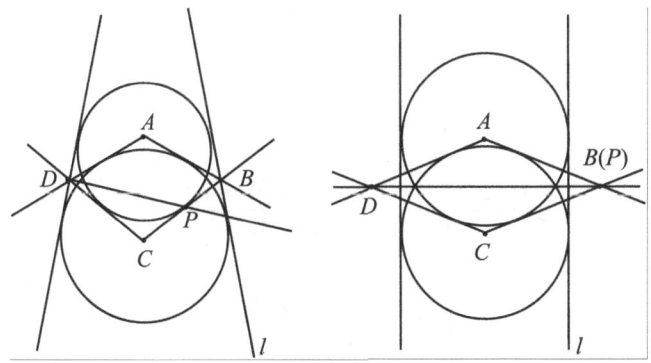

C를 중심으로 하는 원이 고정되어 있고 점A의 위치도 고정되어있는 상태에서 점 A를 중심으로 하는 원의 반지름의 크기만 변한다고 하자. 이렇게 변하는 원을 R이라 하면 점 D와 B가 두 원의 외접선을 지나게 그릴 수 있다(증명은 두 원의 중심간의 거리와 한쪽원의 반지름이 일정하다는걸 이용해서 할 수 있다). 이때 원R이 밑에 원보다 작다면 꼭지점 D에서의 각의 이등분선인 선분DP에서 P점은 위의 첫 번째 그림과 같이 외접선 안쪽에서 존재하게 된다.

만약 R이 더 커져서 밑에 원과 반지름이 같게 되면 위의 두 번째 그림과 같이 P는 외접선 L의 바깥에서 점 B와 일치하게 된다.

위의 첫 번째 그림에서 R이 조금 더 커지면 P와 B가 외접선 L을 중심으로 서로 반대의 위치에 존재하게 할 수 있다. 그런데 R의 반지름이 연속적으로 변하므로 AD의 길이와 각D의 크기도 연속적으로 변한다. 따라서 점 P도 선분CB위를 연속적으로 움직인다. 따라서 젤 위에 있는 그림과 같이 점 B가 외접선 L의 바깥에 있으면서 점 P가 외접선 L위에 놓이도록 만들 수 있다. 따라서 모든 꼭지점에서 각의 이등분선이 대각선과 일치하는 볼록오각형이 존재한다. (단, 각A가 120도 보다 작으면 두원의 크기가 같을때 점B가 외접선 L의 안에 위치하므로 존재하지 않는다. 따라서 각A가 120도 보다는 커야 한다.)

164-2-8
2005년 벨로루시 수학올림피아드

어느 내각에 대해서도 그 이등분선이 항상 대각선을 하나 포함하여 지나는 볼록칠각형이 존재하는가?

─────────── 풀이 ───────────

서울대 수의예과 07학번 배정우

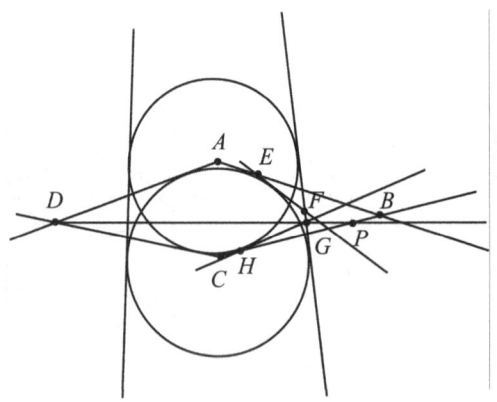

볼록 칠각형의 경우는 위의 볼록오각형의 경우와 비슷한데 우선 점 P가 외접선 L의 바깥에 있을 때 직선 DP와 외접선L의 교점 G를 잡는다. 그리고 점 G로부터 직선 CB방향으로 점A를 중심으로 하는 원의 외접선을 긋고 이직선과 직선 CB와의 교점을 H라 한다. 마지막으로 점 G의 위쪽방향으로 외접선 L위에 점 F를 적당히 잡고 이점에서 직선 AB방향으로 점C를 중심으로 하는 원에 외접선을 그으면 교점E가 나타난다(점 E와 F를 잡는 방법은 무수히 많다). 그러면 칠각형 $AEFGHCD$는 모든 내각에서 각의 이등분선이 대각선이 되는 볼록칠각형이 된다.

아래 그림은 점 H 부근의 확대장면이다.

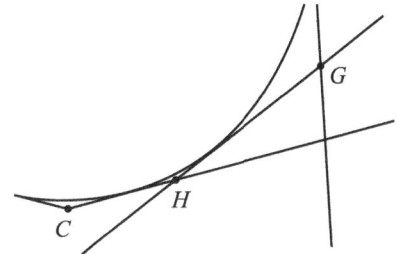

(결론) 이와 같은 방식으로 하면 5이상의 홀수 다각형에 대해서 항상 만들 수 있다. 짝수 다각형은 정 N각형일때 항상 존재하므로(반드시 정 N각형일 필요는 없음) 4각형 이상의 모든 다각형에 대해서 모든 내각의 이등분선이 대각선인 볼록 다각형을 만들수 있다.

Evaluation of contour Integral

KAIST 화학과 06학번 최홍석

안녕하세요. 화학과&수문연 3학년 최홍석이라고 합니다. 이번 글에서 저는 제1회 공학수학경시대회 2교시 4번 문제의 풀이를 하려고 합니다.

문제는 밑에 있는 적분을 구하는 것이고, 답은 $\frac{1}{\cos h\pi y}$ 입니다.

$$\int_{-\infty}^{\infty} \frac{e^{-2\pi iyx}}{\cos h\pi x} dx \, (y\text{는 실수})$$

공학수학경시대회라는 이름에 맞게, 전공 복소변수함수론까지 가지 않고 응용해석학(공업수학 2)에 나오는 기초적인 Residue(유수) 내용만으로도 충분히 풀 수 있습니다. 단지, contour를 일반적인 $-\infty$부터 ∞까지 적분할 때 사용하는, 다음과 같은 contour를 사용하면 안 된다는 것 때문에 저를 포함한 많은 사람들이 시험 당일에 뒤통수를 맞았습니다. (contour는 복소평면 상에서의 경로라는 생각하시면 됩니다.)

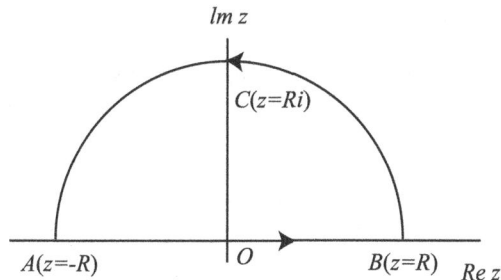

대한수학회 홈페이지에 올려져있는 모범 풀이에 기초한 풀이는 다음과 같습니다. contour를 다음과 같이 잡는 것이 핵심입니다. 대한수학회의 풀이에는 이 contour의 모양과 이에 대한 설명을 포함해서 상당히 많은 단계가 생략되어 있기 때문에, 여기에 실은 풀이의 저작권은 저에게 있습니다. 일반적 contour 모양이 아니라서 처음에 잘 생각해내지 못하는 것을 제외하면, 모양은 간단합니다.

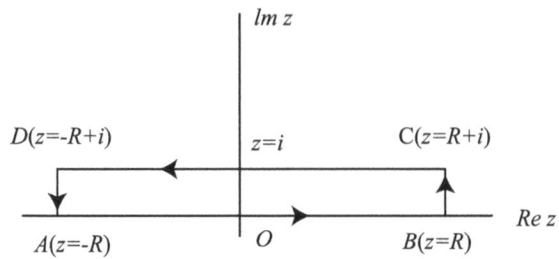

Evaluation of Real integral은 주어진 실적분 문제를 풀기 위해 contour를 따라서 형태가 같은 복소수함수를 적분해서 답을 구하는 방식입니다. 따라서 답을 구하기 위해서 $\frac{e^{-2\pi iyz}}{\cos h\pi z}$를 적분하면 됩니다. 복소평면 상의 폐곡선적분은 Cauchy's Residue theorem에 의해 Residue와 연결됩니다. 정확히는 Residue에 $2\pi i$를 곱하면 됩니다.

일단 BC와 AD 상에서의 적분값은 R이 커짐에 따라 0으로 수렴하다는 것을 보일 수 있습니다. 그리고 복소평면 상의 변수 z는 $z = Rez + iImz$로 쓸 수 있습니다.

BC 상에서 ML-inequality를 사용하기 위해 함수의 최대값을 구해야 합니다. 주어진 함수의 분모분자를 $e^{\pi z}$로 나누면 다음과 같이 됩니다.

$$\frac{e^{-2\pi iyz}}{\cos h\pi z} = \frac{2e^{-2\pi iyz}}{e^{\pi z}+e^{-\pi z}} = \frac{2e^{-\pi z(2iy+1)}}{1+e^{-2\pi z}}$$

절대값을 취한 후 여기에 $z = Rez + iImz$를 대입해서 정리하면 다음과 같이 됩니다. 여기에서 BC에선 $Rez > 0, 0 \leq Imz \leq 1$이 성립하는 것을 이용합니다.

$$2|\frac{e^{-\pi z(2iy+1)}}{1+e^{-2\pi z}}| \leq 2\frac{|e^{-\pi Rez}e^{-\pi iImz}e^{-2\pi iyRez}e^{2\pi yImz}|}{1-|e^{-2\pi Rex}|}$$
$$\leq 2\frac{|e^{-\pi Rez}||e^{2\pi yImz}|}{1-|e^{-2\pi Rez}|} \leq C\frac{|e^{-\pi Rez}|}{1-|e^{-2\pi Rez}|}$$

마지막에 잡은 상수 C는 $0 \leq Imz \leq 1$에서 $|e^{2\pi yImz}| \leq e^{2\pi y}$으로 상한값이 결정되어 있으므로 저 부등식을 만족하는 상수 C를 잡을 수 있게 됩니다. 따라서 $R \to \infty$, 즉 $Rez \to \infty$일 때 함수값이 0으로 수렴합니다. contour의 길이는 1이므로 결과적으로 BC상에서의 적분값은 0이 됩니다.

DA 위에서도 비슷한 식으로 할 수 있습니다. 단지 이때는 $Rez < 0$이기 때문에 $e^{\pi z}$ 대신 $e^{-\pi z}$로 나누는 것만 다릅니다.

$$\frac{e^{-2\pi iyz}}{\cos h\pi z} = \frac{2e^{-2\pi iyz}}{e^{\pi z} + e^{-\pi z}} = \frac{2e^{\pi z(2iy-1)}}{1 + e^{2\pi z}}$$

똑같은 방법으로 절대값을 취한 후 정리하면 다음과 같습니다.

$$2|\frac{e^{-\pi z(2iy-1)}}{1+e^{2\pi z}}| \leq 2\frac{|e^{\pi Rez}e^{\pi iImz}e^{-2\pi iyRez}e^{2\pi yImz}|}{1 - |e^{2\pi Rez}|}$$
$$\leq 2\frac{|e^{\pi Rez}||e^{2\pi yImz}|}{1 - |e^{2\pi Rez}|} \leq C\frac{|e^{\pi Rez}|}{1 - |e^{2\pi Rez}|}$$

마지막의 상수 C는 구간 BC에서와 같은 이유로 잡을 수 있습니다. 따라서 이때에도 $R \to \infty$, 즉 $Rez \to -\infty$일 때 함수값이 0으로 수렴하고 BC에서와 같은 방법으로 ML-inequality를 사용하면 DA상에서의 적분값도 0이 됩니다.

문제는 이제 AB와 CD 상에서의 적분값, 그리고 contour 내에 포함된 유일한 pole인 $\frac{i}{2}$에서의 Residue를 구하는 것으로 좁혀졌습니다. $\cos h\pi z$의 각 zeros의 order를 알아보기 위해서 다음과 같은 방법을 쓸 수 있습니다.

$\cos h\pi z$와 $\sin h\pi z$는 지수함수의 합차로 이뤄졌으므로 복소평면상에서 entire function입니다. entire function은 복소평면 전체에서 무한번 미분 가능하고 테일러 급수전개가 가능하며 수렴반경은 복소평면 전체입니다. 한글 번역인 완전함수답게 참 성질이 좋은 함수죠. 이제 $\cos h\pi z$를 어떤 임의의 zeros에서 테일러 급수전개를 하면 다음과 같습니다.

$$\cos h\pi z = \sum_{k=0}^{\infty} \frac{(\cos h\pi z)^{(k)}|z = (n+\frac{1}{2})i}{k!}(z - (n+\frac{1}{2})i)^k$$
$$= \sum_{l=0}^{\infty} \frac{\pi^{(2l+1)}i(-1)^n}{(2l+1)!}(z - (n+\frac{1}{2})i)^{2l+1}$$
$$= (z - (n+\frac{1}{2})i)\sum_{l=0}^{\infty} \frac{\pi^{2l+1}i(-1)^n}{(2l+1)!}(z - (n+\frac{1}{2})i)^{2l}$$

보다시피, $\cos h\pi z$의 테일러 전개는 $z - (n+\frac{1}{2})i$로 한 번만 나눠집니다. 따라서 $\cos h\pi z$는 zeros of 1st order를 가지고, $\frac{1}{\cos h\pi z}$의 pole들은 simple pole입니다.

일단 여기서 $Res(\frac{e^{-2\pi iyz}}{\cos h\pi z}, \frac{1}{2})$를 구해보면 값은 다음과 같습니다.

$$Res(\frac{e^{-2\pi i y z}}{\cos h\pi z}, \frac{i}{2}) = \lim_{z \to \frac{i}{2}} (z - \frac{i}{2}) \frac{e^{-2\pi i y z}}{\cos h\pi z} = \lim_{z \to \frac{i}{2}} \frac{e^{-2\pi i y z}}{(\cos h\pi z)'}$$
$$= \frac{e^{-2\pi i y z}}{\pi \sin h\pi z}|_{z=\frac{i}{2}} = \frac{e^{\pi y}}{\pi i}$$

따라서 $\int_{AB} \frac{e^{-2\pi i y z}}{\cos h\pi z} dz + \int_{CD} \frac{e^{-2\pi i y z}}{\cos h\pi z} dz = 2\pi i Res(\frac{e^{-2\pi i y z}}{\cos h\pi z}, \frac{i}{2}) = 2e^{\pi y}$가 됩니다. CD 상에서 contour는 실수축의 반대 방향입니다. 따라서 $z = -t + i$, $-\infty < t < \infty$으로 매개변수화 할 수 있습니다. 이 때 property of contour integral 중 하나를 사용해서 contour의 방향을 실수축 방향으로 바꾸면 다음과 같이 적분을 바꿀 수 있습니다.

$$\int_{-CD} \frac{e^{-2\pi i y z}}{\cos h\pi z} dz = -\int_{-CD} \frac{e^{-2\pi i y z}}{\cos h\pi z} dz, (-CD : z = t + i, -\infty < t < \infty)$$

이 때 $dz = dt$, $\cos h\pi(t+i) = \frac{e^{\pi t}e^{\pi i} + e^{-\pi t}e^{-\pi i}}{2} = -\frac{e^{\pi t} + e^{-\pi t}}{2} = -\cos h\pi t$를 이용해서 식을 정리하면 다음과 같이 됩니다.

$$\int_{-CD} \frac{e^{-2\pi i y z}}{\cos h\pi z} dz = \int_{-\infty}^{\infty} \frac{e^{-2\pi i y(t+i)}}{\cos h\pi(t+i)} dt = \int_{-\infty}^{\infty} \frac{e^{2\pi y} e^{-2\pi i y t}}{-\cos h\pi t} dt$$
$$= -e^{2\pi y} \int_{-\infty}^{\infty} \frac{e^{-2\pi i y t}}{\cos h\pi t} dt$$

이제 CD 상에서의 적분결과는 우리가 구해야 할 적분식과 같은 형태를 포함하고 있습니다. 마지막으로 할 일은 AB 상에서의 적분인데, 이건 너무나도 당연합니다. contour는 실수 축을 그대로 지나가기 때문에 $z = t$, $-\infty < t < \infty$입니다.

$$\int_{AB} \frac{e^{-2\pi i y z}}{\cos h\pi z} dz = \int_{-\infty}^{\infty} \frac{e^{-2\pi i y t}}{\cos h\pi t} dt$$

이제 식을 정리하면 문제풀이가 끝납니다.

$$\int_C \frac{e^{-2\pi i y z}}{\cos h\pi z} dz = (1 + e^{2\pi y}) \int_{-\infty}^{\infty} \frac{e^{-2\pi i y t}}{\cos h\pi t} dt = 2e^{\pi y}$$

따라서 $(1+e^{2\pi y}) \int_{-\infty}^{\infty} \frac{e^{-2\pi i y t}}{\cos h\pi t} dt = 2e^{\pi y}$이고, $\int_{-\infty}^{\infty} \frac{e^{-2\pi i y t}}{\cos h\pi t} dt = \frac{2e^{\pi y}}{1+e^{2\pi y}} = \frac{1}{\cos h\pi y}$이므로 풀이가 끝났습니다.

이제 반원형 contour를 쓰면 안 되는 이유에 대해서 설명하려고 합니다.

일반적으로 $-\infty$부터 ∞까지의 이상적분에 복소적분을 이용할 때는 전 시간에도 소개했던, 다음과 같은 반원형 contour를 잡아서 계산합니다.

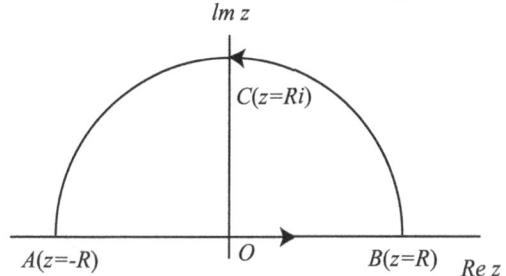

이 방법은 Zill과 Kreysig 등 거의 모든 공업수학 책에 소개된 매우 일반적 방법으로, Residue를 통한 실적분 계산에 있어서 아주 많이 쓰입니다.

간략히 설명하자면 다음과 같습니다. 일단 Cauchy's Residue theorem에 의해 전체 contour 위에서의 적분이 $2\pi i Res(f(z), z_0)$가 됩니다. 그 후에 BCA 위에서, 즉 원호 위에서 R이 커짐에 따라 함수값이 0으로 수렴한다는 것을 보인 후 ML-inequality로 Residue 값이 오로지 실수축 상에서의 적분값에만 관계된다는 것을 보입니다.

하지만, 이 문제에서는 사용할 수 없습니다.

첫째로 피적분함수가 contour 안에 여러 개의 pole을 가지고 있을 경우에, 적분값을 구하려면 모든 pole에 대해서 Residue를 구한 후에 합쳐야 합니다. $\frac{e^{-2\pi i y z}}{\cos h \pi z}$의 pole은 $\cos h \pi z$의 zeros인데, 알다시피 $\cos h \pi z = \cos(i\pi z)$입니다. 코사인 함수는 주기함수이고(실상 복소 평면 상에서라면 $\cos h$도 주기함수라고 말해도 됩니다.), 따라서 $\cos h \pi z$의 zeros는 $z = (n + \frac{1}{2})i$, $n = 0, 1, 2, \ldots$ 입니다. 즉, 무한급수 형태의 답이 나옵니다.

저 contour 상에 pole이 무한히 많다는 것만으로도 이 방법을 쓰면 곤란할 것 같다는 심증은 오겠지만, 이 자리는 시험장이 아닌 proposal이므로 좀더 자세히 설명하면 다음과 같습니다.

simple pole일 때 성립하는 다음 공식, $Res(\frac{g(z)}{h(z)}, z_0) = \frac{g(z_0)}{h'(z_0)}$를 이용해서 모든 pole에 대한 Residue의 합을 구하면 다음과 같습니다. 중간과정은 복소변수에서 정의된 삼각함수와 쌍곡선함수, 지수함수의 성질을 쓰면 쉽게 구할 수 있습니다.

$$(\text{sum}) = \sum_{n=0}^{\infty} \frac{e^{2\pi i y (n+\frac{1}{2})i}}{\pi \sin h(\pi(n+\frac{1}{2})i)} = \sum_{n=0}^{\infty} \frac{(-1)^n e^{\pi y} e^{2n\pi y}}{\pi i}$$

문제는 저 급수가 수렴하느냐의 문제인데, 아쉽게도 $y < 0$이면 절대수렴하지만 $y = 0$이면 교대급수이므로 조건부수렴하고 $y > 0$이면 발산합니다. 따라서 이 방법을 써서 답을 구할 수는 없습니다.

둘째로 저 반원형 contour를 쓰려면 R이 커짐에 따라 함수값이 0으로 수렴한다는 것을 보여야 하는데, 이 경우에 허수축에는 i 간격으로 pole이 위치해 있으므로 허수축 근처에서 함수값은 항상 0으로 간다고 말할 수 없습니다. 따라서 R이 커짐에 따라 반원 상에서 적분값이 0으로 수렴한다고 말할 수 없으므로 이 방법은 사용할 수 없습니다.

생각보다 풀이가 길어졌습니다. 긴 풀이 읽어주셔 감사합니다.

[이번 글에서 사용한 공식 및 정리들]

- 테일러 전개식
 $f(z)$가 $z = z_0$ 근방에서 해석적이면 다음과 같이 급수전개 가능하다.
 $$f(z) = \sum_{n=0}^{\infty} \frac{f^{(n)}(z_0)}{n!}(z - z_0)^n$$

- 복소지수함수의 성질
 $e^z = e^{x+yi} = e^x(\cos y + i \sin y)$

- Euler's formula
 $e^{i\theta} = \cos\theta + i\sin\theta$
 $|e^{ik}| = 1 (k \in R)$, $e^{\frac{\pi i}{2}} = i$, $e^{\pi i} = -1$

- 쌍곡선함수의 성질
 $\cos hz = \frac{e^z + e^{-z}}{2}$, $\sin hz = \frac{e^z - e^{-z}}{2}$

- 도함수
 $\frac{d}{dz}\cos hz = \sin hz$, $\frac{d}{dz}\sin hz = \cos hz$

- 삼각함수와의 관계
 $\cos hz = \cos iz$, $\sin hz = -i\sin iz$

- property of contour integral
 $\int_C f(z)dz = -\int_{-C} f(z)dz$
 (저자 주: property of contour integral은 이것 외에도 몇 개가 더 있습니다. 하지만 이것을 제외한 나머지는 contour integral의 선형성에 대한 것이기 때문에 따로 싣지는 않겠습니다. 고등학교 미적분 책을 봐도 나오는 성질들을 복소평면 상으로 확장시켰다고 생각하면 됩니다.)

- ML-inequality(Bounding theorem, 상한정리)
  $f(z)$가 contour C에서 연속이고 모든 $z \in C$에 대해 $|f(z)| \leq M$을 만족하면 다음이 성립한다.
  $$|\int_C f(z)dz| \leq ML (L:C \text{의 길이})$$

- zeros of order n
  $f(z)$가 z_0 근방에서 해석적이고 $f(z_0) = 0$일 때 $f(z_0) = 0$, $f'(z_0) = 0, \ldots, f^{(n-1)}(z_0) = 0$이면서 $f^{(n)}(z_0) \neq 0$일 때 $z = z_0$을 zeros of order n이라고 한다. 이는 $f(z) = \sum_{k=0}^{\infty} a_k(z-z_0)^{k+n}$으로 급수전개되는 것과 동치이다.

- pole of order n
  $f(z)$와 $g(z)$가 $z = z_0$에서 해석적이고 $f(z)$가 zeros of order n을 가지며 $g(z_0) \neq 0$이면, $F(z) = \frac{g(z)}{f(z)}$는 $z = z_0$에서 pole of order n을 가진다.

- Residue
  어떤 점 z_0 근방에서 해석적이지 않은 함수 $f(z)$에 대해서 $f(z) = \sum_{n=-\infty}^{\infty} a_n(z-z_0)^n$ 형태로 급수전개 가능하다. 이 급수를 Laurent's Series라고 하며, 이 급수의 계수 중 a_{-1}을 Residue라고 부른다.
  simple pole에 대해 $Res(f(z)), z_0) = \lim_{z \to z_0}(z-z_0)f(z)$

- Cauchy's Residue theorem
  simply connected region D와 D를 완전히 포함하는 simple closed contour C에 대해서 $f(z)$가 C위와 유한개의 singular point를 제외한 D상에서 해석적일 때 다음이 성립니다.
  $$\oint_C f(z)dz = 2\pi i \sum_{k=1}^{n} Res(f(z), z_k)$$

Reference

http://en.wikipedia.org/wiki/Entire_function

http://www.kms.or.kr/data/대수경/solution(공수)_1.pdf

Advanced Engineering Mathematics, 3rd ed, part 5 Complex Analysis

Quartic Equation: Ferrari 해법 정리

KAIST 08학번 배영오

요약

실수 계수 4차 방정식 풀이의 step by step을 제공한다.

4차 방정식 해법

$$x^4 + ax^3 + bx^2 + cx + d = 0 (a, b, c, d \in R) \qquad (1)$$

위의 4차 방정식이 항상 $(x+\alpha)^4 = \beta$ 형식으로 바뀔 수 있다면 x는 구해진다. 그러나 다음과 같은 이유로 항상 바뀔 수 없다. $(x+\alpha)^4 = \beta$를 전개하여 계수를 비교하면

$$4\alpha = a$$
$$6\alpha^2 = b$$
$$4\alpha^3 = c$$
$$\alpha^4 - \beta = d$$

와 같은 형태로 나온다. 우린 a, b, c, d가 정해졌을 때, α, β가 존재하려면 최소한 다음과 같은 구속 조건 $g(a, b, c, d) = 0$이 필요하다.

$$\alpha^2 = \frac{b}{6} = \frac{a^2}{16} \Rightarrow b = \frac{3}{8}a^2$$

$$\therefore g_1(a, b, c, d) = b - \frac{3}{8}a^2 = 0$$

아무튼 주어진 a, b, c, d로부터 α, β를 결정하기 위해선 몇 개의 구속조건 $g_i(a, b, c, d) = 0$이 더 필요하다. 구속조건은 4차방정식 계수의 일반성을 무너뜨리므로 다른 접근이 필요하다.

$(x+\alpha)^4 = \beta$가 실패한 원인은 입력되는 값은 4개(a, b, c, d), 얻고자하는 값은 2개(α, β), 그래서 a, b, c, d 사이에 구속조건이 발생했기 때문이다. 이것을 해결하는 방법은 풀리는 방정식 형태 내에서 얻고자하는 값을 4개$(\alpha, \beta, \gamma, \delta)$로 늘여주는 것이다. 가령 풀리는 형태인 다음의 형태로 설정하는 것이다.

$$(x^2 + \alpha x + \beta)^2 = (\gamma x + \delta)^2 \qquad (2)$$

$$(x^2 + \alpha x + \beta)(x^2 + \gamma x + \delta) = 0 \tag{3}$$

식 (1)이 (2) 또는 (3) 형식으로 바뀐다면 어렵지 않게 해를 구할 수 있다. 식 (2)는 $A^2 - B = 0$의 형태로써 인수분해하여 정리하면 식 (3)과 동일한 형태라 할 수 있겠다. 이 해법은 식 (2)에서 출발하여 a, b, c, d가 주어졌을 때, $\alpha, \beta, \gamma, \delta$를 찾아내는 것에 초점이 맞추어져 있다. 물론 이 접근은 구속조건 $g(a, b, c, d) = 0$을 발생시키지 않으며, $\alpha, \beta, \gamma, \delta$를 결정하는 과정에서 3차 방정식 해법 이상을 요구하지 않기 때문에 성공적인 해법이다. 여기서 식 (2)는 4차방정식의 완전제곱꼴이라 할 수 있겠다.

식 (2)를 전개하면

$$x^4 + 2\alpha x^3 + (\alpha^2 + 2\beta - \gamma^2)x^2 + 2(\alpha\beta - \gamma\delta)x + \beta^2 - \delta^2 = 0 \tag{4}$$

식 (1)과 계수 비교하면

$$2\alpha = a \tag{5}$$

$$\alpha^2 + 2\beta - \gamma^2 = b \tag{6}$$

$$2(\alpha\beta - \gamma\delta) = c \tag{7}$$

$$\beta^2 - \delta^2 = d \tag{8}$$

우리가 갈 길은 주어진 a, b, c, d로부터 위의 4개의 연립방정식을 $\alpha, \beta, \gamma, \delta$에 관하여 푼 뒤, 식 (1)을 식 (2)로 바꾸어 4차방정식을 풀겠다는 것이다.

식 (5)로부터 $\alpha = \frac{a}{2}$를 얻고, 이를 식 (6), (7)에 대입하면

$$\gamma^2 = \frac{a^2}{4} + 2\beta - b \tag{9}$$

$$\gamma\delta = \frac{\alpha\beta - c}{2} \tag{10}$$

$$\delta^2 = \beta^2 - d \tag{11}$$

이로부터 다음의 항등식을 얻는다.

$$(\frac{a^2}{4} + 2\beta - b)\beta^2 - d) = (\frac{\alpha\beta - c}{2})^2$$

β에 대해 내림차순으로 정리하면 다음의 3차 방정식을 얻는다.

$$\beta^3 - \frac{b}{2}\beta^2 + (\frac{ac}{4} - d)\beta + \frac{4bd - a^2d - c^2}{8} = 0 \tag{12}$$

아래의 step by step 순서대로 적당한 β_i을 택하자. 그러면 식 (9)로부터 γ가 계산된다.

Step by Step $\beta^3 - \frac{b}{2}\beta^2 + (\frac{ac}{4} - d)\beta + \frac{4bd - a^2d - c^2}{8} = 0$

$$A = \frac{b^2 - 3ac + 12d}{36}, \quad B = \frac{-27a^2d + 9abc - 2b^3 + 72bd - 27c^2}{216}$$

$$D = B^2 - 4A^3$$

if $D \geq 0$

$$u\pm = \sqrt[3]{\frac{1}{2}(-B \pm \sqrt{D})}$$

$$y_1 = u_+ + u_-, \quad y_1 = u_+ - u_-$$

$$y_2 = \frac{-y_1 + y_1\sqrt{3}i}{2}$$

$$y_3 = \bar{y_2}$$

$$\therefore \beta_i = y_i + \frac{b}{6}(i = 1, 2, 3)$$

else $D < 0$

$$\tan\theta = \frac{\sqrt{-D}}{-B} \rightarrow \theta = \tan^{-1}(\frac{\sqrt{-D}}{-B})$$

$$\therefore \beta_{n+1} = 2\sqrt{A}\cos(\frac{\theta + 2n\pi}{3}) + \frac{b}{6}, (n = 0, 1, 2,)$$

end

If $\gamma \neq 0$

$\gamma \neq 0$이어도 γ, δ가 실근임은 보장 받지 못한다. 가령 $a = 2, b = 2, c = 1, d = \frac{1}{4}$라면 $\beta_1 = 0, \gamma^2 = -1, \delta^2 = -\frac{1}{4}$이다. 이 경우 step by step에 의한 β_1을 택하지 말고 β_2나 β_3를 택하길 원한다. 그러면 복소계수 2차 방정식을 피할 수 있기 때문이다. 그렇다고 항상 피할 수 있는 건 아니다. 일반적으로 식 (2)를 풀기 위해 복소계수 2차 방정식의 근의 공식을 적용해야 한다.

$\gamma \neq 0$이므로 식 (9), (10)으로 부터

$$\gamma = \sqrt{\frac{a^2}{4} + 2\beta_i - b} \qquad (13)$$

$$\delta = \frac{a\beta_i - c}{2\gamma} = \frac{a\beta_i - c}{\sqrt{a^2 + 8\beta_i - 4b}} \qquad (14)$$

식 (2)로부터 2개의 서로 무관한 복소계수 2차방정식을 얻는다.

$$x^2 + (\alpha + \gamma)x + (\beta_i + \delta) = 0 \qquad (15)$$

$$x^2 + (\alpha - \gamma)x + (\beta_i - \delta) = 0 \qquad (16)$$

4차 방정식의 근은

$$x_{1,2} = \frac{-(\alpha + \gamma) \pm \sqrt{(\alpha + \gamma)^2 - 4(\beta_i + \delta)}}{2} \qquad (17)$$

$$x_{3,4} = \frac{-(\alpha - \gamma) \pm \sqrt{(\alpha - \gamma)^2 - 4(\beta_i - \delta)}}{2} \qquad (18)$$

이로부터 4개의 근을 얻었다. 식 (5), (13), (14)를 이용해 구체적으로 쓰면

$$x_{1,2} = \frac{-(\frac{a}{2} + \sqrt{\frac{a^2}{4} + 2\beta_i - b}) \pm \sqrt{(\frac{a}{2} + \sqrt{\frac{a^2}{4} + 2\beta_i - b})^2 - 4(\beta_i + \frac{\alpha\beta_i - c}{\sqrt{\alpha^2 + 8\beta_i - 4b}})}}{2}$$

$$x_{3,4} = \frac{-(\frac{a}{2} - \sqrt{\frac{a^2}{4} + 2\beta_i - b}) \pm \sqrt{(\frac{a}{2} - \sqrt{\frac{a^2}{4} + 2\beta_i - b})^2 - 4(\beta_i - \frac{\alpha\beta_i - c}{\sqrt{\alpha^2 + 8\beta_i - 4b}})}}{2}$$

단, 복소 계수의 정의를 따른다.

여기서는 β_i는 다음 page의 step by step을 따라 얻는다.

Else $\gamma = 0$.

식 (11)로부터

$$\delta = \sqrt{\beta_i^2 - d}$$

식 (2)는 다음과 같이 된다.

$$x^2 + \alpha x + \beta_i \pm \sqrt{\beta_i^2 - d} = 0$$

$$\therefore x_{1,2} = \frac{-\frac{a}{2} \pm \sqrt{\frac{a^2}{4} - 4(\beta_i + \sqrt{\beta_i^2 - d})}}{2}$$

$$x_{3,4} = \frac{-\frac{a}{2} \pm \sqrt{\frac{a^2}{4} - 4(\beta_i - \sqrt{\beta_i^2 - d})}}{2}$$

Step by Step $x^4 + ax^3 + bx^2 + cx + d = 0$를 풀어라.

$\beta^3 - \frac{b}{2}\beta^2 + (\frac{ac}{4} - d)\beta + \frac{4bd - a^2d - c^2}{8} = 0 \Rightarrow \beta_i$결정

$\gamma = \sqrt{\frac{a^2}{4} + 2\beta_i - b}$

if $\gamma \neq 0$

$$x_{1,2} = \frac{-(\frac{a}{2} \pm \gamma) + \sqrt{(\frac{a}{2} \pm \gamma)^2 - 4(\beta_i \pm \frac{\alpha\beta_i - c}{2\gamma})}}{2}$$

$$x_{3,4} = \frac{-(\frac{a}{2} \pm \gamma) - \sqrt{(\frac{a}{2} \pm \gamma)^2 - 4(\beta_i \pm \frac{\alpha\beta_i - c}{2\gamma})}}{2}$$

else $\gamma = 0$

$$x_{1,2} = \frac{-\frac{a}{2} + \sqrt{\frac{a^2}{4} - 4(\beta_i \pm \sqrt{\beta_i^2 - d})}}{2}$$

$$x_{3,4} = \frac{-\frac{a}{2} - \sqrt{\frac{a^2}{4} - 4(\beta_i \pm \sqrt{\beta_i^2 - d})}}{2}$$

end

[참고] 복소계수 2차 방정식의 근의 공식

$$az^2 + bz + c = 0 (a, b, c\text{는 복소수})$$

$$b^2 - 4ac = |b^2 - 4ac|e^{i(\theta_p + 2n\pi)} (\text{복소수의극형식표현})$$

$$z = \frac{-b \pm \sqrt{b^2 - 4ac}}{2a} = \frac{-b \pm e^{i(\theta_p/2)}\sqrt{|b^2 - 4ac|}}{2a} \qquad (19)$$

Example

1. $x^4 + x^2 - 4x - 3 = 0$

step 1. $\beta^3 - \frac{b}{2}\beta^2 + (\frac{ac}{4} - d)\beta + \frac{4bd - a^2d - c^2}{8} = 0$

$\beta^3 - \frac{1}{2}\beta^2 + 3\beta - \frac{7}{2} = 0 \Rightarrow \beta_1 = 1$

step 2. $\gamma = \sqrt{\frac{a^2}{4} + 2\beta_i - b} = 1$

step 3. $\gamma \neq 0$

$$x_{\pm}^{\pm} = \frac{-(\frac{a}{2} \pm \gamma) \pm \sqrt{(\frac{a}{2} \pm \gamma)^2 - 4(\beta_i \pm \frac{a\beta_i - c}{2\gamma})}}{2}$$

$$\therefore \begin{pmatrix} x_{\pm}^{+} \\ x_{\pm}^{-} \end{pmatrix} = \frac{\binom{-1}{1} \pm \binom{i\sqrt{11}}{\sqrt{5}}}{2} = \frac{\binom{-1 \pm i\sqrt{11}}{1 \pm \sqrt{5}}}{2}$$

2. $x^4 + 2x^3 + 2x^2 + x + \frac{1}{4} = 0$

step 1. $\beta^3 - \frac{b}{2}\beta^2 + (\frac{ac}{4} - d)\beta + \frac{4bd - a^2 - d - c^2}{8} = 0$
$\beta^3 - \beta^2 + \frac{1}{4}\beta = 0 \Rightarrow \beta_2 = \frac{1}{2}$

step 2. $\gamma = \sqrt{\frac{a^2}{4} + 2\beta_i - b} = 0$

step 3. $\gamma = 0$

$$x_{\pm}^{\pm} = \frac{-\frac{a}{2} \pm \sqrt{\frac{a^2}{4} - 4(\beta_i \pm \sqrt{\beta_i^2 - d})}}{2}$$

$$\therefore \begin{pmatrix} x_{\pm}^{+} \\ x_{\pm}^{-} \end{pmatrix} = \frac{-\binom{1}{1} \pm \binom{i}{i}}{2} = \frac{\binom{-1 \pm i}{-1 \pm i}}{2}$$

2008 제22회 한국수학올림피아드 2차시험

고등부
2008년 8월 16일

187-1-1 삼차원 공간의 점들이 집합 $V = \{(s,y,z) | 0 \leq x,y,z \leq 2008, x, y, z\text{는 정수}\}$를 생각하자. 집합 V에 있는 각 점에 색칠을 하는데 두 점 사이의 거리가 정확히 1, $\sqrt{2}$ 또는 2인 경우에는 서로 다른 색이 칠해지도록 하려고 한다. 이 때 필요한 색의 최소 개수를 구하여라.

187-1-2 실수 $x_1, x_2, \ldots, x_n$에 대하여, $x_1 > 1, x_2 > 2, \ldots, x_n > n$일 때
$$\frac{(x_1 + x_2 + \cdots + x_n)^2}{\sqrt{x_1^2 - 1^2} + \sqrt{x_2^2 - 2^2} + \cdots + \sqrt{x_n^2 - n^2}}$$
의 최솟값을 구하여라.

187-1-3 원 O위에 5개의 점 A, B, C, D, E가 반시계방향으로 순서대로 놓여 있다. $AC = CE$이고, 선분 BD는 두 선분 AC, CE와 각각 점 P, Q에서 만난다. 두 선분 AP, BP와 호 AB(점 C를 포함하지 않는)에 모두 접하는 원을 O_1이라 하고, 두 선분 DQ, EQ와 호 DE(점 C를 포함하지 않는)에 모두 접하는 원을 O_2라 하자. 두 원 O_1, O_2가 원 O에 내접하는 두 점을 각각 R, S라 하자. 두 직선 RP와 SQ의 교점을 X라 할 때, 직선 XC가 $\angle ACE$의 이등분선임을 보여라.

187-1-4 모든 양의 정수의 집합을 N이라 하자. 집합 N의 세 부분 집합 A, B, C가 다음의 조건들을 모두 만족하면 A, B, C를 N의 '분할'이라 한다.
(i) $A, B, C \neq \phi$ (ii) $A \cap B = B \cap C = C \cap A = \phi$ (iii) $A \cup B \cup C = N$
아래의 세 조건을 모두 만족하는 N의 분할 A, B, C가 존재하지 않음을 보여라.

(1) 모든 $a \in A, b \in B$에 대하여, $a + b + 2008 \in C$,

(2) 모든 $b \in B, c \in C$에 대하여, $b + c + 2008 \in A$,

(3) 모든 $c \in C, a \in A$에 대하여, $c + a + 2008 \in B$

187-1-5 5이상의 소수 p 각각에 대하여, $1+(\frac{1}{2^2}+\frac{1}{3^2}+\cdots+\frac{1}{n^2}) \times (2^2 \times 3^2 \times \cdots \times n^2)$이 p의 배수가 되는 정수 $n(n \geq 2)$이 존재함을 보여라.

187-1-6 원 Γ에 내접하는 사각형 $ABCD$가 있다. 점 A에서의 원 Γ의 접선에 평행하고 점 D를 지나는 직선이 원 Γ와 만나는 두 교점 중 D가 아닌 점을 E라 하자. 원 Γ위의 점 F가 직선 CD에 대하여 점 E의 반대편에 있고 두 조건 $AE \cdot AD \cdot CF = BE \cdot BC \cdot DF$; $\angle CFD = 2\angle AFB$를 모두 만족한다. 점 A에서의 원 Γ의 접선과 점 B에서의 원 Γ의 접선, 그리고 직선 EF가 모두 한 점에서 만남을 보여라.

187-1-7 다음의 세 조건을 모두 만족하는 함수 $f : R \to R$는 오직 $f(x) = x$ 하나뿐임을 보여라. 단, R은 모든 실수의 집합이다.

(1) 모든 실수 $x \neq 0$에 대하여, $f(x) = x^2 f(\frac{1}{x})$,

(2) 모든 실수 x, y에 대하여, $f(x+y) = f(x) + f(y)$,

(3) $f(1) - 1$.

187-1-8 양의 정수 s, t에 대하여, 모든 항이 양의 정수인 수열 a_n을 다음과 같이 정의하자.
$a_n = s$, $a_2 = t$, 그리고 모든 $n \geq 1$에 대하여

$$a_{n+2} = [\sqrt{a_n + (n+2)a_{n+1} + 2008}]$$

단, $[x]$는 x를 넘지 않는 최대 정수이다. 이 때, 집합 $\{n$은 양의 정수$|a_n \neq n\}$이 유한집합임을 보여라.

2008 제22회 한국수학올림피아드 1차시험

고등부
2008년 5월 24일

185-2-1 유리수 $\frac{1}{13}$을 이진법으로 전개하면 다음과 같은 꼴이다. 단, 모든 a_i는 0 또는 1이다.

$$0.\overline{a_1 a_2 \cdots a_r} = 0.a_1 a_2 \cdots a_r a_1 a_2 \cdots a_r a_1 a_2 \cdots a_r \cdots$$

이때, 순환마디의 길이 r의 최소값을 구하여라.

|풀이|

KAIST 07학번 이동민

$\frac{1}{13} = \left(\frac{a_1}{2} + \frac{a_2}{2^2} + \cdots + \frac{a_r}{2^r}\right) + \left(\frac{a_1}{2^{r+1}} + \frac{a_2}{2^{r+2}} + \cdots + \frac{a_r}{2^{2r}}\right) + \cdots$

$\frac{1}{13}\left(1 - \frac{1}{2^r}\right) = \frac{a_1}{2} + \frac{a_2}{2^2} + \cdots + \frac{a_r}{2^r} = \frac{2^{r-1}a_1 + a^{r-2}a_2 + \cdots + a_r}{2^r}$

곧, $\frac{2^r-1}{13} = 2^{r-1}a_1 + 2^{r-2}a_2 + \cdots + a_r$이므로 $\frac{2^r-1}{13}$은 정수이어야 한다.

$2^r - 1 \equiv 0 \pmod{13}$을 만족하는 r 중 가장 작은 것은 12 ($\because r = 12$일 때, 페르마의 소정리에서 $2^{12} \equiv 1 \pmod{13}$이고 $r < 12$일 때, $2^r \not\equiv 1 \pmod{13}$)

$\therefore r$의 최소값은 12이고 이 때의 마디는 000100111011이다.

185-2-2 모든 양의 정수 n에 대하여 $(n!)^2 \cdot a^n$이 $(2n)!$보다 크게 되는 양의 정수 a의 값 중 가장 작은 값을 구하여라.

|풀이|

KAIST 07학번 이동민

$\frac{(2n)!}{(n!)^2} < a^n$이 되는 a의 최소값을 구한다.

$\frac{(2n)!}{(n!)^2} = \frac{2n(2n-2)\cdots 2}{n(n-1)\cdots 1} \cdot \frac{(2n-1)(2n-3)\cdots 1}{n(n-1)\cdots 1} < 2^{2n} = 4^n (\because \text{항별 비교})$

한편, $a = 3$일 때, $n = 5$를 대입하면 $\frac{10!}{(5!)^2} = 252 > 243 = 3^5$

$\therefore a = 4$가 최소값이다.

185-2-3 상수가 아닌 다항식 $f(x)$가 모든 실수 s, t에 대하여

$$f(s^2 + f(t)) = (s - 2t)^2 f(s + 2t)$$

를 만족시킬 때, $|f(10)|$을 구하여라.

┤풀이├

KAIST 07학번 이동민

$s = 2t$, $s = -2t$를 준식에 대입해보면 $f(4t^2 + f(t)) = 0^2 f(4t) = 4t^2 f(0)$
곧, $f(0) = 0$임을 알 수 있고 준식에 $t = 0$ 대입하면 $f(s^2) = s^2 f(s)$
이때, 차수 비교를 통해 f가 이차식임을 알 수 있고 $f(x) = ax^2 + bx + c$을 대입하면 계수비교를 통해 $f(x) = ax^2$(단 $a \neq 0$)임을 알 수 있다.
곧, $a(s^2 + at^2)^2 = f(s^2 + at^2) = (s - 2t)^2 a(s + 2t)^2 = a(s^2 - 4t^2)^2$이 되고 $a = -4$.
$\therefore f(x) = -4x^2$이 되어 $|f(10)| = 400$

185-2-4 원탁에 10명의 사람이 앉아 있다. 연이어 앉아 있는 사람들의 모임을 '그룹'이라 부르자. 이 10명의 사람들을 두 개 이상의 그룹으로 분할하는 방법의 수를 구하여라. 단, 각 사람은 반드시 어떤 그룹에 속하되 둘 이상의 그룹에 속할 수는 없으며, 각 그룹은 두 사람 이상을 포함한다.

┤풀이├

KAIST 08학번 류연식

분할 가능 지점은 10곳이다.

각 그룹에는 2명이상 들어가야 하므로 그룹의 개수는 5개이다.

$$2개그룹 : (8, 2), (7, 3), (6, 4), (5, 5) \Rightarrow 10 + 10 + 10 + 5 = 35가지$$
$$3개그룹 : (6, 2, 2), (5, 3, 2), (5, 2, 3), (4, 4, 2), (4, 3, 3)$$
$$= 10 + 10 + 10 + 10 + 10 = 50가지$$
$$4개그룹 : (4, 2, 2, 2), (3, 3, 2, 2), (3, 2, 3, 2) \Rightarrow 10 + 10 + 5 = 25가지$$
$$5개그룹 : (2, 2, 2, 2, 2) = 2가지$$

$\therefore$ 112가지

185-2-5 중등부 19번과 중복

185-2-6 다음 조건을 만족시키는 300보다 작은 소수 p중에서 가장 큰 것을 구하여라.
[조건] $p = x^2 + y^2 = u^2 + 7v^2$를 만족시키는 정수 x, y, u, v가 존재한다.

---풀이---

KAIST 07학번 이동민

먼저 p는 소수이므로 $p \equiv 1$ or $5 \pmod{6}$

또한 $u^2 + 7v^2 \equiv u^2 \equiv 1$ or 2 or $4 \pmod{7}$

위를 이용하면 $p \equiv 1, 11, 23, 25, 29, 37 \pmod{42}$

250이상의 수 중 위를 만족하는 것은 $253, 263, 275, 277, 281, 289, 295$

$253 = 11 \cdot 23, 275 = 5^2 \cdot 11, 289 = 17^2, 295 = 5 \cdot 59$이므로 이 중 소수는 $263, 277, 281$뿐이고 이 중 가장 큰 수는 $281 = 16^2 + 5^2 = 13^2 + 7 \cdot 4^2$

∴ 답은 281

185-2-7 원 O에 내접하는 사각형 ACD에 대하여 점 A에서의 원 O의 접선과 점 C에서의 원 O의 접선, 그리고 직선 BD가 한 점에서 만난다. $AB = 24, BC = 20, CD = 15$일 때, $\frac{61}{100}BD^2$의 값을 구하여라.

---풀이---

경남과학고 1학년 이동열

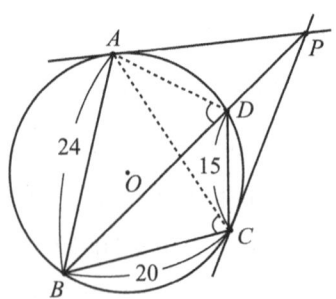

$\angle ABP = \angle DAP, \angle APB$는 공통이므로 $\triangle ABP \sim \triangle DAP \cdots$ ①

$\angle CBP = \angle DCP, \angle BPC$는 공통이므로 $\triangle CBP \sim \triangle DCP \cdots$ ②

따라서, ①에서 $\overline{AD} : \overline{AB} = \overline{DP} : \overline{AP}$, ②에서 $\overline{CD} : \overline{BC} = \overline{DP} : \overline{CP}$인데 $\overline{AP}$,

$\overline{CP}$ 모두 원O와 접하는 직선이므로 $\overline{AP} = \overline{CP}$이다.

즉, $\overline{AD} : \overline{AB} = \overline{CD} : \overline{BC}$

$\overline{AD} : 24 = 15 : 20, \overline{AD} = 18$

$\overline{BD} = x$라 하면, 톨레미의 정리에서

$$\overline{BD} \times \overline{AC} = \overline{AD} \times \overline{BC} + \overline{AB} \times \overline{CD}$$

$x \times \overline{AC} = 18 \times 20 + 24 \times 15 = 360 + 360 = 720$, $\overline{AC} = \frac{720}{x}$

$\angle ADB$와 $\angle ACB$는 모두 $\overset{\frown}{AB}$의 원주각이므로 $\angle ADB = \angle ACB$이다.

제2코사인법칙에서

$\cos(\angle ADB) = \frac{\overline{AD}^2 + \overline{BD}^2 - \overline{AB}^2}{2 \times \overline{AD} \times \overline{BD}}$,

$\cos(\angle ACB) = \frac{\overline{AC}^2 + \overline{BC}^2 - \overline{AB}^2}{2 \times \overline{AC} \times \overline{BC}}$

$\cos(\angle ADB) = \frac{18^2 + x^2 - 24^2}{2 \times 18 \times x} = \frac{x^2 - 252}{36x}$

$\cos(\angle ACB) = \frac{\frac{720^2}{x^2} + 20^2 - 24^2}{2 \times \frac{720}{x} \times 20} = \frac{\frac{518400}{x^2} - 176}{\frac{28800}{x}}$

$\cos(\angle ADB) = \cos(\angle ACB)$이므로 $\frac{x^2 - 252}{36x} = \frac{518400 - 176x^2}{28800x}$, $x \neq 0$이므로 양변에 x를 곱하면

$$\frac{x^2 - 252}{36} = \frac{518400 - 176x^2}{28800}$$

$$28800x^2 - 252 \times 28800 = 36 \times 518400 - 176 \times 36x^2$$

$$35136x^2 = 25920000$$

$$x^2 = \frac{25920000}{35136}$$

$\therefore \frac{61}{100}\overline{BD}^2 = \frac{61}{100}x^2 = \frac{61}{100} \times \frac{25920000}{35136} = \frac{259200}{576} = 450$

185-2-8 집합 $E = \{1, 2, 3, 4, 5, 6, 7, 8\}$에 대하여 다음 조건을 만족시키는 일대일 대응 $f : E \to E$의 개수를 구하여라.

[조건] 모든 $n \in E$에 대하여, $|f(n) - n|$은 홀수이고, $f(f(n)) \neq n$이다.

―――――――――――| 풀이 |―――――――――――

KAIST 08학번 류연식

$|f(n)-n| \equiv 1 \pmod 2$이므로 $\{1,3,5,7\} \to \{2,4,6,8\}$, $\{2,4,6,8\} \to \{1,3,5,7\}$이 성립한다.

그러나, $f(f(n)) \neq n$이므로 $\{1,3,5,7\} \to \{2,4,6,8\} \to \{1,3,5,7\}$이며 조건을 만족하는 경우의 수는 $4! \times 4!(\frac{1}{2!} - \frac{1}{3!} + \frac{1}{4!}) = 216$
$\{2,4,6,8\} \to \{1,3,5,7\}$은 결정됨
$\therefore 216$

185-2-9 밑면은 넓이가 4인 정사각형이고 높이는 5인 뚜껑이 열린 직육면체 통이 있다. 이 통의 네 옆면에는 서로 다른 색이 칠해져 있어서 서로 구분된다. 가로, 세로, 높이가 각각 1, 2, 3인 똑같이 생긴 각목 10개를 이 통에 꼭 맞게, 꽉 차게 채우려고 한다. 이렇게 채우는 방법의 수를 구하여라.

─────┤ 풀이 ├─────

KAIST 08학번 양해훈

모든 면이 구별되는 $2 \times 1 \times n$통과 $2 \times 1 \times m$통을 가장 넓은 면끼리 붙이고, 그 붙은 면을 제거해 완성한 입체에 $1 \times 1 \times 2$ 각목을 충분히 넣어 채우는 방법의 수를 $P(n,m)$이라 정의하자.

$P(5,5)$를 구하면 된다. 또한, $P(n,m) = P(n,n)$.

충분히 큰 n에 대하여, $(n > 2)$

$P(n,n)$은

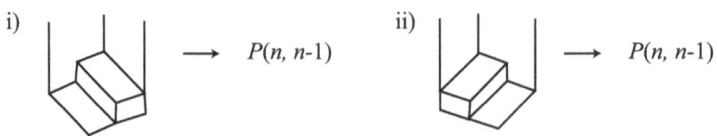

i) → $P(n, n-1)$ ii) → $P(n, n-1)$

iii) 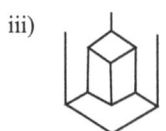 이 경우, 나머지는 다음과 같이 채울 수 있다.

iii-1) 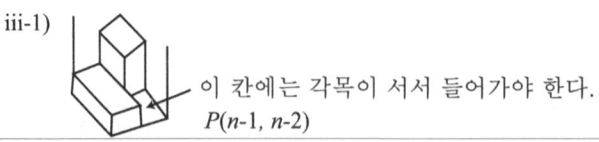 이 칸에는 각목이 서서 들어가야 한다.
$P(n-1, n-2)$

iii-2) 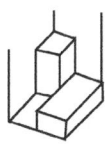 iii-1)을 거울에 비춘 모습도 $P(n-1, n-2)$

iii-3)  두 칸에 각목을 세워 넣어야 한다. $P(n-2, n-2)$

즉, $P(n,n) = 2P(n, n-1) + 2P(n-1, n-2) + P(n-2, n-2)$.

한편, $P(n, n-1)$은 : (여기서도 $n > 2$)

i) → $P(n-1, n-1)$ ii) → 밑에 각목을 반드시 세워야 한다. $P(n-2, n-1)$

$P(n, n-1) = P(n-1, n-1) + P(n-2, n-1)$

$$\begin{aligned}
P(5,5) &= 2P(4,3) + 2P(5,4) + P(3,3) \\
&= 2P(4,4) + 2P(4,3) + 2P(4,3) + P(3,3) \\
&= 4P(4,3) + 4P(3,2) + 2P(2,2) + 4P(4,3) + P(3,3) \\
&= 8P(3,3) + 8P(3,2) + 4P(3,2) + 2P(2,2) + P(3,3) \\
&= 18P(3,2) + 18P(2,1) + 9P(1,1) + 12P(3,2) + 2P(2,2) \\
&= 30P(2,2) + 30P(2,1) + 18P(2,1) + 9P(1,1) + 2P(2,2) \\
&= 32P(2,2) + 48P(2,1) + 9P(1,1)
\end{aligned}$$

간단한 계산으로 $P(2,2) = 9$, $P(2,1) = 3$, $P(1,1) = 2$임을 알 수 있다.
$P(5,5) = 450$

185-2-10 임의의 양의 정수 n에 대하여 $2^{a(n)} = 3^{b(n)} = n$이라 할 때, $\lfloor a(n) \rfloor + \lfloor b(n) \rfloor = 11$을 만족시키는 양의 정수 n의 개수를 구하여라. 단, 실수 x에 대하여 $\lfloor x \rfloor$는 x를 넘지 않는 최대의 정수이다.

―― 풀이 ――

KAIST 07학번 이동민

2의 거듭제곱수와 3의 거듭제곱수 몇개를 비교하면 $3^4 = 81 < 2^7 = 128 <$

$3^5 = 243 < 2^8 = 256$.

$n = 128$일 때, $a(n) = 7, < b(n) < 5$이므로 $\lfloor a(n) \rfloor + \lfloor b(n) \rfloor = 11$

$n = 243$일 때, $7 < a(n) < 8, b(n) = 5$이므로 $\lfloor a(n) \rfloor + \lfloor b(n) \rfloor = 12$

위를 통해 n이 128과 243사이의 수 일 때, $\lfloor a(n) \rfloor + \lfloor b(n) \rfloor = 11$임을 유추할 수 있다.

$128 \leq n < 243$일 때, $7 \leq a(n) < 8, 4 < b(n) < 5$이므로 $\lfloor a(n) \rfloor + \lfloor b(n) \rfloor = 11$.

한편, $n < 128$일 때, $\lfloor a(n) \rfloor + \lfloor b(n) \rfloor \leq 10, 7 \geq 243$일 때, $\lfloor a(n) \rfloor + \lfloor b(n) \rfloor \geq 12$.

∴ n은 모두 115개

185-2-11 실수 x에 대하여 x와 가장 가까운 정수를 $[x]$로 나타내자. (단, 가장 가까운 정수가 두 개 있으면 둘 중 큰 것으로 한다.) 양의 정수 n에 대하여, $a_n = \lfloor \sqrt{n} \rfloor, b_n = \lfloor \sqrt{a_n} \rfloor$일 때, $b_1, b_2, \ldots, b_{2007}$ 중에서 b_{2008}과 같은 것들의 개수를 구하여라.

───────── 풀이 ─────────

KAIST 08학번 양해훈

$\sqrt{2008} = 44.81 \cdots$

$a_{2008} = 45$

$\sqrt{45} = 6.71 \cdots$

$b_{2008} = 7$

b_n이 7이려면 $6.5 \leq \sqrt{a_n} < 7.5$를 만족해야 한다.

즉, $42.25 \leq a_n < 56.25$. a_n은 정수이므로 $43 \leq a_n \leq 56$.

이렇게 되려면 $42.5 \leq \sqrt{n} < 56.5$가 되어야 하며 이는 $1806.25 \leq n < 3192.25$가 되어야 한다.

즉, $1807 \leq n \leq 3192 \cdots$ ①

$n = 1, \ldots, 2008$중 ①을 만족하는 것은 201개이다.

답 201

185-2-12 원에 내접하는 오각형 $ABCDE$가 있다. 점 B에서 직선 AC에 내린 수선의 길이, 점 C에서 직선 BD에 내린 수선의 길이, 점 D에서 직선 CE에 내린 수선의 길이, 점 E에서 직선 AD에 내린 수선의 길이가 각각 순

서대로 $1, 2, 3, 4$이다. 선분 AE의 길이가 16일 때, 선분 AB의 길이를 구하여라.

풀이

KAIST 08학번 나기훈

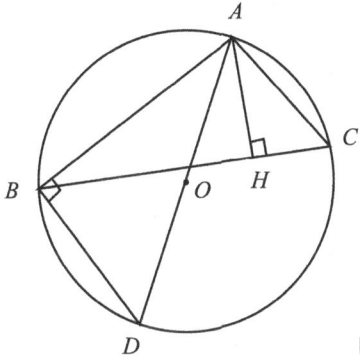

원 O위의 점 A, B, C에 대하여 A에서 BC에 내린 수선의 발을 H라 하면 $AB \cdot AC = AH \cdot 2R$($R$은 원의 반지름)이다.

$\because$ AD는 지름이 되도록 원 위의 점 D를 정하면 $\angle ABD = 90°$ 그리고 $\angle AHC = 90°$

$\angle ADB = \angle ACH$(원주각)

$$\therefore \triangle ABD \backsim \triangle AHC$$
$$\to AD : AB = AC : AH$$
$$\to AB \cdot AC = AH \cdot AD = AH \cdot 2R$$

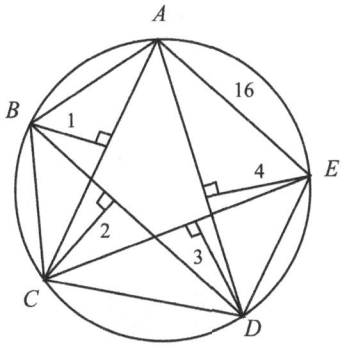

위의 정리에 의하여

$$AE \cdot ED = 4 \cdot 2R$$
$$ED \cdot DC = 3 \cdot 2R$$
$$DC \cdot CB = 2 \cdot 2R$$
$$CB \cdot AB = 1 \cdot 2R$$

$$\therefore \frac{(AE \cdot ED) \cdot (DC \cdot CB)}{(ED \cdot DC) \cdot (CB \cdot AB)} = \frac{4 \cdot 2R \cdot 2 \cdot 2R}{3 \cdot 2R \cdot 1 \cdot 2R}$$
$$AB = AE \cdot \frac{3}{8} = 16 \cdot \frac{3}{8} = 6$$

185-2-13 선분 AB는 중심이 O인 원의 지름이고, 선분 AO와 선분 BO의 중점이 각각 G, H이다. 이 원 위의 점 C에 대하여 $\angle ACG = \angle ABC$이고 $AC < BC$이다. 직선 CG가 이 원과 만나는 또 다른 점이 X, 직선 XH가 이 원과 만나는 또 다른 점이 D이다.
$CD^2 = 336$일 때, AB^2을 구하여라.

|풀이|

KAIST 08학번 나기훈

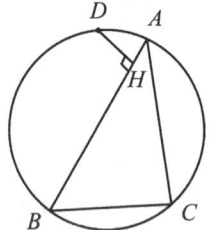

$AB > AC$인 $\triangle ABC$에 대하여 ABC의 외접원 위의 A쪽의 호 BC의 중점 D를 정하면 D에서 AB에 내린 수선의 발을 H라 하면 $BH = HA + AC$이다.

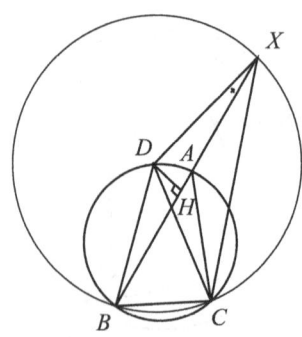

∵ $DB = DC$를 반지름으로 하고 D를 중점으로 하는 원을 생각해 봅시다.
BA와 이 원의 교점을 X라 하면
$DC = DX$
$\angle DCA = \angle DBA = \angle DXA$
DA는 공통이므로 $\triangle DAC \equiv \triangle DAX$
∴ $AC = AX$
즉, $HA + AC = HA + AX = HX$
$BH = BX$이므로 $BH = HA + AC$

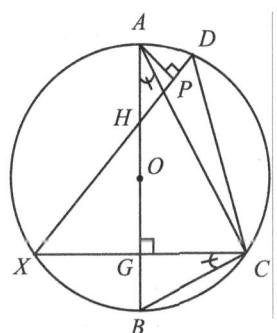

문제에서 $\angle BAC = \angle GCB$이므로 $BC = xB$
∴ $XC \perp AB$일 수 밖에 없습니다.
위의 정리에 의하여 A에서 XD에 내린 수선의 발을 P라 하면 $XP = PD + DC$
$AH = HO = OG = GB = a$라 합시다.

$$XG^2 = AG \cdot GB = 3a \cdot a = 3a^2$$
$$XH^2 = XG^2 + HG^2 = 3a^2 + 4a^2 = 7a^2$$
$$AH \cdot HP = AH \cdot HG = 2a^2$$
$$HP = \frac{2}{7}\sqrt{7}a$$
$$XH \cdot HD = AH \cdot HB = 3a^2$$
$$HD = \frac{3}{7}\sqrt{7}a$$

∴ $DP = \frac{\sqrt{7}}{7}a$

$XP = PD + DC$이므로

$$\sqrt{7}a + \frac{2}{7}\sqrt{7}a = \frac{\sqrt{7}}{7}a + \sqrt{336}$$

$$\frac{8}{7}\sqrt{7}a = \sqrt{336}$$

$$AB = 4a = 14\sqrt{3}$$

$$\therefore AB^2 = 588$$

185-2-14 다음 조건을 만족시키는 볼록사각형 $OAPB$의 넓이의 최대값을 M이라 할 때, $(2M-9)^2$의 값을 구하여라.

[조건] 두 선분 OA, OB는 서로 수직이고, $AP + PB = 6$이다.

─┤풀이├─

KAIST 08학번 배영오

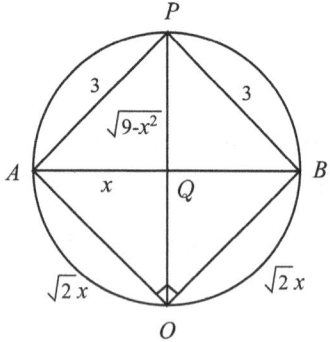

임의의 $\overline{AB}$에 대하여 AP, PB가 같은 값을 가질 때 $\triangle APB$가 가장 큰 넓이를 갖는다. 마찬가지로 임의의 $\overline{AB}$에 대하여 $\angle AOB = \angle R$이므로 AO, BO가 같은 값을 가질 때 $\triangle AOB$가 최대값을 갖는다.

Q를 AB의 중점이라고 하고 AQ의 길이를 x라 하자.

$\triangle APB$는 이등변삼각형이므로 넓이는 $x\sqrt{9-x}$

$\triangle AOB$ 또한 이등변삼각형이므로 넓이는 x^2

볼록사각형의 넓이는 $x^2 + x\sqrt{9-x^2}$된다.

$x^2 + x\sqrt{9-x^2}$의 최대값이 M

∴ $t = 3\sin\theta$을 대입하면

$$9\sin^2\theta + 3\sin\theta\sqrt{9-9\sin^2\theta} = 9\sin^2\theta + 9\cos\theta\sin\theta$$
$$= \frac{9}{2}(1-\cos 2\theta) + \frac{9}{2}\sin 2\theta$$
$$= \frac{9}{2} + \frac{9}{2}(\sin 2\theta - \cos 2\theta)$$
$$\leq \frac{9}{2} + \frac{9}{2}\sqrt{2}$$

∴ $(2M - 9) = 162$

185-2-15 다음 그림에서 점 $I_1, I_2, \ldots, I_8$은 8개의 섬을 나타내고, 각 점선은 두 섬을 잇는 다리를 건설할 수 있는 위치를 나타낸다. 건설하는 다리의 수를 최소로 하면서 모든 섬이 연결되도록 하는 방법의 수를 구하여라. 단, 모든 섬이 연결되었다는 것은 임의의 한 섬에서 임의의 다른 섬으로 다리(들)을 따라 이동할 수 있음을 뜻한다.

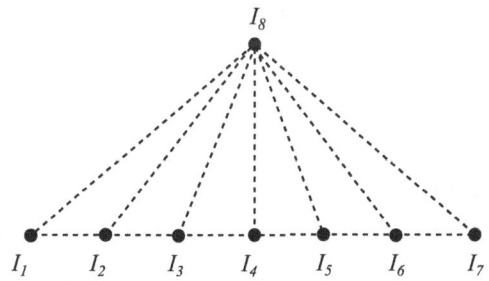

|풀이|

KAIST 07학번 최범준

점이 i일 때

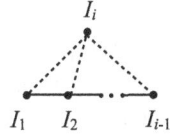

에서 최소의 다리로 연결되는 경우의 수를 a_i라 하자.

a_8을 구하도록 하자. a_n에서

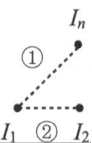

를 살피면

(case 1) ①는 다리 ②는 없는경우, ②없고 ①다리인 경우 각각 $I_2, I_3, \ldots, I_n$이 연결되는 a_{n-1}가지수의 경우가 있음을 알 수 있다.

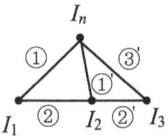

(case 2) ①과 ②가 모두 다리일 때 조건을 만족하는 경우를 b_n이라 하자.

이제 ①′은 다리가 없어야 한다. ②′와 ③′모두 다리가 있을 수도 없다.(이 경우 cycle이 생겨 최소개수로 만들 수 없다.)

③′에 없고 ②′에 있을 때 우리는 I_2가 없는 것처럼 생각할 수 있고, 이것은 b_{n-1}과 같다.

②′에 없고 ③′에 있을 때 우리는 나머지 $I_3, I_4, \ldots, I_n$이 최소개수로 연결되어야 함을 알고 이는 a_{n-2}이다.

즉 $a_n = 2a_{n-1} + b_n \& b_n = b_{n-1} + a_{n-2}$이다.

$a_2 = 1, a_3 = 3, b_4 = 2$임을 쉽게 구할 수 있어 계속 구하면 $a_4 = 2 \cdot 3 + 2 = 8$, $b_5 = 2+3 = 5, a_5 = 2 \cdot 8 + 5 = 21, b_6 = 8+5 = 13, a_6 = 2 \cdot 21 + 13 = 42+13 = 55$, $b_6 = 8 + 5 = 13, a_6 = 2 \cdot 21 + 13 = 42 + 13 = 55, b_7 = 21 + 13 = 34$, $a_7 = 2 \cdot 55 + 33 = 144, b_8 = 55 + 34 = 89, a_8 = 2 \cdot 144 + 88 = 288 + 89 = 377$

377가지

185-2-16 삼각형 ABC에서 점 D는 변 AC 위의 점이고 점 E는 변 AB 위의 점이며 점 G는 변 BC 위의 점이다. 직선 l은 점 A를 지나고 변 BC와 평행한 직선이다. 또 점 F는 선분 BD와 선분 C의 교점이다. 직선 GD, 직선 GF, 직선 GE와 직선 l과의 교점을 각각 H, K, I라고 하자. $\triangle EBF : \triangle DFC : \triangle FBC = 1 : 2 : 3$이고 $BG = 7$일 때, 선분 AI의 길이와 선분 KH의 길이의 곱을 구하여라.

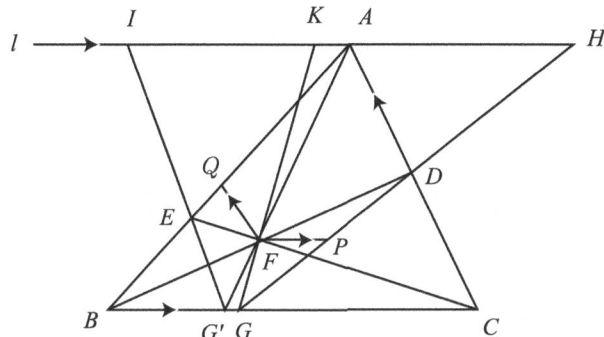

$\triangle EBF : \triangle DFC : \triangle FBC = 1 : 2 : 3$이므로 $EF : FC = 1 : 3$, $DF : FB = 2 : 3$입니다.

AC와 평행하고 F를 지나는 직선이 AB와 만나는 점을 Q라 하면

$$EQ : QA = EF : FC = 1 : 3$$
$$BQ : QA = BF : FD = 3 : 2$$
$$\therefore BQ : EQ : QA = 9 : 2 : 6$$
$$\therefore BE : EA = 7 : 8$$
$$AI : BG = AE : EB = 8 : 7$$
$$\therefore AI = 8$$

AF와 BC의 교점을 G'이라 하면

$$\frac{FG'}{AG'} + \frac{FD}{BD} + \frac{FE}{CE} = 1$$
$$\therefore \frac{FG'}{AG'} = 1 - \frac{2}{5} - \frac{1}{4} = \frac{7}{20}$$
$$\therefore = \frac{FG'}{FA'} = \frac{7}{13} \to \frac{FG}{FA} = \frac{7}{13}$$

F를 지나며 BC와 평행한 직선이 GD와 만나는 점을 P라 하면

$$PF : GB = DF : DB = 2 : 5$$
$$\therefore PF = \frac{14}{5}$$

$$PF : HK = GF : GK = 7 : 20$$
$$\therefore HK = \frac{14}{5} \cdot \frac{20}{7} = 8$$
$$\therefore AI = 8, \ HK = 8$$
$$\therefore AI \times HK = 64$$

185-2-17 다음 그림과 같이 합동인 두 정육각뿔의 밑면을 만든 도형에서 모서리들을 길로 간주하자. 점 P에서 점 Q로 이동했다가 다시 점 P로 돌아오는 경로의 수를 구하여라. 단, 한 번 지나간 점이나 모서리는 다시 지나가지 않는다.

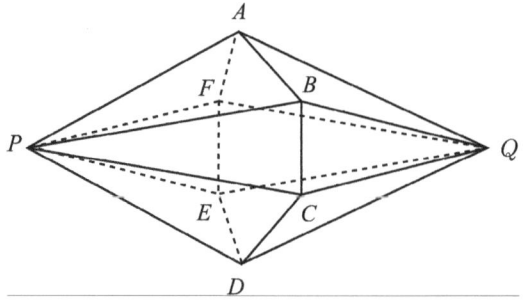

㊟ 이 문제는 아직 풀이가 접수되지 않았습니다. PROPOSAL로 넘깁니다.

185-2-18 두 정수 $2008! + 2^{2008}$과 $2009! - 2^{2007}$의 최대공약수를 1000으로 나눈 나머지 r을 구하여라.($0 \leq r < 1000$) 단, 4019는 소수라는 사실을 이용하여도 된다.

|풀이|

KAIST 07학번 최범준

$$\gcd(2008! + 2^{2008}, 2009! - 2^{2007})$$
$$= \gcd(2008! + 2^{2008} + 2(2009! - 2^{2007}), 2009! - 2^{2007})$$
$$= \gcd(4019 \cdot 2008!, 2009! - 2^{2007})$$
$$= \gcd(4019, 2009! - 2^{2007}) \gcd(2008!, 2009! - 2^{2007})$$

4019는 소수 $\therefore 4018! \equiv -1 \pmod{4019}$

$$\begin{aligned}
4018! &= 1 \times 2 \times \cdots \times 2009 \times 2010 \times \cdots \times 4018 \\
&\equiv 1 \times 2 \times \cdots \times 2009 \times (-2009) \times (-2008) \times \cdots \times (-1) \pmod{4019} \\
&\equiv (-1)^{2009} \cdot (2009!)^2 \pmod{4019} \\
&\equiv -1 \cdot 2009!^2 \equiv -1 \pmod{4019} \\
(2009!)^2 &\equiv 1 \pmod{4019}
\end{aligned}$$

$4019 | 1 - (2009!)^2 \rightarrow 4019|(1+2009!)$ or $4019|(1-2009!)(\because 4019$ 소수$)$

$\therefore (2009)! \equiv 1$ or $-1 \pmod{4019}$

또한

$$2^{4018} \equiv 1 \pmod{4019}$$
$$2^{2009} \equiv 1 \text{ or } -1 \pmod{4019}$$

$1005 \cdot 4 \cdot 2^{2007} \equiv 1005$ or $1005 \cdot -1 \pmod{4019}$

$2^{2007} = 1005$ or $-1005 \pmod{4019}$

$\therefore 2009! - 2^{2007} \not\equiv 0 \pmod{4019}$

$\gcd(4019, 2009! - 2^{2007}) = 1$

$\gcd(2008!, 2009! - 2^{2007}) = \gcd(2008!, 2^{2007})$

2-power of 2008!

$$\left[\frac{2008}{2}\right] + \left[\frac{2008}{2^2}\right] + \cdots + \left[\frac{2008}{2^{10}}\right]$$
$$= 1004 + 502 + 251 + 125 + 62 + 31 + 15 + 7 + 3 + 1$$
$$= 2001$$

$\therefore \gcd(2008!, 2009! - 2^{2007}) = 2^{2001}$

전체 gcd도 2^{2001}

$$2^{2001} \equiv 0 \pmod{2^3} \text{이고}$$
$$2^{2001} \equiv (2^{100})^{20} \cdot 2 \pmod{5^3}$$
$$\equiv 2 \pmod{5^3} (\varphi(5^3) = 100)$$

By chinese Riemainder theorem, $2^{2001} \equiv 752 \pmod{1000}$

185-2-19 양의 정수 n에 대하여, $1 \leq a < n$인 정수 a 중에서 a도 n과 서로 소이고, $a+1$도 n과 서로 소인 것들의 개수를 $\beta(n)$이라 하자. $\beta(n) = 45$를 만족시키는 가장 큰 양의 정수 n의 값을 구하여라.

―풀이―

KASIT 08학번 류연식

$n = 315$일 때 성립

(claim) $\max\{n\} = 315$

$n = p_1^{\alpha_1} p_2^{\alpha_2} \cdots p_k^{\alpha_k} (p_1 < p_2 < \cdots < p_k)$라 놓자.

$tp_1^{\alpha_1} p_2^{\alpha_2} \cdots p_{k-1}^{\alpha_{k-1}} \pm 1, tp_1^{\alpha_1} p_2^{\alpha_2} \cdots p_{k-1}^{\alpha_{k-1}} \pm 2$는 모두 n과 서로소이다.($t = 0, 1, \ldots, p_{k-1}$ (단, $t'p_1^{\alpha_1} \cdots p_{k-1}^{\alpha_{k-1}} \equiv \pm 1, \pm 2 \pmod{p_k}$를 만족하는 t가 1개씩 존재하는데 이를 제외한다.)

∴ 최대 소인수가 p_k인 n에 대하여

$$\beta(n) \geq 2(p_{k-2})$$
$$\beta(n) = 45 \geq 2(p_k - 2)$$
$$265 \geq p_k$$

∴ p_k는 23이하의 소수

315이하의 자연수 중 3, 5, 7과 서로소인 연속된 두 수의 순서쌍은 (1,2), (11,12), (16,17), (22,23), (31,32). (37,38), (43,44), (46,47), (52,53), (58,59), (61,62), (67,68), (73,74), (82,83), (103,104), (106,107), (116,117), (121,122), (127,128), (136,137), (142,143), (148,149), (151,152), (157,158), (163,164), (166,167), (172,173), (178,179), (187,188), (208, 209), (211,212), (221, 222), (226,227) (232,233), (241,242), (247,248), (253,254), (256,257) (262,263), (268, 269), (271,272), (277,278), (283,284), (292,293), (313,314)

이중 23과 서로소과 아닌 수가 존재하는 순서쌍은 2쌍

∴ 315이하의 n에 대하여 $\beta(23x) \geq 2(23-2) + (45-2-6)$
$$45 \geq 79$$

∴ 모순

이런식으로 $\beta(p_k x) \geq 2(p_k - 2) + (45 + -f(p_k) - 6)$ ($f(p_k)$는 위 순서상 중 p_k와 서로소가 아닌 순서쌍이 존재하는 순서쌍의 개수)에 모순이 존재함을

보여 최대 소인수가 7임을 증명할 수 있으며 3, 5, 7만을 소인수로 가지는 수 중 $\beta(n) = 45$를 만족하는 더 좋은 경우가 없음을 보이는데 필요한 경우의 수를 충분히 적으므로 답이 315임이 증명된다.

185-2-20 원 O에 내접하는 정36각형 $A_1 A_2 \cdots A_{36}$에 대하여, 꼭지점 A_8에서 원 O에 외접하는 원이 직선 $A_{10}A_{28}$과 점 P에서 접하고, 꼭지점 A_{30}에서 원 O에 외접하는 원이 직선 $A_{21}A_{23}$과 점 Q에서 접한다. 직선 A_8P와 직선 $A_{30}Q$의 교점 R에 대하여 $\angle PRQ = x°$라고 할 때, x의 값을 구하여라. 단, $0 \le x \le 180°$이다.

─────── 풀이 ───────

KAIST 07학번 심규석

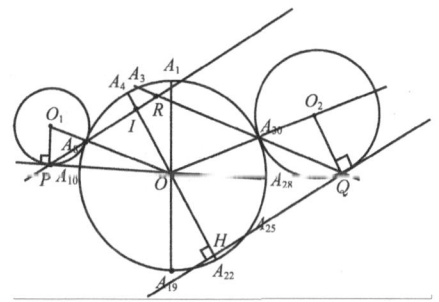

직선 $A_{21}A_{23}$과 선분 OA_{22}의 교점을 H라고 하면, $\overline{OH} \perp \overline{A_{21}A_{23}}$이다. $\overline{O_2Q} \perp \overline{HQ}$이므로 $\square OHQO_2$는 사다리꼴.
$\angle O_2OH = \angle A_{30}OA_{22} = 80°$이므로 $\angle QO_2O = 100°$
$\triangle O_2A_{30}Q$는 이등변삼각형에서 $\angle O_2A_{30}Q = 40°$이고, 맞꼭지각에서 $\angle RA_{30}O = 40°$
$\overline{PR}$과 $\overline{OA_4}$의 교점을 I라 하면, $\angle A_{30}OA_4 = \angle A_{30}OI = 100°$이고, $\triangle O_1OP$에서 $\angle O_1OP = \angle A_8OA_{10} = 20°$이므로 $\angle OO_1P = 70°$
그리고 $\triangle O_1PA_8$은 이등변삼각형이므로 $\angle O_1A_8P = \angle IA_8O = 55°$
또한, $\angle IOA_8 = \angle A_4OA_8 = 40°$에서 $\angle RIO = 95°$
$\therefore \square RIOA_{30}$에서 $\angle PRQ = \angle IRA_{30} = 360 - 40 - 100 - 95 = 125°$

PROPOSALS SOLUTIONS

Proposals Solutions코너는 독자분들과 함께 문제를 생각해보는 코너입니다. 독자분들 중에서 자신이 창작한 문제가 있는 분이나 Proposals란에 실린 문제를 푸신 분은 수학문제연구회로 보내주시면 실어드리겠습니다. 보낼때는 FAX나 우편, 홈페이지 등으로 보내시면 됩니다. 이미 풀이가 실린 문제일지라도 색다른 풀이를 보내주시면 실어드리겠습니다.

PROPOSALS

187-1
한국과학영재학교 2학년
곽우석

5×5의 정사각형 표에 $1 \sim 5$가 5번씩 채워져 있는데 모든 행과 모든 열에 $1 \sim 5$가 한번씩 들어가도록 채워져 있다. 이 때, $1 \sim 5$를 모두 포함하는 5개의 구역으로(즉, 각 구역은 5칸으로 이루어져 있으며 연결되어 있다.) 나눌 때 그 방법의 수가 일정한가 아니면 배치에 따라 변하는가?

SOLUTIONS

186-2
대전대신중학교 3학년
정원식

삼각형 세변의 길이를 a, b, c라하고 r은 내접원, R은 외접원의 반지름, r_a, r_b, r_c를 각 변에 대응하는 방접원의 반지름이라고 할 때, 다음을 증명하시오.

$$r_a r_b + r_b r_c + r_c r_a + r(r_a + r_b + r_c) \leq 9R^2$$

풀이

대아중학교 3학년 한민기

Well-known indentity) $r_a + r_b + r_c = 4R + r$
증명은 간단히 닮음과 식을 계산함을 통해서 증명이 되므로 생략한다.
그러면 $r_a + r_b + r_c + \frac{3}{2}r = 4R + \frac{5}{2}r$이다.

양변을 제곱하면

$$LHS = \frac{9}{4}r^2 + r_a^2 + r_b^2 + r_c^2 + 2(r_a r_b + r_b r_c + r_c r_a) + 3r(r_a + r_b + r_c)$$
$$\geq \frac{9}{4}r^2 + 3(r_a r_b + r_b r_c + r_c r_a + r(r_a + r_b + r_c))(\because AM-GM)$$
$$RHS = 16R^2 + 20Rr + \frac{25}{4}r^2$$

따라서,

$$3(r_a r_b + r_b r_c + r_c r_a + r(r_a + r_b + r_c)) \leq 16R^2 + 20Rr + 4r^2$$
$$\leq 27R^2 (\because 2r \leq R)$$

양변을 3으로 나눠주면

$$r_a r_b + r_b r_c + r_c r_a + r(r_a + r_b + r_c) \leq 9R^2$$

따라서 문제는 성립한다.

수학문제연구회의 지난 20년과 향후 10년

축하의 글

KAIST 수학문제연구회 지도교수 고기형

우리 수학문제연구회는 어느덧 창립한지 20주년을 맞게 되었습니다. 동아리 활동으로는 어쩌면 기피하고도 싶은 수학을 주제로 졸업과 입학으로 회원이 계속 새롭게 바뀔 수밖에 없는 한계를 가지는 우리 동아리를 이렇게 오랫동안 유지하고 발전시킬 수 있었던 것은 회원 여러분이 이 약점들을 오히려 우리 동아리의 강점으로 만들고자 노력한 덕분이 아닌가 합니다.

수문연은 전공에 관계없이 수학을 사랑하는 사람 모두에게 개방된 국내 최초의 동아리로서, 돌이켜 보건데 보람을 느낄 수 있는 많은 것들을 이루었습니다. 컴퓨터 조판이 열악했던 시절 맥을 이용하여 Math Letter를 창간하여 끊김이 없이 오늘에 이르렀고, 수문연에서 활동했던 선배들이 각계각층에서 중요하게 활동하고 있으며, 그 중 꽤 많은 선배들이 대학에서 수학을 연구하며 후진을 양성하고 있습니다. 또한 1990년대에는 우리나라에 수학 올림피아드 운동의 초석을 다지는데 결정적 역할을 담당하였고, 특히 2000년대 초에 있었던 혜택을 받지 못한 환경에 숨겨진 수학 꿈나무를 직접 찾아나서 수학을 보급하였던 사업을 뜻 깊게 생각합니다. 그리고 그동안 줄곳 대학생 수학경시대회에서 발군의 실력을 보인 우리 회원들도 자랑스럽습니다.

이제 성년이 된 수문연은 완숙한 모습으로 시대에 변화에 맞춘 새로운 도전에 나서야 합니다. 그 동안 우리는 재능이 있는 중고 학생들에게 수학을 보급하고 교육하는 일에 힘을 기울였습니다. 그러나 이제는 이러한 일을 담당하는 국공립 사설기관들이 충분히 생겨 이전처럼 수문연의 역할이 그리 많지는 않습니다. 이제부터 10년을 내다보는 사업으로 우리의 내실도 다질 수 있는 연구프로그램을 제안하고자 합니다. 수학을 도구로 해결이 가능한 문제를 과학기술 뿐 아니라 인문사회, 예술의 전 분야에서 발굴하여 수학모델로 만드는 것이 핵심입니다. 그리고 그 다음에 이 모델이 수학적으로 해결 가능한지를 따져보는 것입니다. 이러한 활동의 보고서에 Math Letter를 지면을 할애하여 기록으로 남기면 보람되고 의미 있는 일이라 생각합니다. 물론 활동의 결과가 연구논문 수준으로 발전되면 금상첨화가 되겠습니다.

마지막으로 이번 20주년 행사를 준비한 회장을 비롯한 재학생 회원여러분의 노고에 감사드리며 다음 30주년 행사에서는 수문연의 연구논문 발표학회를 같이 개최하게 될 수 있기를 기대합니다.

수문연의 20주년을 맞이하여

축하의 글

KAIST 수학문제연구회 2008년도 회장 수리과학과 07학번 최범준

안녕하세요. 수학문제연구회(이하 수문연)의 올해 회장 최범준입니다. 제가 회장으로 일하는 올해가 바로 수학문제연구회가 생긴지 20년이 되는 해라고 합니다. 지나가는 한 일원에 불과한 제가 20주년이라는 특별한 시기에 회장을 하게 된 것이 특별하다고도 할 수 있고 한편으로는 부담스럽기도 하네요. 지난 20년간 많은 일들이 있었고 동아리의 모습도 변한 것들도 있을 것이고 변하지 않고 남아있는 것들이 있을 것입니다.

그 중에서도 20년 동안 변하지 않고 해온 일중에 가장 큰 일을 뽑으라면 여러분들이 지금 보고 계신 이 math letter라고 할 수 있습니다. 동아리의 구성원들과 선배님 그리고 몇몇 분들의 힘으로 원고 작성부터, 오타 교정까지 이 ML을 만드는 일에 동아리원의 헌신적인 수고가 있었고 이번 기회에 올해 이를 위해 가장 많은 고생을 해준 편집부장 동민군과 효섭군에게 수고했다는 말과 함께 고마움을 표합니다.

사실 math letter를 만드는 일, 엄청나게 어려운 일도 아니었지만 학생인 저희 들이 소화하기에 쉬운 일만도 아니었습니다. 갈수록 고갈되 는 소재와 반복되는 내용에 고민하기도 하였고 시험기간에 쫓겨서 발행일이 미뤄지는 일도 많았습니다. 이 점 이 자리를 빌어 사과드립니다. 이제 앞으로 얼마 남지 않은 제 회장기간 동안은 math letter의 다양한 컨텐츠 확보와 조금 더 읽고 싶은 잡지를 만들기 위해서 노력하겠습니다. 처음엔 얼마간의 조정기간이 있을 수도 잇지만 수문연과 ML에 대한 애정과 사랑으로 많은 성원 부탁드리고 혹시나 좋은 아이디어나 계획이 있으시다면 저희에게 메일을 주시거나 하여 알려주셔도 좋습니다.

이 math letter 말고도 동아리에선 다른 많은 일들이 벌어지고 있습니다. 매주 정모부터 학교 안에서 벌어지는 각종 행사나 축제 말고도 매 학기, 방학마다 가게 되는 MIT, POSTECH 동아리와의 교류전, 대학수학경시대회 준비까지 수학문제연구회는 20년 동안 학교와 사회에 큰 역할을 하며 발전해 왔습니다. 앞으로 저희의 활동 계속해서 지켜봐 주시길 바랍니다.

동아리의 역사가 길어지다 보니 재미있을 일이 많습니다. 카이스트 부설 영재교육원을 수료했던, 중, 고등학교 때 math letter를 구독하던 친구들이 신입생으로 동아리를 찾아와 같이 math letter를 만들고 공부하고 있습니다. 이 글을 보는 더 많은 구독자분들을 앞으로 수학문제연구회에서 후배분들로 볼

수 있는 일이 많다면 더 좋겠습니다. 자라나는 학창시절동안 수학이라는 학문을 관심과 열정을 가지고 대하는 여러분들은 정말 축복받은 것이라는 말과 함께 이 글을 마치려합니다. 20주년이 있기까지 도움주신 지도교수님과 거쳐간 수많은 선배님들, 재학생 친구들, 그리고 독자분들께 다시 한번 감사의 말씀 드립니다.

Optional Skipping Theorem

KAIST 수리과학과 석사과정 이준경

바둑이나 장기를 둘 때 상대의 수를 그대로 따라 한 적이 있는가? 누구나 한 번 쯤은, 자신보다 강한 상대와 수를 겨루는 게임을 할 대 상대의 전략을 그대로 흉내내 본 적이 있을 것이다. 하지만 이러한 방식은 거의 모든 유명한 게임들(바둑, 장기, 체스 등)의 경우에 파해법이 늘상 존재하며, 따라서 앞에서 말한 바와 같은 '따라쟁이 전략'을 서 본 사람이라면 누구라도 씁쓸한 패배의 기억을 가지고 있을 것이다.

그렇다면 확률적인 게임, 이를테면 도박은 어떠할까? 소위 말하는 '타짜' - 즉 프로 도박사의 전략을 관찰하여 베팅에 참여할 지를 결정하고, 만일 참여한다고 하면 그 타짜의 베팅을 그대로 흉내낸다고 할 때, 타짜보다 더 많은 돈을 딸 수 있을까? 즉, '따라쟁이'는 '타짜'를 이길 수 있을까? 본 원고에서는 이에 대한 확률론적 해답을 Optional Skipping Theorem 이라는 정리를 통해 제시하고자 한다.

우선 주어진 상황을 정리해 보자. 일단 '타짜의 전략' - 즉 충분히 좋은 전략 - 이 존재하고, 그에 다른 '따라쟁이의 전략'이 존재한다. 타짜라고 해서 언제나 돈을 딸 수 있는 것은 아니고, 따라쟁이가 항상 베팅에 참여하는 것도 아니므로 타짜의 전략과 따라쟁이의 전략을 비교하려면 두 전략으로 딸 수 있는 돈의 기대값을 비교해야 할 것이다. 이제 본격적으로 다음과 같은 정의를 통해 이 상황을 수학적으로 표현해 보자.

정의1 (Submantingale)

확률변수(random variable) $\{X_n\}_{n=1}^{\infty}$가 있을 때, 모든 n에 대해 $E(X_{n+1}|X_1, X_2, \ldots, X_n) \geq X_n$을 만족하는 확률변수들의 수열 $\{X_n\}_{n=1}^{\infty}$을 **Submantingale**이라 한다.

의미가 와닿지 않는다면 다음과 같이 생각해보자. 여기서 확률변수 X_n은 n번째 베팅에서 타짜가 가지고 있는 돈을 뜻한다. $X_1, X_2, \ldots, X_n$에 대한 X_{n+1}의 조건부 기대값(Conditional Expectation)이 X_n보다 항상 크거나 같다는 것은 타짜가 불리한 전략을 절대 택하지 않음을 의미한다.(즉, 매회마다 지금 가진 돈보다 기대값이 더 커지는 전략을 택해서 베팅에 참여한다.)

그렇다면 따라쟁이는 어떻게 행동해야 할까? k번째 베팅에서 따라쟁이는 지금까지 타짜의 행동, 즉 $(X_1, X_2, \ldots, X_{k-1})$라는 벡터의 값을 보고 베팅참여 여부를 결정하며, 베팅에 참여할 경우 타짜의 전략을 흉내낸다. 즉, X_k라는 확률변수를 따른다.

정의 2

submantingale인 확률변수 $\{X_n\}_{n=1}^{\infty}$이 주어질 때, 각 자연수 n에 대해 $\mathbb{R}^n$의 Borel 부분집합[a] B_n이 있어서 다음을 만족하는 확률변수의 수열 $\{Y_n\}_{n=1}^{\infty}$을 $\{X_n\}_{n=1}^{\infty}$의 '따라쟁이 전략'이라고 한다.[b]

$$E_k = \begin{cases} 1 & \text{if } (X_1, X_2, \ldots, X_k) \in B_k \\ 0 & \text{if } (X_1, X_2, \ldots, X_k) \notin B_k \end{cases}$$

$$Y_k = X_1 + E_1(X_2 - X_1) + E_2(X_3 - X_2) + \cdots + E_{k-1}(X_k - X_{k-1})$$
$$k = 2, 3, 4, \ldots$$
$$Y_1 = X_1$$

---

[a] 모든 open set를 포함하는 minimal σ-algebra의 원소
[b] 이 정의는 편의상 도입했을 뿐, 확률론에서 널리 쓰이는 정의가 아니다.

즉 타짜의 전략(submantingale) $\{X_n\}_{n=1}^{\infty}$에 대한 따라쟁이 전략은 $(X_1, X_2, \ldots, X_k)$라는 벡터값이 가지고 있던 집합 B_k에 들어갈 경우 베팅에 참여하여 $(X_{k-1} - X_k)$이라는 타짜가 얻는 이익(혹은 손해)를 그대로 얻고, 아닐 경우 그냥 k번째 베팅까지 했을 때의 자산, 즉 Y_k를 가져가는 것이다. 이제 다음의 정리를 통해 따라쟁이의 전략이 타짜의 전략보다 나을 수 없음을 보일 수 있다.

정리 (Optional Skipping Theorem)

submantingale인 확률변수 $\{X_n\}_{n=1}^{\infty}$과 그에 대한 따라쟁이 전략 $\{Y_n\}_{n=1}^{\infty}$이 주어질 때, 모든 n에 대해 $E(Y_n) \leq E(X_n)$이 성립한다.

증명 정의2에서와 같이 $Y_n = X_1 + E_1(X_2 - X_1) + \cdots + E_{n-1}(X_n - X_{n-1})(n = 2, 3, 4 \cdots)$를 만족하는 E_n을 생각하자.

$$X_{k+1} - Y_{k+1} = X_{k+1} - (Y_k + E_k(X_{k+1} - X_k))$$
$$= (1 - E_k)(X_{k+1} - X_k) + X_k - Y_k$$

그러므로

$$E(X_{k+1} - Y_{k+1} | X_1, X_2, \cdots, X_k)$$
$$= (1 - E_k)E(X_{k+1} - X_k | X_1, \ldots, X_k) + E(X_k - Y_k | X_1, \ldots, X_k)$$

submantingale 가정에 의해

$$E(X_{k+1} - X_k | X_1, X_2, \ldots, X_k) = E(X_{k+1} | X_1, X_2, \ldots, X_k) - X_k \geq 0$$

이므로

$$E(X_{k+1} - Y_{k+1} | X_1, X_2, \ldots, X_k) \geq E(X_k - Y_k | X_1, \ldots, X_k) = X_k - Y_k$$

($X_1, X_2, \ldots, X_k$가 결정되면 Y_k도 결정되므로 $E(Y_k | X_1, \ldots, X_k) = Y_k$이다.) 따라서,

$$E(X_{k+1} - Y_{k+1}) = E(E(X_{k+1} - Y_{k+1} | X_1, X_2, \ldots, X_k)) \geq E(X_k - Y_k)$$

$k = 1$일 때 $E(X_1) = E(Y_1)$이므로, 수학적 귀납법에 의해 $E(X_n - Y_n) \geq 0$, 즉 $E(X_n) \geq E(Y_n)$이 항상 성립한다. □

결국 X_n의 기대값이 Y_n의 기대값보다 크거나 같으므로, 단순히 어떤 전략을 흉내만 내서는 수많은 베팅을 거쳤을 때 더 많은 돈을 딸 수 없음을 알 수 있다.[1] 하지만 정의1의 부등식이 항상 등호가 성립할 경우(이를 markingale이라 한다.) X_n의 기대값은 Y_n의 기대값과 항상 같게 된다. 이것은 각자 연습 삼아 해 보도록 하자.

본 원고에서는 조건부 기대값의 정의와 성질에 관해 수학적으로 엄밀한 논의를 전혀 하지 않았다. 예를 들어, 정리의 증명 중 $E(E(X|Y)) = E(X)$와 같은 성질은 증명이 필요한 것이다. 이에 더 관심이 가는 독자는 참고문헌을 찾아 확률론의 세계를 들여다 보길 바란다.

참고문헌

Ash, R. B. Probability and measure Theory

---

[1] Law of Large Number를 의미한다.

암호의 역사

KAIST 수리과학과 07학번 이동민

이른바 정보화 사회가 도래하면서 인터넷 뱅킹, 전자 상거래, 전자 우편, 회원 전용 사이트 등 우리 생활 곳곳에서 암호가 쓰이지 않는 곳이 거의 없게 되었다. 개인의 정보를 보호할 필요가 있는 현대의 일상생활 전반에서 암호가 사용되고 있는 것이다. 암호의 역사를 보면 초기의 암호는 주로 군사적 목적으로 사용되었다. 그런데 놀라운 사실은 비밀 정보를 교환하기 위한 암호가 기원전부터 사용되었다는 사실이다.

암호의 역사는 보통 세 시기로 나눈다. 고대 그리스부터 19세기 말까지의 고전 암호를 1세대 암호, 20세기 전반부터 제2차 세계대전까지를 2세대 암호, 제2차 세계대전 종전 이후의 현대 암호를 3세대 암호라고 한다.

고대 그리스의 전치 암호

1세대 고전 암호 중에서도 가장 먼저 나타난 암호는 문자의 위치를 다양하게 바꾸는 전치 암호(transposition cipher)이다. 예를 들어 HELP ME I AM UNDER ATTACK이라는 평문을 전치 암호로 바꾸기 위해 가로로 한줄에 다섯 개의 알파벳씩 배열한다.

$$H\ E\ L\ P\ M$$
$$E\ I\ A\ M\ U$$
$$N\ D\ E\ R\ A$$
$$T\ T\ A\ C\ K$$

그러고 나서 1열부터 5열까지 위에서 아래로 순서대로 적으면 'HENTEIDTLAEAPMRCMUAK'가 된다. 이렇게 암호화하여 보내면 원래의 평문을 알아내기 힘들다.

이런 방법은 기원전 400년경 이미 고대 그리스의 스파르타에서도 활용되었다. 우선 전쟁에 나간 군대와 본국에 남아 있는 군대가 같은 굵기의 원통형 막대를 나누어 갖는다. 스키테일(Scytale)이라는 이 원통형 막대에 폭이 좁고 긴 양피지 리본을 감고 평문을 가로로 쓴 뒤 풀어 놓으면 문자가 뒤섞여 알아보기 어렵다. 고대 그리스에서는 이렇게 스키테일을 이용해 전치암호로 바꾼 것이다. 이 전치 암호를 풀어 평면을 알아내기 위해서는 꼭 같은 굵기의 원통형 막대에 다시 감아 보아야 한다.

전치 암호는 댄 브라운의 소설 다빈치 코드 에도 들어 있다. 이 소설에는 다양한 유형의 암호가 등장한다. 그 중의 하나가 전치 암호를 이용하여 LEONARDO DA VINCI의 철자 배열 순서를 바꾸어 O DRACONIAN DEVIL로 표현한 것이다. 그런데 여기서는 전치 암호를 만드는 특별한 규칙이 있는 것은 아니다.

카이사르의 이동 암호

고전적인 암호화 방식으로 유명한 것은 알파벳을 일정한 간격으로 이동하여 적는 카이사르의 암호이다. 로마의 정치가 카이사르는 브루투스에게 암살당하기 전에 QHYHUWUXVWEUXWXV라는 암호문을 키케로에게 보냈다. Q를 N으로, H를 E로 바꾸는 식으로 알파벳을 세 자리씩 앞당겨 올라가는 규칙을 적용해 보면 NEVER TRUST BRUTUS가 된다. 암호를 푸는 단서를 '키'라고 하는데 카이사르의 암호에서는 바로 3이 키가 된다. 그리고 이렇게 암호화 하는 방식을 이동 암호(shift cipher)라고 한다.

원래의 알파벳	A B C D E F G H I J K L M N O P Q R S T U V W X Y Z
키가 3일 때의 알파벳	D E F G H I J K L M N O P Q R S T U V W X Y Z A B C

대입 암호

하나의 키를 사용하는 카이사르의 암호는 노출되기 쉽기 때문에, 이동 암호에 이어 나타난 것은 다양한 방식을 이용하여 알파벳을 바꾸는 대입 암호(substitution cipher)이다. 여러가지 유형의 대입 암호 중 간단한 경우는 A부터 Z까지의 알파벳을 각각 무작위로 다른 알파벳으로 바꾸고 그에 따라 평문을 암호화하는 것이다. 그런데 이 방법에는 취약점이 있다. 영어에서 26개의 알파벳이 동등하게 사용된다면 각 알파벳의 사용빈도는 $\frac{1}{26} = 3.8\%$ 정도가 되어야 한다. 그러나 영어 문장들을 분석한 통계에 따르면 E의 사용빈도는 10%를 넘고, X, Z, J, Q 의 사용빈도는 1%에도 미치지 못한다.

사용빈도	알파벳
높음	E, A, R, I, O, T, N
높은 편	S, L, C, U, D, P, M, H
낮은 편	G, B, F, Y, W, K, V
낮음	X, Z, J, Q

평문에서 나타나는 알파벳의 빈도는 암호문에 나타나는 알파벳의 빈도와 일치하기 때문에, 암호문에서 빈번하게 혹은 희박하게 사용된 알파벳을 분석하면 어떤 알파벳이 어떤 알파벳으로 대치되었는지 대략 알아낼 수 있다. 예를 들어 암호문에서 자주 사용된 알파벳은 E를 나타내는 알파벳이고, 사용 빈도가 낮은 알파벳은 X, Z, J, Q를 나타내는 알파벳이라고 가정하고 추적해 가면 암호가 해독될 가능성이 높다.

이런 점을 고려할 때, 하나의 알파벳을 다른 하나의 알파벳으로 대치하기보다는 하나의 알파벳을 여러 개의 알파벳으로 표시하는 것이 더 안전하다. 이런 방식의 대입 암호 중에서 대표적인 것이 16세기 프랑스의 암호학자 비게네르가 제안한 비게네르 암호이다.

간단한 비게네르 암호의 예로 1-2-3-4-5라는 다섯 개의 키를 이용하는 경우를 생각해보자. 이 때 한 알파벳은 다른 한 알파벳으로 고정되는 것이 아니라 키가 1일 때는 A가 B로, 키가 4일 때는 A가 E로 바뀐다. 햄릿의 유명한 대사 TO BE OR NOT TO BE IS THE QUESTION을 다섯 개의 키 1-2-3-4-5를 반복적으로 적용하여 암호화하면 다음과 같다.

키	A B C D E F G H I J K L M N O P Q R S T U V W X Y Z
1	B C D E F G H I J K L M N O P Q R S T U V W X Y Z A
2	C D E F G H I J K L M N O P Q R S T U V W X Y Z A B
3	D E F G H I J K L M N O P Q R S T U V W X Y Z A B C
4	E F G H I J K L M N O P Q R S T U V W X Y Z A B C D
5	F G H I J K L M N O P Q R S T U V W X Y Z A B C D E

평문	T O B E O R N O T T O B E T H A T I S T H E Q U E S T I O N
키	1 2 3 4 5 1 2 3 4 5 1 2 3 4 5 1 2 3 4 5 1 2 3 4 5 1 2 3 4 5
암호문	U Q E I T S P R X Y P D H Z M B V L W Y I G T Y J T V L S S

2세대 암호의 발전

암호는 전쟁과 관련이 깊은 만큼 두 번의 세계대전을 거치면서 급속도로 발전했다. 제2차 세계 대전에서 연합군은 물론이고 독일군과 일본군도 매우 정교한 암호를 사용하였는데, 연합군이 독일군과 일본군의 암호를 해독한 것은 제 2차 세계 대전의 종전을 가져온 일등공신이었다. 그런데 당시 '수수께끼'라는 뜻의 독일군 암호 작성 장치 에니그마(Enigma)의 암호를 해독하여 연합군이 승리하는 데 기여한 것은 바로 앨런 튜링이 발명한 콜로서스였다.

세계 최초의 컴퓨터는 에니악(ENIAC)이라고 오랫동안 알려졌으나 최근에는 에니악보다 앞서 앨런 튜링이 발명한 콜로서스가 세계 최초의 컴퓨터라는 설이 유력하다. 컴퓨터의 아버지, 세계 최초의 해커, 인공지능의 선구자 등 많은 수식어가 따라다니는 튜링은 독극물이든 사과를 먹고 스스로 생을 마감한 비운의 천재 과학자이다. 그런 튜링이 영국군의 암호 해독 책임자였다는 사실은 컴퓨터의 발명과 암호 해독 방법의 연구가 서로 밀집히 관련되어 있음을 말해준다.

3세대 현대 암호

3세대 현대 암호의 발전은 컴퓨터의 발달, 그리고 고급 수학 이론을 암호에 활용함에 따라 가속화되었다. 현대 암호는 크게 비밀키 암호와 공개키 암호로 구분된다. 비밀키 암호에서 복호화 키는 암호화 키의 함수이기 때문에 암호화 키와 복호화 키는 기본적으로 같다. 이처럼 암호화 과정과 복호화 과정이 대칭적인 비밀키 암호에서는 키의 기밀을 유지하는 것이 무엇보다 중요하다.

비밀키 암호는 암호화하는 단위에 따라 다시 블록 암호와 스트림 암호로 구분된다. 블록 암호는 긴 평문을 일정한 길이의 블록으로 나누어 암호화하는 방식을 DES(Data Encrypiton Standard)가 대표적인 예이다. 평문을 1비트 단위로 잘라서 암호화하는 스트림 암호는 1960년대 미국과 옛 소련 간의 핫라인에 이용되기도 하였다.

대칭키 암호의 한 예로 1929년 레스터 힐이 제안할 힐 암호가 있다. 예를 들어 평문 MSQUARE를 힐 암호로 암호화하기 위해서는 다음 과정을 거친다.

① 공란과 A부터 Z까지의 알파벳에 0부터 26까지 일련의 숫자를 부여한다.

공란	A	B	C	D	E	F	G	H	I	J	K	L	M	N	O	P	Q	R	S	T	U	V	W	X	Y	Z
0	1	2	3	4	5	6	7	8	9	10	11	12	13	14	15	16	17	18	19	20	21	22	23	24	25	26

② 평문의 알파벳에 해당하는 숫자를 찾아 행렬의 성분으로 열거한다.

M	S	Q	U	A	R	E
13	19	17	21	1	18	5

MSQUARE에 해당하는 숫자들로 행렬을 만들 때에는 1행1열→2행1열→ 1행2열→2행2열→ … 의 순서로 적는다. 알파벳의 갯수가 홀수일 때에는 마지막에 공란에 해당하는 숫자0을 적는다.

$$\begin{pmatrix} 13 & 17 & 1 & 5 \\ 19 & 21 & 18 & 0 \end{pmatrix}$$

③ 역행렬을 갖는 임의의 이차정사각행렬을 선택하여 ②의 행렬 앞에 곱한다. 예를 들어 $A = \begin{pmatrix} 1 & -1 \\ 2 & 0 \end{pmatrix}$로 MSQUARE를 암호화 하면 다음과 같다.

$$\underbrace{\begin{pmatrix} 1 & -1 \\ 2 & 0 \end{pmatrix}}_{A} \underbrace{\begin{pmatrix} 13 & 17 & 1 & 5 \\ 19 & 21 & 18 & 0 \end{pmatrix}}_{X} = \underbrace{\begin{pmatrix} -6 & -4 & -17 & 5 \\ 26 & 34 & 2 & 10 \end{pmatrix}}_{B}$$

④ 평문을 나타내는 행렬이 X일 때 A를 이용하여 $AX = B$로 바꾸어 보내면 수신자를 행렬 B로 부터 X를 유추해야 한다. $AX = B$의 양변에 A의 역행렬 A^{-1}를 곱하면 $A^{-1}(AX) = A^{-1}B$이다.

행렬의 곱의 결합법칙을 적용하고 $A^{-1}A$가 단위행렬 I가 된다는 점을 이용하면 $(A^{-1}A)X = IX = X = A^{-1}B$가 된다.

다시 말해 원래의 메시지를 나타내는 행렬 X를 알아내기 위해서는 A의 역행렬 $A-1$에 행렬 B를 곱하면 된다. $A = \begin{pmatrix} 1 & -1 \\ 2 & 0 \end{pmatrix}$일 때 $A^{-1} = \begin{pmatrix} 0 & \frac{1}{2} \\ -1 & \frac{1}{2} \end{pmatrix}$이므로

$$A^{-1} = \begin{pmatrix} 0 & \frac{1}{2} \\ -1 & \frac{1}{2} \end{pmatrix} \begin{pmatrix} -6 & -4 & 17 & 5 \\ 26 & 34 & 2 & 10 \end{pmatrix} = \begin{pmatrix} 13 & 17 & 1 & 5 \\ 19 & 21 & 18 & 0 \end{pmatrix}$$

마지막에 얻은 행렬의 숫자 13 19 17 21 1 18 5가 나타내는 알파벳을 찾아 적으면 평문 MSQUARE를 알아낼 수 있다.

힐 암호에서는 역행렬이 존재하는 정사각행렬을 이용하여 암호화하고, 그 역행렬을 이용하여 복호화하기 때문에 암호화 키와 복호화 키가 대칭적이다. 이 경우 암호화 키가 노출되면 복호화 키도 알려지기 때문에 암호화 키를 비밀로 해야 한다. 그런 의미에서 힐 암호는 비밀키 암호이다.

공개키 암호

개인들이 비밀 통신을 할 경우에는 비밀키 암호를 사용할 수 있지만, 다수가 통신할 때에는 키의 개수가 급증하게 되어 큰 어려움이 따른다. 이런 어려움을 극복하기 위해 나타난 것이 공개키 암호이다. 공개키 암호에서는 암호화 키와 복호화 키가 다르기 때문에 암호화 키를 공개해도 아무런 문제가 없다.

공개키 암호 방식 중에서 가장 유명한 것은 1970년대 말에 개발된 RSA 암호이다. RSA는 이를 처음으로 연구한 수학자 리베스트(Ron Rivest), 셰미

르(Adi Shamir), 아델만(Leonard Adleman)의 성에서 첫 글자들만 가져와 만든 용어이다. 이 세 수학자는 RSA 암호에 대한 연구로 2002년 컴퓨터 공학에서 노벨상이라고 일컬어지는 튜링 상을 받았다.

여기서는 RSA 암호화 과정에 대해 알아보기로 하자.

보조정리1 (페르마의 소정리) p가 소수이고 a와 p가 서로소이면 $a^{p-1} \equiv 1 \pmod{p}$이다. 즉 a^{p-1}을 p로 나누면 나머지가 1이다. □

페르마의 소정리를 일반화한 것이 다음의 오일러 정리이다.

보조정리2 (오일러의 정리) 자연수 n에 대해 a와 n이 서로소이면 $a^{\Phi(n)} \equiv 1 \pmod{n}$이다. ($\Phi(n)$은 1부터 n까지의 수 중에서 n과 서로소인 자연수의 개수를 말한다.) □

이제 RSA 암호를 이해할 수 있는 사전 지식을 갖추었으므로 내용 설명에 들어가자.

RSA 암호 방식으로 암호화하기 위해 두 개의 큰 소수 p와 q를 선택하여 비밀로 한다. 그렇지만 그 곱인 $n = pq$와 암호화 키로 쓰이는 수 b는 공개한다. 공개키 b는 $\phi(n) = (p-1)(q-1)$과 서로소인 수 중에서 선택한다. 평문을 숫자로 표시했을 때 A라고 하면, 암호를 보낼 때에는 $A^b \equiv C \pmod{n}$을 계산하여 C를 보낸다.

상대방이 이를 복호화하기 위해서는 키 d가 필요하다. d는 $bd \equiv 1 \pmod{\phi(n)}$. 즉 $bd = 1 + k\phi(n)$을 만족하는 수 중에서 선택한다.

암호문 C를 전해 받은 사람은 복호화 키 d를 이용하여 A를 찾고 평문을 알아낼 수 있다.

$$C^d \equiv (A^b)^d \equiv A^{bd} \equiv A^{(1+k\phi(n))} \equiv AA^{k\phi(n)} \equiv A \pmod{n}$$

구체적인 수를 가지고 위의 과정을 밟아보자. 보내려는 메시지는 대개 긴 숫자열로 표시되지만 계산 과정을 간편화하기 위해 $A = 2$를 암호화한다고 가정하자. 두 소수 p와 q를 각각 3과 11로 선택하면 $n = 3 \times 11 = 33$이다. $\phi(33) = (3-1)(11-1) = 20$과 서로 소인 수 $b = 7$을 선택하자. 이를 이용하여 암호화하면 $2^7 \equiv 128 \equiv 29 \pmod{33}$이고, 이를 공개키 $(33, 7)$과 함께 보낸다.

받은 메시지 29를 복호화하기 위해서는 키 d를 알아야 한다. d는 $7 \cdot d \equiv 1 \pmod{20}$을 만족하는 수로, $7 \cdot 3 \equiv 21 \equiv 1 \pmod{33}$이고, 이를 공개키 $(33,7)$과 함께 보낸다.

받은 메시지 29를 복호화하기 위해서는 키 d를 알아야 한다. d는 $7 \cdot d \equiv 1 \pmod{20}$을 만족하는 수로, $7 \cdot 3 \equiv 21 \equiv 1 \pmod{20}$이므로 $d = 3$이 된다. 이 키를 알면 $29^3 \equiv (2^7)^3 \equiv 2^{21} \equiv 2 \pmod{33}$를 통해 원래의 수가 2임을 쉽게 알 수 있다. 그러나 p와 q는 비밀로 되어 있기 때문에, $(p-1)(q-1)$를 계산할 수가 없고, 따라서 비밀키 d를 알아내기 어렵다.

RSA 암호는 두 개의 큰 소수를 곱하는 것은 쉽지만, 곱해진 결과가 어떤 두 소수의 곱인지 알아내는 것은 어렵다는 성질을 이용한다. 어떤 수 n을 소인수분해하는 직접적인 방법은 $\sqrt{n}$보다 작은 수로 나누어 보는 것이다. 예를 들어 30자리 수를 소인수분해하기 위해 $\sqrt{10^{30}} = 10^{15}$보다 작은 수로 나누어 보면 되는데, 1초에 100만 번 연산을 수행하는 슈퍼컴퓨터라 할지라도 계산하는 데 $\frac{10^{15}}{1000000} = 10^9$초가 소요되므로 약 30년이 걸린다.

수학이 발전함에 따라 더 효과적이고 경제적인 소인수분해 알고리즘이 연구되고 있다. 미국의 수학자 렌스트라는 타원곡선 이론을 이용하여 소인수분해를 효율적으로 수행하는 ECM(Eleptic Curve Method)을 알아냈다. 정수론과 전혀 관련성이 없어 보이는 타원곡선이 소인수분해 방법을 제공한다는 것은, 서로 다른 수학 분야 사이에도 '융합'이 이루어질 수 있음을 보여준다. 수학자들은 ECM뿐 아니라 여러 연구를 통해 소인수분해에 걸리는 시간을 단축시키고 있다. 하지만 주어진 합성수가 어떤 두 소수의 곱인지 알아내는 데에는 슈퍼컴퓨터를 돌려도 여전히 어마어마한 시간이 걸린다. 따라서 소수를 이용한 RSA 암호는 해독하는 데 걸리는 시간을 효과적으로 지연시킬 수 있다는 장점이 있다.

암호학(cryptography)은 수학의 여러 분야 중 정수의 성질을 연구하는 정수론을 응용한 한분야로서, 암호학을 연구하기 위해서는 정수론뿐 아니라 군론, 가환대수, 타원곡선, 그래프이론, 확률론 등 다양한 분야의 수학 이론들이 필요하다. 기초 과학 중에서도 가장 기초적인 수학은 일상생활에 즉각적이고 가시적인 도움을 주지 못한다고 외면당하기 십상이지만, 수학을 그렇게만 생각하는 것은 나무만 보고 숲을 보지 못하는 것이다. 현대 사회에 무엇보다 중요한 개인의 정보를 보호하기 위한 암호학에 기여하는 부분만 생각하더라도 수학은 크게 대접받을 권리가 있을 것 같다.

참고문헌

1. 박경미, 「박경미의 수학콘서트」, 동아시아, 2006.

2. 루돌프 키펜한, 「암호의 세계」, 이지북, 2001.

2008 발칸 수학올림피아드

마케도니아, 오흐리드
2008년 5월 6일

188-1-1 세 변의 길이가 모두 다르고 $AC > BC$ 인 예각삼각형 ABC가 있다. O를 이 삼각형의 외심, H를 수심, 그리고 C에서 대변에 내린 수선의 발을 F라 하자. 직선 AB 위의 $AF = PF$ 인 A 이외의 점을 P라 하고, AC의 중점을 M이라 하자. $PH \cap BC = X$, $OM \cap FX = Y$, $OF \cap AC = Z$ 라 할 때, 네 점 F, M, Y, Z가 한 원 위에 있음을 증명하여라.

188-1-2 다음 두 조건을 모두 만족하는 양수들의 수열 $a_1, a_2, \ldots$ 이 존재하는가?

(i) 모든 자연수 n에 대해 $a_1 + a_2 + \cdots + a_n \leq n^2$.

(ii) 모든 자연수 n에 대해 $\dfrac{1}{a_1} + \dfrac{1}{a_2} + \cdots + \dfrac{1}{a_n} \leq 2008$.

188-1-3 n은 자연수이다. $(90n+1) \times (90n+5)$ 크기의 격자판 $ABCD$가 그려져있을 때, 이 그림의 격자점을 둘 이상 지나는 직선의 개수는 4의 배수임을 증명하여라.

188-1-4 c는 자연수이다. $a_1 = c$ 이고, 임의의 자연수 n에 대해 $a_{n+1} = a_n^2 + a_n + c^3$ 으로 정의된 수열 $a_1, a_2, \ldots$ 을 생각하자. $a_k^2 + c^3$ 이 거듭제곱수가 되는 항 a_k가 존재하는 c의 값을 모두 찾아라. 단, 제곱수, 세제곱수, 네제곱수, $\ldots$ 들을 통틀어 거듭제곱수라고 한다.

2008 주니어발칸 수학올림피아드

188-2-1 다음 연립방정식을 만족하는 실수 a, b, c, d를 모두 구하여라.
$$a + b + c + d = 20$$
$$ab + ac + ad + bc + bd + cd = 150$$

188-2-2 정삼각형 ABC의 두 꼭지점 A와 B를 지나고 C를 내부에 포함하는 반지름 1인 원을 k라 하자. k 위의 $AD = AB$를 만족하는 B가 아닌 점을 D라 하고, 직선 CD가 k와 다시 만나는 점을 E라 하자. CE의 길이를 구하여라.

188-2-3 방정식 $\dfrac{p}{q} - \dfrac{4}{r+1} = 1$을 만족하는 소수 p, q, r을 모두 찾아라.

188-2-4 16개의 단위칸이 모두 흰색인 4×4 격자판이 있다. 공통의 변을 갖는 두 칸을 서로 이웃한다고 말한다. 한 칸을 골라 그 칸에 이웃한 모든 칸을, 흰칸은 검은색으로, 검은칸은 흰색으로 다시 칠하는 것을 한 번의 시행으로 한다. 정확히 n번의 시행 후에 모든 16개의 칸이 검은색이 되었다. 가능한 n의 값을 모두 찾아라.

2008 제22회 한국수학올림피아드 2차시험

중등부
2008년 8월 16일

186-1-1 삼각형 XYZ의 변 ZX위에 두 점 A와 B, 변 XY위에 두 점 C와 D, 변 YZ위에 두 점 E와 F가 있다. 네 점 A, B, C, D가 한 원 위에 있고, 등식 $\frac{AZ \cdot EY \cdot ZB \cdot YF}{EZ \cdot CY \cdot ZF \cdot YD} = 1$이 성립한다. 직선 ZX와 DE가 점 L에서 만나고, 직선 XY와 AF가 점 M에서 만나고, 직선 YZ와 BC가 점 N에서 만날 때, 세 점 L, M, N이 한직선 위에 있음을 보여라.

│풀이│

KAIST 08학번 나기훈

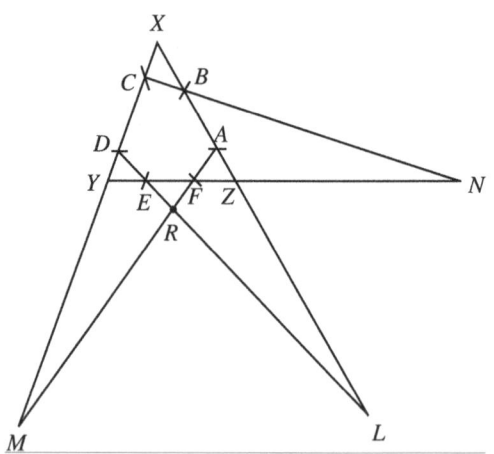

$\triangle AZF$와 직선 XY에 대하여

$\frac{MY}{XM} \cdot \frac{FZ}{YF} \cdot \frac{AX}{ZA} = 1$ (메넬라우스)

같은 방법으로 $\frac{NZ}{YN} \cdot \frac{BX}{ZB} \cdot \frac{CY}{XC} = 1$, $\frac{LX}{ZL} \cdot \frac{DY}{XD} \cdot \frac{EZ}{YE} = 1$

$\therefore \left(\frac{MY}{XM} \cdot \frac{NZ}{YN} \cdot \frac{LX}{ZL}\right) \cdot \frac{FZ \cdot CY \cdot DY \cdot EZ}{YE \cdot ZA \cdot ZB \cdot YE} \cdot \frac{AX \cdot BX}{XC \cdot XD} = 1$

조건에 의하여

$\frac{FZ \cdot CY \cdot DY \cdot EZ}{YF \cdot ZA \cdot ZB \cdot YE} = 1$, $\frac{AX \cdot BX}{XC \cdot XD} = 1$

$$\therefore \frac{MY}{XM} \cdot \frac{NZ}{YN} \cdot \frac{LX}{ZL} = 1$$

메넬라우스 역정리에 의하여 L, M, N은 일직선상에 있다.

186-1-2 실수 x, y에 대하여 $x > 2, y > 3$일 때 $\dfrac{(x+y)^2}{\sqrt{x^3-4}+\sqrt{y^2-9}}$의 최솟값을 구하여라.

─────────────── 풀이 ───────────────

KAIST 08학번 류연식

Let, $u = \sqrt{x^2 - 4}, v = \sqrt{y^2 - 9}$

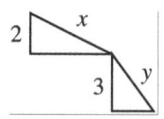

높이를 각각 2, 3으로 하고 빗변을 x, y로 갖는 직각삼각형들을 그리면 아래와 같은 부등식을 얻을 수 있다.

$(u+v)^2 + (3+2)^2 \leq (x+y)^2$ (등호는 $\frac{2}{u} = \frac{3}{v}$일 때 성립)

$$\frac{(x+y)^2}{\sqrt{x^2-4}+\sqrt{y^2-9}} \geq \frac{(u+v)^2 + (3+2)^2}{u+v} = (u+v) + \frac{25}{(u+v)}$$

$$\geq 2\sqrt{(u+v) \times \frac{25}{(u+v)}} = 10$$

두 개의 부등호가 모두 등호조건을 만족하기 위해선 $\frac{2}{u} = \frac{3}{v}$, $u+v = \frac{25}{u+v}$

$u, v > 0$이므로 $u + v = 5$

$\therefore u = 2, v = 3 \Rightarrow x = 2\sqrt{2}, y = 3\sqrt{2}$일 때 $\dfrac{(x+y)^2}{\sqrt{x^-4}+\sqrt{y^2-9}} = 10$을 최솟값으로 갖는다.

186-1-3 임의의 양의 정수 n에 대하여, 방정식 $x^2 + y^2 = 5^n$을 만족하고 5의 배수가 아닌 정수 x, y가 존재함을 증명하여라.

─────────────── 풀이 ───────────────

KAIST 08학번 나기훈

i) $n = 1$일 때 $x = 1, y = 2$이면 성립합니다.

ii) $n = k$일 때 성립한다고 가정할 때 ($k \geq 1$)

$n = k+1$일 때도 성립하는 x, y가 있음을 보입니다. $s^2 + t^2 = 5^k$를 만족하는 s, t가 존재할 것입니다.

$(2s+t)^2 + (s-2t)^2 = (2s-t)^2 + (s+2t)^2 = 5 \cdot (s^2+t^2) = 5 \cdot 5^k = 5^{k+1}$

조건상 s, t는 5의 배수가 아니며 $2s+t, 2s-t$ 둘 중 하나는 5의 배수가 아닙니다.

∵ 귀류법으로 $5|2s+t, 2s-t$라 하면 $5|(2s+t)+(2s-t)$이므로 $5|4s$ 5, 4는 서로소이므로 $5|s$이므로 모순

∴ 둘 중 하나는 5의 배수가 아닙니다.

∴ $(|2s+t|, |s-2t|)$와 $(|2s-t|, |s+2t|)$
둘 중 하나는 식을 만족합니다.

∴ i), ii)에 의하여 귀납법으로 문제를 증명가능합니다.

186-1-4 모든 양의 정수의 집합을 N이라 하자. 집합 N의 세 부분 집합 A, B, C가 다음의 조건을 모두 만족하면 A, B, C를 N의 '분할'이라 한다.

(i) $A, B, C \neq \phi$; (ii) $A \cap B = B \cap C = C \cap A = \phi$; (iii) $A \cup B \cup C = N$

아래의 세 조건을 모두 만족하는 N의 분할 A, B, C가 존재하지 않음을 보여라.

(1) 모든 $a \in A, b \in B$에 대하여, $a+b+1 \in C$

(2) 모든 $b \in B, c \in C$에 대하여, $b+c+1 \in A$

(3) 모든 $c \in C, a \in A$에 대하여, $c+a+1 \in B$

|풀이|

KAIST 08학번 류연식

W.L.O.G $\{1, 2, \ldots, n\} \subset A, n+1 \in B$

Let, $a \in A, b \in B, c \in C$

i) $n \geq 3$

$\{1, 2, \ldots, n\} \subset A, n+1 \in B \rightarrow \{n+3, n+4, \ldots, 2n+2\} \subset C$

$\{b|b = c+a+1\} = \{n+5, n+6, \ldots, 3n+3\} \subset B$

∴ $n+5 \in B, n+5 \in C$이므로 모순.

ii) $n=2$

$\{1,2\} \subset A, 3 \in B \to \{5,6\} \subset C \to \{9,10\} \subset A$

한편, $\{5+2+1, 6+2+1\} = \{8,9\} \subset B$

$\therefore$ 모순

iii) $n=1$

$1 \in A, 2 \in B \to 4 \in C$

$3 \in B$

($\because 3 \in A \to 3+2+1 = 6 \in C, 4+1+1 = 6 \in B \Rightarrow$ 모순. $3 \in C \to 2+3+1 = 6 \in A, 4+1+1 = 6 \in B \Rightarrow$ 모순.) $\to \{1,7,8\} \subset A, \{2,3,6\} \subset B, \{4,5\} \subset C$

$1+6+1 = 8 \in C$이므로 모순.

186-1-5 원 O에 내접하는 오각형 $ABCDE$가 있다. 점 E에서의 원 O의 접선이 직선 AD와 평행하다. 원 O 위의 점 F가 직선 CD에 대하여 점 A의 반대편에 있고 두 조건

$$AB \cdot BC \cdot DF = AE \cdot ED \cdot CF; \angle CFD = 2\angle BFE$$

를 모두 만족한다. 점 B에서의 원 O의 접선과 점 E에서의 원 O의 접선, 그리고 직선 AF가 모두 한점에서 만남을 보여라.

|풀이|

KAIST 08학번 나기훈

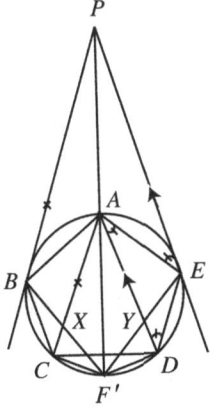

B에서의 접선과 E에서의 접선의 교점을 P라 합니다.

E에서의 접선과 AD가 평행하면 $\angle AEP = \angle EAD$이고 E는 접점이므로 $\angle PEA = \angle EDA$

$\therefore \angle EAD = \angle EDA$이므로 $AE = ED$입니다. 즉. E는 호AD의 중점 조건상 $\angle CFD = 2\angle BFE$입니다.

$$\angle CFD = \angle CFB + \angle BFA + \angle AFE + \angle EFD$$

$\angle BFE = \angle BFA + \angle AFE$입니다.
$AE = ED$이므로 $\angle AFE = \angle EFD$가 되므로 결론적으로

$$\angle CFD = \angle CFB + \angle BFA + 2\angle AFE$$
$$2\angle BFE = 2\angle BFA + 2\angle AFE$$

$\therefore \angle CFB = \angle BFA$이므로 B도 호 AC의 중점이 됩니다.
PA의 원과의 A아닌 교점을 F'이라고 합시다.
그리고 AC와 BF, AD와 EF의 교점을 X, Y라고 합시다.
AX는 PB와 평행하므로 $F'X : XB = F'A : AP$
AY는 PE와 평행하므로 $F'Y : YE = F'A : AP$

$$\therefore F'X : XB = F'Y : YE$$

이 때 한 원 위의 네 점 A, B, C, F'에 대하여 $F'X : XB = CF' \cdot F'A : AB \cdot BC$가 성립합니다.
같은 이유로 $F'Y \doteqdot YE = DF' \cdot F'A = AE \cdot ED$

$$\therefore CF' \cdot F'A : AB \cdot BC = DF' \cdot F'A \doteqdot AE \cdot ED$$
$$(\because F'X : XB = F'A : AP = F'Y : YE)$$

$$\therefore CF' : DF' = AB \cdot BC : AE \cdot ED = CF : DF$$

이 때 C와 D에서의 거리가 같은 비율이 되면서 열호 CD위에 있는 점은 한 개뿐이므로 $F = F'$
$\therefore B, E$에서의 접선과 AF'이 한점에서 만나므로 B, E에서의 접선과 AF는 한 점에서 만납니다.

186-1-6 양의 정수 n의 서로 다른 모든 양의 약수를 $d_1, d_2, \ldots, d_k$라 할 때, 양의 정수 s에 대하여 $f_s(n) = d_1^s + d_2^s + \cdots + d_k^s$으로 정의하자.

예를 들어, $f_1(3) = 1 + 3 = 4$이고 $f_2(4) = 1^2 + 2^2 + 4^2 = 21$이다. 모든 양의 정수 n에 대하여 $n^3 f_1(n) - 2n f_9(n) + n^2 f_3(n)$이 8의 배수임을 보여라.

풀이

KAIST 08학번 류연식

a가 홀수일 때, $a^b \equiv a \pmod 8 (b \in \{1, 3, 5 \ldots\})$

a가 짝수일 때, $a^c \equiv 0 \pmod 8 (c \geq 3)$

Let, $n = 2^k \times \alpha ((\alpha, 2) = 1)$

$$n(n^2 f_n(n) - 2f_9(n) + n f_3(n))$$
$$\equiv n(n^2 f_1(2^k) f_1(\alpha) - 2 f_1(\alpha) + n f_1(\alpha))$$
$$\equiv n(f_1(\alpha)((\sum_{i=0}^{k} 2^i)n^2 - 2 + n))$$
$$\equiv n(f_1(\alpha)(n(\sum_{i=0}^{k} 2^i)(n+1)(n-2)) \pmod 8$$

i) $k \geq 3$

$n^3 f_1(n) - 2n f_9(n) + n^2 f_3(n) = n(n^2 f_1(n) - 2f_9(n) + n f_3(n)) \equiv 0 \pmod 8$

ii) $k = 2$

n은 4의 배수이므로 $n(7n+1) - 2 \equiv 0 \pmod 2$

$\therefore n^3 f_1(n) - 2n f_9(n) + n^2 f_3(n) \equiv 0 \pmod 8$

iii) $k = 1$ $n(3n+1) \equiv 2 \pmod 4$이므로 $n(3n+1) - 2 \equiv 0 \pmod 4$

$\therefore n^3 f_1(n) - 2n f_9(n) + n^2 f_3(n) \equiv 0 \pmod 8$

iv) $k = 0$

$n(f_1(\alpha)((\sum_{i=0}^{k} 2^i) n^2 - 2 + n)) \equiv (f_1(\alpha)) n(n+2)(n-1) \pmod 8$

$n \equiv 1 \pmod 8$이면 $(f_1(\alpha)) n(n+1)(n-1) \equiv 0 \pmod 8$ ($\because n-1 \equiv 0 \pmod 8$))

$n \equiv 5 \pmod 8$이면 n은 완전제곱수가 아니므로 n의 어떤 소인수 p에 대하여 $p^t \| n$을 만족하는 홀수 t를 찾을 수 있다.

$f_1(n) = f_1(p_1^{e_1} p_2^{e_2} \cdots p_r^{e_r}) = \Pi_{i=1}^{r} (\sum_{j=0}^{e_i} p_i^j)$이므로 $\sum_{i=0}^{t} p^i \equiv 0 \pmod 2$를 만

족한다.

$f_1(\alpha) \equiv 0 \pmod 2, n-1 \equiv 4 \pmod 8$

$\therefore n^3 f_1(n) - 2n f_9(n) + n^2 f_3(n) \equiv 0 \pmod 8$

$n \equiv 3, 7 \pmod 8$이면 n은 완전제곱수가 아니므로 $p \equiv 3 \pmod 4$를 만족하는 n의 어떤 소인수 p에 대하여 $p^t \| n$을 만족하는 홀수 t를 찾을 수 있다. ($\because 4m+3$꼴의 정수는 $4l+3$꼴을 홀수번 곱해야만 될 수 있다.)

$\sum_{i=0}^{t} p^i \equiv 3 + 1 + \cdots + 3 + 1 \equiv 0 \pmod 4$

$f_1(\alpha) \equiv 0 \pmod 4, n - 1 \equiv 2 \pmod 8$

$\therefore n^3 f_1(n) - 2n f_9(n) + n^2 f_3(n) \equiv 0 \pmod 8$

$\therefore \forall n, n^3 f_1(n) - 2n f_9(n) + n^2 f_3(n) \equiv 0 \pmod 8$

186-1-7 다음 조건을 만족하는 두 함수 $f, g : R \to R$의 쌍을 모두 구하여라.

임의의 실수 $x, y \neq 0$에 대하여

$$f(x+y) = g(\frac{1}{x} + \frac{1}{y}) \cdot (xy)^{2008}$$

단, R은 모든 실수의 집합이다.

|풀이|

KAIST 08학번 나기훈

$f(x+y) = g(\frac{1}{x} + \frac{1}{y}) \cdot (xy)^{2008}$을 만족하는 함수 f, g에 대하여 우선, x, y 모두가 양수일 때 증명을 합시다.

$st \geq 4$인 양수 s, t에 대하여 $x + y = s$, $\frac{1}{x} + \frac{1}{y} = t$가 되도록 하는 양수 x, y가 존재합니다.

이 때, $x = \frac{s + \sqrt{s^2 - \frac{4s}{t}}}{2}$, $y = \frac{s - \sqrt{s^2 - \frac{4s}{t}}}{2}$입니다.

$st \geq 4$이므로 $s^2 \geq \frac{4s}{t}$

$\therefore$ 이를 대입하면 $f(s) = g(t) \cdot (\frac{s}{t})^{2008}$

i) $t = 1$일 때 $s \geq 4$인 모든 s에 대하여 $f(s) = s^{2008} \cdot g(1)$

ii) 임의의 양수 t에 관하여 $s \geq \frac{t}{4}$, $s \geq 4$인 s가 존재합니다.

이런 s를 s'이라 하면 $f(s') = g(t) \cdot (\frac{s'}{t})^{2008}$이고 $f(s') = s'^{2008} \cdot g(1)$이 성립합

니다.

$\therefore g(t) \cdot (\frac{s'}{t})^{2008} = s'^{2008} \cdot g(1)$

$\therefore g(t) = g(1) \cdot t^{2008}$ 입니다. $(t > 0)$

iii) 임의의 양수 s에 관하여 $t \geq \frac{4}{s}, t > 0$인 t가 존재합니다.

이런 t를 t'이라 하면 $f(s) = g(t') \cdot (\frac{s}{t'})^{2008}$이 성립. $g(t') = g(1) \cdot t'^{2008}$이므로
$f(x) = g(1) \cdot t'^{2008} \cdot (\frac{s}{t'})^{2008} = s^{2008} \cdot g(1)$

$\therefore$ 임의의 양수 s, t에 대하여 $f(s) = s^{2008} \cdot g(1), g(t) = t^{2008} \cdot g(1)$

iv) $f(x+y) = g(\frac{1}{x} + \frac{1}{y}) \cdot (xy)^{2008}$에 관하여 $f'(x) = f(-x), g'(x) = g(-x)$라 하고 x에 $-x$, y에 $-y$를 대입하면 $f'(x+y) = g'(\frac{1}{x} + \frac{1}{y}) \cdot (xy)^{2008}$이 성립.

이때도 위와 같은 방법으로 임의의 양의 실수 s, t에 대하여 $f'(s) = s^{2008} \cdot g'(1)$, $g'(t)t^{2008} \cdot g'(1)$ 이를 원래대로 바꾸면 $f(-s) = s^{2008}, g(-1) = (-s)^{2008} \cdot g(-1)$, $g(-t) = (-t)^{2008} \cdot g(-1)$

v) 원식에 $x = 2, y = -1$을 대입하면 $f(1) = g(-\frac{1}{2}) \cdot (-2)^{2008}$

$\therefore g(1) - (-\frac{1}{2})^{2008} \cdot g(-1) \cdot (-2)^{2008} = g(-1)$

$\therefore g(1) = g(-1)$

$\therefore$ 0이 아닌 실수 x에 관하여 $f(x) = g(x) = x^{2008} \cdot f(1)$ $g(1)$은 상수이므로 k라 하면 $f(x) = g(x) = k \cdot x^{2008}$

마지막으로 원식에 $x = -y \neq 0$를 대입하면 $f(0) = g(0) \cdot (-y^2)^{2008}$인데 모든 y에 대하여 성립해야하므로 $f(0) = g(0) = 0$

$\therefore$ 모든 실수 x에 관하여 $f(x) = g(x) = k \cdot x^{2008}$이고 ($k$는 임의의 실수) 원식에 대입하보면 그대로 성립함을 알 수 있습니다.

186-1-8 회원이 12명인 어떤 동아리에서 다음 두 조건을 모두 만족하도록 소모임들을 만들었다.

(조건1) 각 소모임의 구성원은 3명 또는 4명이다.

(조건2) 회원 12명 중 임의로 선택한 2명에 대하여, 이들을 모두 포함하는 소모임은 정확히 하나이다.

이 때, 각각의 회원이 가입한 소모임의 개수는 모두 같음을 보여라.

풀이

한 회원은 최소 4개, 최대 5개의 소모임에 포함되어야 한다. (∵ 각 소모임에는 3명 또는 4명이 속해야 하며, 임의의 두 명 사이에는 유일한 공통 소모임이 존재해야만 한다.)

가장 많은 소모임에 포함된 회원을 P라고 하자.

P가 5개의 소모임 a_1, a_2, a_3, a_4, a_5에 포함된다고 하자.

W.L.O.G a_1, a_2, a_3, a_4에 3명으로 구성되어 있고, a_5가 4명으로 구성.

a_i에 포함된 회원은 다른 소모임 a_j에 있는 사람들과 적어도 하나의 공통 소모임이 존재해야 한다. 이러한 j로 가능한 값이 4개이므로 모든 사람들은 P와 공통으로 포함된 소모임 a_i를 제외하고도 적어도 4개의 소모임에 더 포함된다. 그런데 가장 많은 소모임에 속한 P가 5개의 소모임에 포함되므로 다른 사람들 역시 5개의 소모임에 포함되어야만 한다.

3명으로 구성된 소모임의 개수를 a, 4명으로 구성된 소모임의 개수를 b라고 히면 $12 \times 5 = 3a + 4b$가 싱립한다.

이 때 해는 $(a, b) = (20, 0), (0, 15)$가 된다.

소모임 정원의 구성이 $(20, 0)$인 경우는 a_5에 이미 4명이 포함되므로 불가능하다.

소모임 정원의 구성이 $(0, 15)$인 경우는 a_1, a_2, a_3, a_4에 각각 1명이 더 포함되어야 한다. 그러나 어떤 한 명이 처음에 속해있던 a_i외에 a_j에도 추가로 속하게 되면 P와의 공통 소모임이 유일하다는데 모순이 된다.

∴ 5개의 소모임에 포함되는 사람은 존재하지 않는다.

P가 포함된 소모임의 개수가 4개라면 다른 회원들 역시 최소 4개의 소모임에 포함되므로 모두 같은 개수의 소모임에 포함된 것이 되며 이 때 다음과 같은 실례가 존재한다.

$p_1 : 1, 2, 3, 4$ $\quad p_2 : 1, 5, 6, 7$ $\quad p_3 : 1, 8, 9, 10$ $\quad p_4 : 1, 11, 12, 13$
$p_5 : 2, 5, 8, 11$ $\quad p_6 : 2, 6, 9, 12$ $\quad p_7 : 2, 7, 10, 13$ $\quad p_8 : 3, 5, 10, 12$
$p_9 : 3, 6, 8, 13$ $\quad p_{10} : 3, 7, 9, 11$ $\quad p_{11} : 4, 5, 9, 13$ $\quad p_{12} : 4, 6, 10, 11$

PROPOSALS SOLUTIONS

Proposals Solutions코너는 독자분들과 함께 문제를 생각해보는 코너입니다. 독자분들 중에서 자신이 창작한 문제가 있는 분이나 Proposals란에 실린 문제를 푸신 분은 수학문제연구회로 보내주시면 실어드리겠습니다. 보낼 때는 FAX나 우편, 홈페이지 등으로 보내시면 됩니다. 이미 풀이가 실린 문제일지라도 색다른 풀이를 보내주시면 실어드리겠습니다.

PROPOSALS

188-1
대아중학교 3학년
한민기

자신과 닮은 유한개의 삼각형으로 자신을 덮을 수 있는 모든 삼각형을 찾아라.(단, 모든 삼각형은 크기가 다르다)

SOLUTIONS

184-1
대아중학교 3학년
한민기

$\triangle ABC$와 임의의 점 P에 대해서 $\triangle ABP$, $\triangle BCP$, $\triangle CAP$의 수심을 X, Y, Z라 하면 $S_{\triangle ABC} = S_{\triangle XYZ}$임을 보여라. (단, P는 $\triangle ABC$ 둘레 위에 있지 않으며 $S_{\triangle ABC}$는 $\triangle ABC$의 넓이)

|풀이|

숭실중 3학년 김철영

$\triangle ABP$, $\triangle BCP$, $\triangle CAP$의 수심을 H_1, H_2, H_3라 하자.

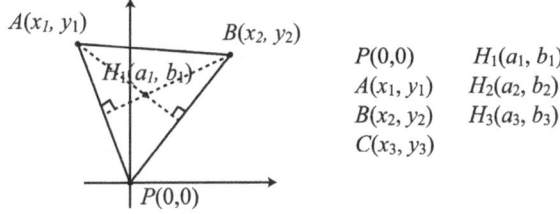

$P(0,0)$ $H_1(a_1, b_1)$
$A(x_1, y_1)$ $H_2(a_2, b_2)$
$B(x_2, y_2)$ $H_3(a_3, b_3)$
$C(x_3, y_3)$

H_1의 좌표를 구하자.

$AH_1 \Rightarrow y = -\frac{x_2}{y_2}x + C$

A를 지나므로
$$C = \frac{x_2 x_1}{y_2} + y_1 = \frac{x_1 x_2 + y_1 y_2}{y_2}$$
$$\therefore AH_1 : y = -\frac{x_2}{y_2}x + \frac{x_1 x_2 + y_1 y_2}{y_2}$$

마찬가지로
$$BH_1 : y = -\frac{x_1}{y_1}x + \frac{x_1 x_2 + y_1 y_2}{y_1}$$

교점이 H_1이므로
$$(\frac{x_1}{y_1} - \frac{x_2}{y_2})x + (x_1 x_2 + y_1 y_2)(\frac{1}{y_2} - \frac{1}{y_1}) = 0$$
$$\underbrace{(x_1 y_2 - x_2 y_1)}_{M_1}x + \underbrace{(x_1 x_2 + y_1 y_2)}_{N_1}(y_1 - y_2) = 0$$
$$a_1 = \frac{N_1}{M_1}(y_2 - y_1)$$

$PH_1 : y = -\frac{x_2 - x_1}{y_2 - y_1}x$에 대입 $b_1 = \frac{N_1}{M_1}(x_1 - x_2)$

마찬가지로 M_2, N_2, M_3, N_3를 정의

$S_{\triangle H_1 H_2 H_3}$
$= \frac{1}{2}|a_1 b_2 + a_2 b_3 + a_3 b_1 - a_2 b_1 - a_3 b_2 - a_1 b_3|$
$= \frac{1}{2}\Big|\sum_{cyc}(a_1 b_2 - a_2 b_1)\Big|$
$= \frac{1}{2}\Big|\sum_{cyc}\{\frac{N_1 N_2}{M_1 M_2}(y_2 - y_1)(x_2 - x_3) - \frac{N_1 N_2}{M_1 M_2}(y_3 - y_2)(x_1 - x_2)\}\Big|$
$= \frac{1}{2}\Big|\sum_{cyc}\frac{N_1 N_2}{M_1 M_2}(y_2 x_2 - y_2 x_3 - y_1 x_2 + y_1 x_3 - y_3 x_1 + y_3 x_2 + y_2 x_1 - y_2 x_2)\Big|$
$= \frac{1}{2} \times \Big|\sum_{cyc}\frac{N_1 N_2}{M_1 M_2}\Big| \times |y_2 x_1 + y_3 x_2 + y_1 x_3 - y_1 x_2 - y_2 x_3 - y_3 x_1|$
$= S_{\triangle ABC} \times \Big|\sum_{cyc}\frac{N_1 N_2}{M_1 M_2}\Big| \cdots ①$

$\therefore \left| \sum_{cyc} \frac{N_1 N_2}{M_1 M_2} \right| = 1$임을 보이자.

$\frac{N_1 N_2}{M_1 M_2} + \frac{N_2 N_3}{M_2 M_3} + \frac{N_3 N_1}{M_3 M_1} = \frac{N_1 N_2 N_3 + N_1 M_2 N_3 + M_1 N_2 N_3}{M_1 M_2 M_3} = \frac{K}{M_1 M_2 M_3}$라 하자.

$$\therefore K = (x_1 y_2)^2 x_3 y_3 + (x_2 y_3)^2 x_1 y_1 + (x_3 y_1)^2 x_2 y_2 - (x_2 y_1)^2 x_3 y_3$$
$$- (x_3 y_2)^2 x_1 y_1 - (x_1 y_3)^2 x_2 y_2$$

$$M_1 M_2 M_3 = (x_1 y_2 - x_2 y_1)(x_2 y_3 - x_3 y_2)(x_3 y_1 - x_1 y_3)$$
$$= x_1 x_2 x_3 y_1 y_2 y_3 - (x_1 x_3)^2 x_2 y_2 - (x_3 y_2)^2 x_1 y_1 + (x_1 y_2)^2 x_3 y_3$$
$$- (y_1 x_2)^2 x_3 y_3 + (x_2 y_3)^2 x_1 y_1 + (x_3 y_1)^2 x_2 y_2 - x_1 x_2 x_3 y_1 y_2 y_3$$
$$= K$$

$\therefore \frac{K}{M_1 M_2 M_3} = 1$

$\therefore \sum_{cyc} \frac{N_1 N_2}{M_1 M_2} = 1$

①에 대입하면 $S_{\triangle H_1 H_2 H_3} = S_{\triangle ABC}$

KAIST Math Problems of the Week

2008년 9월부터 KAIST 수리과학과에서는 KAIST 전체 학부생을 대상으로 매주 수학문제풀기 대회를 열기로 하였습니다. 매주 제일 좋은 풀이를 제출한 학생의 답안을 온라인에 공개할 예정이고, 학기 별로 1위, 2위, 3위를 선정합니다.

1. n은 양의 정수라 하자. n^{n-1}보다 큰 k개의 서로 다른 정수 $a_1, a_2, \ldots, a_k$가 모든 i, j에 대해서 $|a_i - a_j| < n$을 만족한다고 하자.
이 때 $a_1 a_2 \cdots a_k$의 약수인 소수의 개수는 k개 이상임을 보여라.

─────────|풀이|─────────

KAIST 수리과학과 06학번 김치헌

(보조정리 1) 자연수 n이 주어져 있다. 만일 정수 a가 n^{n-1}보다 크거나 같다면, $a+1, a+2, \ldots, a+n$은 각각 다른 소인수를 가진다. 즉, 서로 다른 n개의 소수를 택해 $a+1, a+2, \ldots, a+n$를 각각 나눌 수 있다.

만일 $a+1, a+2, \ldots, a+n$ 중에서 k개의 수를 고르면 그 수들은 각각 다른 소인수를 가진다. 따라서 위의 보조정리가 참이면 원래 문장이 참이라는 것을 알 수 있다.

(증명) $1 \leq k \leq n$이라 하자. 만약 $a+k$가 소수 $p \geq n$로 나누어 떨어진다면,

$$\gcd(a+k, a+j) = \gcd(a+k, |j-k|) \leq |j-k| < n \leq p$$

이므로 모든 $j \neq k$에 대해 p가 $a+j$를 나누지 않는다. 이 경우에는 p를 $a+k$의 소인수로 택한다.

이제 $a+k$의 모든 소인수가 n보다 작다고 하자. 그러면 $2 = q_1 < q_2 < \cdots < q_r$를 n보다 작은 모든 소수라고 할 때,

$$a + k = q_1^{q_{k1}} \cdots q_r^{e_{kr}}$$

라고 나타낼 수 있다. 한편,

$$n^{n-1} < a + k = q_1^{e_{k1}} \cdots q_r^{e_{kr}}$$

이고 $r < n-1$이다. $r < n-1$개의 수를 곱한 것이 n^{n-1}을 넘으므로 어떤 $1 \leq s_k \leq r$가 존재하여 $q_{s_k}^{e_{k s_k}} > n$를 만족한다.

이제 q_{s_k}를 택하면 충분함을 보이자. s_k가 서로 다르다는 것을 보이면 충분하다. 어떤 $j \neq k$에 대해 $s_k = s_j$라면, $\gcd(a+k, a+j)$가 $\min\{q_{s_k}^{e_{ks_k}}, q_{s_k}^{e_{js_k}}\} > n$를 나눈다. 따라서,

$$n < \gcd(a+k, a+j) = \gcd(a+k, |k-j|) < n$$

이고 이것은 모순이다. 다라서 모든 $j \neq k$에 대해 $s_j \neq s_k$이다.
따라서 $a+1, \ldots, a+n$ 각각을 나누는 서로 다른 소수를 찾을 수 있다.
□

2. x가 $0 < x \leq \frac{1}{2}$을 만족하는 실수일 때, x는 아래와 같은 무한급수로 표현할 수 있음을 보여라.

$$x = \sum_{k=1}^{\infty} \frac{1}{n_k}$$

여기서 각 n_k는 정수이며 $\frac{n_{k+1}}{n_k} \in \{3,4,5,6,8,9\}$을 만족한다.

|풀이|

KAIST 수리과학과 07학번 이병친

문제를 생각하기 앞서, 10진법 표현을 생각해보자. ($x = \sum_{k=1}^{\infty} \frac{d_k}{10^k}$ (for $0 \leq x \leq 1$)). 만약에 $x = 1/3$이라면,

$x \times 10 - 3 > 0, x \times 10 - 4 < 0$ 그러므로, $d_1 = 3$

$(x - \frac{3}{10}) \times 100 - 3 > 0, (x - \frac{3}{10}) \times 100 - 4 < 0$ 그러므로, $d_2 = 3$

...

$(x - \sum_{k=1}^{n-1} \frac{3}{10^k}) \times 10^n - 3 > 0, (x - \sum_{k=1}^{n-1} \frac{3}{10^k}) \times 10^n - 4 < 0$ 그러므로, $d_n = 3$

이 문제에서 위와 비슷한 방법을 사용할 것이다. 편의상, $d_1 = n_1, k > 1$에 대해 $d_k = \frac{n_k}{n_{k-1}} \in \{3,4,5,6,8,9\}$(그러므로, $n_k = \prod_{i=1}^{k} d_i$) 로 정의하자. 어떠한 $d_1 \in \mathbb{N}$에 대해서, $x - \frac{1}{d_1} > 0$가 성립해야한다. 마찬가지로, 어떠한 $d_2 \in \{3,4,5,6,8,9\}$ 에 대해서 $(x - \frac{1}{d_1}) \times d_1 - \frac{1}{d_2} > 0$가 성립해야 한다. 이것을 반복하면, 어떠한 $d_k \in \{3,4,5,6,8,9\}$ 에 대해서 $\underbrace{(\cdots((}_{k-1}x - \frac{1}{d_1}) \times d_1 - \frac{1}{d_2}) \times d_2 - $

$\frac{1}{d_3}) \cdots - \frac{1}{d_{k-1}}) \times d_{k-1} - \frac{1}{d_k} > 0$ 가 성립해야 하고 이 과정을 $k \to \infty$가 되도록 반복한다. $x_k = \sum_{i=1}^{k} \frac{1}{n_i} = \sum_{i=1}^{k} \prod_{j=1}^{i} \frac{1}{d_j}$, $a_1 = x, a_k = (x - x_{k-1}) \times n_{k-1} = \underbrace{(\cdots((x - \frac{1}{d_1}) \times d_1 - \frac{1}{d_2}) \times d_2 - \frac{1}{d_3}) \cdots - \frac{1}{d_{k-1}})}_{k-1} \times d_{k-1}$ 라고 정의하자. 그러면 이러한 과정은 다음과 같은 과정으로 요약할 수 있다.

$$\text{어떠한 } d_k \text{에 대해서, } a_k - \frac{1}{d_k} > 0, a_{k+1} = (a_k - \frac{1}{d_k}) \times d_k = a_k d_k - 1$$

이 식들을 이용해서 $(0, \frac{1}{2}]$ 안에 존재하는 모든 수들은 문제에서 주어진 무한급수로 표현할 수 있음을 보일 것이다. 참고로, $\frac{1}{2} = \sum_{k=1}^{\infty} \frac{1}{3^k}$, $\frac{1}{8} = \sum_{k=1}^{\infty} \frac{1}{9^k}$는 자명하게 문제에서 주어진 무한급수로 표현할 수 있다.

(보조정리 1) 모든 $\frac{1}{8} \leq a_k \leq \frac{1}{2}$에 대해서, $d_k \in \{3, 4, 5, 6, 8, 9\}$가 존재하여 $\frac{1}{8} \leq a_{k+1} = a_k d_k - 1 \leq \frac{1}{2}$를 항상 만족한다.

증명

$$\frac{1}{8} \leq a_k d_k - 1 \leq \frac{1}{2}$$

는 다음 식과 동치이다.

$$\frac{9}{8} \frac{1}{d_k} \leq a_k \leq \frac{3}{2} \frac{1}{d_k}$$

$n = 3, 4, 5, 6, 8, 9$들에 대해서 폐구간 I_n들을 다음과 같이 정의하자. $I_n = [\frac{9}{8}\frac{1}{n}, \frac{3}{2}\frac{1}{n}]$ 그러면,

$$I_9 = [\frac{1}{8}, \frac{1}{6}], \quad I_8 = [\frac{9}{64}, \frac{3}{16}], \quad I_6 = [\frac{3}{16}, \frac{1}{4}],$$

$$I_5 = [\frac{9}{40}, \frac{3}{10}], \quad I_4 = [\frac{9}{32}, \frac{3}{8}], \quad I_3 = [\frac{3}{8}, \frac{1}{2}]$$

이다. 만약 어떤 I_n에 대해서 $a_k \in I_n$라면, $\frac{1}{8} \leq a_{k+1} = a_k n - 1 \leq \frac{1}{2}$가 됨을 알 수 있다. 그런데, $\sup I_9 = \frac{1}{6} > \inf I_8 = \frac{9}{64}, \frac{3}{16} = \frac{3}{16}, \frac{1}{4} > \frac{9}{40}, \frac{3}{10} > \frac{9}{32}, \frac{3}{8} = \frac{3}{8}, \cup I_n = [\frac{1}{8}, \frac{1}{2}]$이기 때문에, 모든 $\frac{1}{8} \leq a_k \leq \frac{1}{2}$에 대해서 $a_k \in I_n$를 만족하는 $n \in \{3, 4, 5, 6, 8, 9\}$가 존재하고, 이것은 모든 $\frac{1}{2} \leq a_k \leq \frac{1}{2}$에 대해서 $d_k \in \{3, 4, 5, 6, 8, 9\}$가 존재하여 $\frac{1}{8} \leq a_k d_k - 1 \leq \frac{1}{2}$를 항상 만족시킨다는 결론을 얻는다. □

(보조정리 2) 모든 $\frac{1}{8} \leq x \leq \frac{1}{2}$는 문제에서 주어진 무한급수로 표현할 수 있다.

증명 보조정리 1에 의해, $x = a_1 \in [\frac{1}{8}, \frac{1}{2}]$ 이기 때문에 $d_1 \in \{3, 4, 5, 6, 8, 9\}$ 가 존재하여 $a_2 \in [\frac{1}{8}, \frac{1}{2}]$ 를 만족한다. 마찬가지로 귀납법을 이용해서 모든 $k \in \mathbb{N}$ 에 대해서 $d_k \in \{3, 4, 5, 6, 8, 9\}$ 가 존재하여 $a_k \in [\frac{1}{8}, \frac{1}{2}]$ 를 만족함을 알 수 있다.($a_{k-1} \in [\frac{1}{8}, \frac{1}{2}]$ 이기 때문). $\lim_{k \to \infty} x_k = x$ 가 성립해 보는지 확인할 필요가 있는데, 이 말은 $\forall \epsilon > 0$에 대해서 $N \in \mathbb{N}$ 가 존재하여
$$k \geq N \Rightarrow |x - x_k| < \epsilon$$를 만족한다는 의미이다.

정의에 의해, $a_k = (x - x_k) \times n_{k-1}$이다. 그러므로 $|x - x_k| = \frac{a_k}{n_k}$이다. a_k가 위로 유계(bounded above)이고 ($\leq \frac{1}{2}$), $n_k = \prod_{i=1}^{k} d_i \geq 3^k$ 이므로 $\frac{a_k}{n_k}$ 가 임의의 양의 실수보다 작게 만들 수 있다. 그러므로 $\lim_{k \to \infty} x_k = x$ 이고, $\forall x \in [\frac{1}{8}, \frac{1}{2}]$는 문제에서 주어진 표현으로 나타낼 수 있다. □

이제 우리는 전체 문제를 증명할 수 있다.

정리

모든 $0 < x \leq \frac{1}{2}$는 문제에서 주어진 무한급수로 표현할 수 있다.

증명 만약 $\frac{1}{8} \leq x \leq \frac{1}{2}$라면 보조정리2에 의해 증명이 된다. 만약 $0 < x < \frac{1}{8}$라면 다음 조건을 만족하는 $d_0 \in \mathbb{N}$ 를 찾으면 된다.
$$\frac{1}{8} \leq x d_0 \leq \frac{1}{2}.$$
이것은 다음과 동치이다.
$$\lfloor \frac{1}{8x} \rfloor \leq d_0 \leq \lceil \frac{1}{2x} \rceil$$
그리고,
$$\lceil \frac{1}{2x} \rceil - \lfloor \frac{1}{8x} \rfloor > \frac{1}{x}(\frac{1}{2} - \frac{1}{8}) > 8 \times \frac{3}{8} = 3 > 1$$
이므로, 반드시 주어진 조건을 만족하는 $d_0 \in [\lceil \frac{1}{2x} \rceil, \lfloor \frac{1}{8x} \rfloor]$ 가 존재해야 한다. 이제 $x' = x d_0 \in [\frac{1}{8}, \frac{1}{2}]$ 라고 정의하면 x' 는 문제에서 주어진 무한급수로 표현할 수 있다. x'를 $x' = \sum_{k=1}^{\infty} n'_k = \sum_{k=1}^{\infty} \prod_{i=1}^{k} \frac{1}{d_i}$라고 표현하면, $x = \frac{x'}{d_0}$ 는 $x = \sum_{k=1}^{\infty} \frac{1}{d_0 n'_k} = \sum_{k=1}^{\infty} \prod_{i=0}^{k} \frac{1}{d_i}$가 되고 이것은 x의 (문제에서 주어진) 무한급수 표현이다. □

㈜ 무한 연분수 표현이 주어진 x에 대해서 (맨 마지막 자리에 1이 오지 않게 한다면)유일한 것과 달리, 문제에서 주어진 무한급수 표현은 일반적으로 유일하지 않다.(I_n들이 서로소가 아니기 때문) 예를 들어서,

$$\frac{3}{8} = \frac{1}{3} + \frac{1}{3} \cdot \frac{1}{8} = \frac{1}{3} + \sum_{k=2}^{\infty} \frac{1}{3 \cdot 9^{k-1}}$$

$$\frac{3}{8} = \frac{1}{4} + \frac{1}{4} \cdot \frac{1}{2} = \frac{1}{4} + \sum_{k=2}^{\infty} \frac{1}{4 \cdot 3^{k-1}}$$

는 $\frac{3}{8}$의 두 가지 무한급수 표현이다.

3. A, B가 3×3 정수 행렬이면서, $A, A+B, A+2B, A+3B, A-B, A-2B, A-3B$가 모두 역행렬을 가지고 그 역행렬이 모두 정수행렬이라고 하자. 이 때 $A + 4B$역시 역행렬을 가지고 그 역행렬은 정수행렬임을 보여라.

―――――|풀이|―――――

KAIST 04학번 수리과학과 윤혜원

(claim 1) 정수 정사각 행렬 X가 정수 성분으로 된 역행렬을 가질 필요충분 조건은 $\det(X) = \pm 1$

증명 ($\Rightarrow$) $\det(X) \cdot \det(X^{-1}) = \det(I) = 1$
$\det(X)$라는 정수가 되어야 하므로 $\det(X) = \pm 1$
($\Leftarrow$) $\det(X) = \pm 1$이라면 $\pm \text{adj} X$, 딸림 형태는 정수 성분으로 된 X의 역행렬이다. □

$A + 4B$가 역행렬이 존재함을 보이기 위해 좀 더 강한 명제를 보이겠다.

(claim 2) $n \times n$ 행렬 A, B가 주어져 있다.
$f(x) = \det(A + xB)$라 하자.
$f(x) = \pm 1$을 만족하는 $wn + 1$개의 서로 다른 x가 있다고 가정하자. 이때, 모든 field F의 모든 원소 x에 대해 $A + xB$는 역행렬을 갖는다.

증명 $f(x)$는 서로 다른 x에 대해 $f(x) = \pm 1$을 만족하는 n차 다항식이다. 비둘기집의 원리에 의해 $f(x)$의 값이 같은 $n+1$개 또는 그 이상의 서로 다른 x들이 존재한다. 곧, f는 상수함수가 된다. ($\because$ W.L.O.G. $n+1$개의 다른 x들에 대해 $f(x) = 1$이라 하자. $f(x) - 1 = 0$은 $n+1$개

의 서로 다른 근을 갖는다. 그러나 다항식 f의 차수는 최대 n이다. 따라서, f는 상수가 된다.)
따라서, $f(x) = 1, \forall x \in F$ 또는 $f(x) = -1, \forall x \in F$
곧, 모든 $x \in F$에 대해서 $A + xB$는 역행렬을 갖는다. □

$A + 4B = (A + B) + (A + 3B) - A$는 정수 행렬, 곧, 마지막 문장으로 부터 $A + 4B$는 정수 성분으로 된 역행렬을 갖는다.

4. $a_1 = \sqrt{1+2}$, $a_2 = \sqrt{1+2\sqrt{1+3}}$, $a_3 = \sqrt{1+2\sqrt{1+3\sqrt{1+4}}}$, $a_n = \sqrt{1+2\sqrt{1+3\sqrt{\cdots\sqrt{\cdots\sqrt{1+n\sqrt{1+(n+1)}}}}}}$, $\cdots$ 이라 할 때,

$\lim_{n\to\infty} \dfrac{a_{n+1} - a_n}{a_n - a_{n-1}} = \dfrac{1}{2}$임을 보여라.

---- 풀이 ----

KAIST 수리과학과 03학번 김재훈

$a_n(i) = \sqrt{1 + (i-1)\sqrt{1 + i\sqrt{\cdots\sqrt{1+n\sqrt{1+n+1}}}}}$으로 정의하자. 그러면 $a_n(3)$이 우리가 구하고자 하는 a_n과 같게 된다. 그리고 수열을 분석하기 쉽게 하기 위해서 변형을 가하자.

수열 $b_n(i)$를 $b_n(i) = i - a_n(i)$로 두고 $c_n(i) = \dfrac{b_n(i)}{i-1}$로 두자.

(성질1) $\lim_{n\to\infty} a_n(i) = i$과 $\lim_{n\to\infty} b_n(i) = 0$이 성립한다.

이 성질1에 대한 증명은 아래 힌트를 사용하면 그리 어렵지 않다. 독자가 연습문제 삼아 해볼 수 있다. 힌트 :

$$3 = \sqrt{1+8} = \sqrt{1+2\sqrt{16}} = \sqrt{1+2\sqrt{1+3\sqrt{25}}}$$
$$= \sqrt{1+2\sqrt{1+3\sqrt{1+4\sqrt{36}}}} = \cdots$$

(성질2) $a_n(n+2) = \sqrt{n+2}$, $c_n(i) \leq 1$, $i = 3, 4, \ldots, n+1, n+2$

증명 수열의 정의를 이용해서 계산하면 된다. □

(성질3) 만약 $\lim_{n\to\infty} \frac{3-a_{n+1}}{3-a_n} = \frac{1}{2}$이 성립하면 $\lim_{n\to\infty} \frac{a_{n+1}-a_n}{a_n-a_{n-1}} = \frac{1}{2}$와 동치이다.

여기서 분자와 분모가 모두 수렴하고 둘 다 0이 되는 순간이 없으므로 이 분수를 뒤집는게 가능하다.

따라서 $\lim_{n\to\infty} \frac{d_{n+1}\sum_{k=n+2}^{\infty} d_n}{\sum_{k=n+2}^{\infty} d_n} = \lim_{n\to\infty} \frac{d_{n+1}}{\sum_{k=n+2}^{\infty} d_n} + 1 = 2$이 되고, $\lim_{n\to\infty} \frac{d_{n+1}}{\sum_{k=n+2}^{\infty} d_n} = 1$을 얻는다.

같은 방식으로, $\lim_{n\to\infty} \frac{3-a_{n+2}}{3-a_n} = \frac{1}{4}$에서부터, $\lim_{n\to\infty} \frac{d_n}{\sum_{k=n+2}^{\infty} d_n} = 2$를 얻는다.

따라서 앞의 두 식을 나누면 $\lim_{n\to\infty} \frac{d_{n+1}}{d_n} = \frac{1}{2}$을 얻고, $\lim_{n\to\infty} \frac{a_{n+1}-a_n}{a_n-a_{n-1}} = \frac{1}{2}$을 얻을 수 있다. 다라서 성질 3이 증명되었다.

본 문제의 증명 수열에 정의에 따라 아래의 식이 성립함을 알 수 있다.

$$i + 1 - b_n(i+1) = a_n(i+1) = \frac{a_n(i)^2 - 1}{i-1}$$
$$= \frac{(i-b_n(i))^2 - 1}{i-1} = i + 1 + \frac{b_n(i)^2 - 2ib_n(i)}{i-1}$$

$$b_n(i+1) - 2\frac{i}{i-1}b_n(i) + \frac{b_n(i)^2}{i-1} = 0$$

$$c_n(i+1) - 2c_n(i) + \frac{i-1}{i}c_n(i)^2 = 0 \tag{1}$$

식(1)에서 아래의 두가지 부등식을 얻어 낼 수 있다.

$$c_n(i+1) = 2c(i) - \frac{i-1}{i}c_n(i)^2 < 2c_n(i) \tag{2}$$

$$c_n(i+1) - 2c_n(i) + c_n(i)^2 > 0 \tag{3}$$

(3)은 이차부등식이므로 근의 공식을 이용하면 아래의 식을 얻는다.

$$0 < c_n(i) < 1 - \sqrt{1 - c_n(i+1)}(c_n(i) < 1 \text{임을 상기하라.}) \tag{4}$$

(2)식에서 부터

$$c_n(3) > \frac{c_n(4)}{2} > \cdots > \frac{c_n(n+2)}{2^{n-1}} = \frac{b_n(n+2)}{(n+1)2^{n-1}} = \frac{n+2-\sqrt{n+2}}{(n+1)2^{n-1}}$$

을 얻는다.
그리고, (4)식에서부터

$$c_n(3) < 1 - \sqrt{1 - c_n(4)} < 1 - \sqrt{1 - (1 - \sqrt{1 - c_n(5)})}$$
$$= 1 - (1 - c_n(5))^{\frac{1}{4}} < \cdots < 1 - (1 - c_n(n+2))^{\frac{1}{2^{n-1}}}$$
$$= 1 - (1 - \frac{1}{2^{n-1}} \times c_n(n+2) - O(\frac{1}{2^{2n-2}} c_n(n+2)^2))$$
$$= \frac{n+2 - \sqrt{n+2}}{(n+1)2^{n-1}} + O(\frac{1}{2^{2n-2}})$$

$0 < c_n(n+2) < 1$이므로 $\frac{n+2-\sqrt{n+2}}{(n+1)2^{n-1}}$을 제외한 나머지 항을 $O(\frac{1}{2^{2n-2}}$으로 묶을 수 있다. ($O(\frac{1}{2^{2n-2}})$는 적당한 상수 A가 존재해서 항상 $A\frac{1}{2^{2n-2}}$보다 작게 할 수 있는 항들을 말한다.)
정의상, $b_n(3) = 2c_n(3)$이므로 이를 대입하면

$$\frac{n+2-\sqrt{n+2}}{(n+1)2^{n-2}} < b_n(3) < \frac{n+2-\sqrt{n+2}}{(n+1)2^{n-2}} + O(\frac{1}{2^{2n-2}})$$

를 얻는다.
따라서 우리는 $\lim_{n \to \infty} \frac{b_{n+1}(3)}{b_n(3)} = \frac{1}{2}$를 얻는다.
이 결과와 성질3에 의해서 $\lim_{n \to \infty} \frac{a_{n+1} - a_n}{a_n - a_{n-1}} = \frac{1}{2}$이 됨을 알 수 있다. □

미분에 대한 직관적 이해

KAIST 수리과학과 05학번 이정욱

여러분은 어떤 함수의 미분을 구할 때, 무엇을 구한다는 생각이 가장 먼저 드는가? 대부분의 사람들은 기울기를 구하는 것이라는 생각을 할것이다. 그렇다면 $\mathbb{R}^2$에서 $\mathbb{R}$로 가는 함수의 미분은?

$\mathbb{R}^3$에서 $\mathbb{R}$로 가는 함수에 대해서는? 더 일반적으로는 $\mathbb{R}^n$에서 $\mathbb{R}^m$으로 가는 함수에 대해서는?

혹시, 어떤 함수가 주어졌을 때, 미분을 하여 그 함수의 1차 근사를 찾으려고 한다는 말을 들어본 적이 있는가? 그렇다면 그 1차 근사를 찾으려고 하는 것과 우리가 일반적으로 미분에 대해 생각하고 있는 기울기를 구한다는 것과의 관계가 무엇인지 궁금해 질 것이다.

이제, 일반적인 $\mathbb{R}^n$에서 $\mathbb{R}^m$으로 가는 함수에 대해서 미분 가능하다는 것을 정의하고, 그것과 우리가 궁금해하는 것을 알아보고, 미분의 Chain Rule의 의미도 생각해 보도록 하자.

정의

함수, $f : \mathbb{R}^n \to \mathbb{R}^m$와 $c \in \mathbb{R}^n$에 대해서, f가 c에서 미분가능하다는 것은, 다음을 만족하는 함수 $F(c) : \mathbb{R}^n \to \mathbb{R}^m$가 존재할 때 이다.

i) $F(c)$는 선형함수이다.

ii) 임의의 양수 ε에 대해서, 적당한 양수 δ가 존재하여, 모든 $t \in \mathbb{R}^n$에 대해서,

$$0 < \|t\| < \delta \Rightarrow \|f(c+t) - [f(c) + F(c)(t)]\| < \varepsilon \|t\|$$

가 성립한다.

Note

함수 $f : \mathbb{R}^n \to \mathbb{R}^m$이 선형이라는 것은 임의의 $a, b \in \mathbb{R}$과 $\alpha, \beta \in \mathbb{R}^n$에 대해서,
$$f(a\alpha + b\beta) = a \cdot f(\alpha) + b \cdot f(\beta)$$
를 만족한다는 것을 뜻한다.

이때, 정의에서 나온 선형함수 $F(c)$를 c에서의 f의 도함수라고 한다.

주어진 함수 $f : \mathbb{R}^n \to \mathbb{R}^m$의 c에서의 미분에 대해서 알기 위해서는 선형함수 $F(c) : \mathbb{R}^n \to \mathbb{R}^m$에 대해서 알면 된다.

이를 위해서는 몇가지 선형대수학에 대한 기본적인 사실들이 필요하다.

(Fact 1) 선형함수 $f : \mathbb{R}^n \to \mathbb{R}^m$은, 임의 $\overline{X} = (x_1, \ldots, x_n) \in \mathbb{R}^n$에 대해서 $f(\overline{X}) = \sum x_i f(\varepsilon_i) (\varepsilon_i = (0, \ldots, 0, 1, 0, \ldots, 0) \in \mathbb{R}^n)$로 표현된다.

(Fact 2) 선형함수 $f : \mathbb{R}^n \to \mathbb{R}^m$은 $m \times n$ 실수 행렬과 1-1 대응이 된다.

Fact 1과 Fact 2는 선형함수의 정의로 부터 쉽게 알 수 있다.

특별한 경우로, $n = m = 1$인 경우를 보자.

Fact 1으로 부터, 임의의 $x \in \mathbb{R}$에 대해서,
$$F(c)(x) = xF(c)(1) = F(c)(1)x$$

이 식이 무엇을 의미하는가? 눈치가 빠른 독자들은 바로 알아차렸을 것이다. 바로 원점을 지나는 직선을 나타낸다. 그리고 이 직선의 기울기가 우리가 익히 알고 있는 그 기울기이다.

다시 '미분가능하다'의 정의를 보면,
$$\|f(c+t) - [f(c) + F(c)(t)]\| < \varepsilon \|t\|$$

에서, $f(c) + F(c)(t)$가 의미하는 것은 $F(c)$가 만들어내는 원점을 지나는 직선을 $(c, f(c))$만큼 평행이동한다는 것을 의미한다.

바로 이 평행이동해서 구하는 직선이 $(c, f(c))$에서, 함수 f의 1차 근사가 된다.

직선이 결정되기 위해서는 지나는 점 하나와 기울기만을 알면된다. 만약 함수 f의 $(c, f(c))$에서의 1차근사를 구하려면 어떤 것을 알면 되는가? 바로 기울기이다.

즉, 우리가 미분을 했을 때, 단순히 1차 근사를 구한다는 생각을 하지 않고 기울기를 구하는 것이라고 생각했을 때, 문제가 되지 않았던 것이 위의 사실 때문이다.

만약, $n = 2$이고 $m = 1$일 땐 어떻게 될까?

이 경우는 어떻게 되는지, 독자들이 한번 생각해 보길 바란다.

참고로, 선형함수 $f : \mathbb{R}^2 \to \mathbb{R}$은,

$$f(x, s) = xf(1, 0) + sf(0, 1)$$

즉, 평면이거나 직선을 나타낸다.

이제 미분의 Chain Rule의 의미를 생각해 보자.

Chain Rule

미분 가능한 두 함수 $f : \mathbb{R}^n \to \mathbb{R}^m$, $g : \mathbb{R}^m \to \mathbb{R}^l$와 $c \in \mathbb{R}^n$에 대해서, f의 c에서, g의 $f(c)$에서의 도함수를 각각 $Df(c)$와 $Dg(f(c))$라 할 때, 합성함수 $g \circ f$의 c에서의 도함수 $D(g \circ f)(c)$는, $Df(c)$와 $Dg(f(c))$를 합성한 것이다. 즉, $D(g \circ f)(c) = Dg(f(c))(Df(c))$

Chain Rule의 의미를 알기 위해, 다음 그림을 보자.

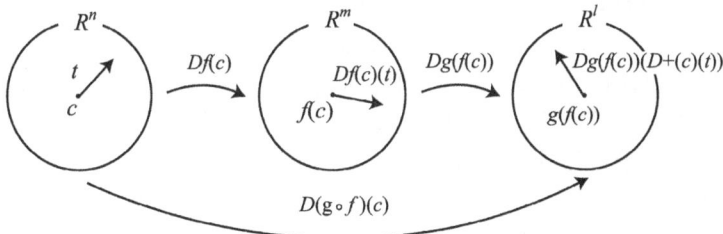

그림에서 쉽게 알 수 있듯이, 복잡하다고 생각되는 Chain Rule은 의외로 간단하다. 합성함수 $g \circ f$의 도함수는 f와 g의 도함수를 합성한 것 차례대로 합성한 것 뿐이다.

그런데 왜 어렵고 복잡하게 느껴졌을까? 그것은 다음 fact로부터 쉽게 알 수 있다.

Fact 3 두 선형함수 $f : \mathbb{R}^n \to \mathbb{R}^m$, $g : \mathbb{R}^m \to \mathbb{R}^l$과 그에 대응하는 matrix $A^{m \times n}$과 $B^{l \times m}$에 대해서, 합성함수 $g \circ f : \mathbb{R}^n \to \mathbb{R}^l$에 대응하는 matrix는 $B \times A$ 즉, f와 g에 대응하는 matrix를 곱한 것이다. 간단한 예로,

$f : \mathbb{R}^2 \to \mathbb{R}^3 (x, s) \mapsto (x^3, s^3, x^2 + s^2)$

$g : \mathbb{R}^3 \to \mathbb{R}(x, s, z) \mapsto (x + s + z)$

에 대해서 해보자. (즉, $g \circ f : \mathbb{R}^2 \to \mathbb{R}(x, s) \mapsto (x^3 + s^3 + x^2 + s^2)$)

도함수 Df에 대응하는 3×2 matrix는,

$$\begin{bmatrix} \frac{\partial x^3}{\partial x} & \frac{\partial x^3}{\partial s} \\ \frac{\partial s^3}{\partial x} & \frac{\partial s^3}{\partial s} \\ \frac{\partial (x^2+s^2)}{\partial x} & \frac{\partial (x^2+s^2)}{\partial s} \end{bmatrix} = \begin{bmatrix} 3x^2 & 0 \\ 0 & 3s^2 \\ 2x & 2s \end{bmatrix}$$

이고, 도함수 Dg에 대응하는 1×3 matrix는,

$$\begin{bmatrix} \frac{\partial(x+s+z)}{\partial x} & \frac{\partial(x+s+z)}{\partial s} & \frac{\partial(x+s+z)}{\partial z} \end{bmatrix} = [1\ 1\ 1]$$

로, 도함수 $Dg \circ f$에 대응하는 1×2 matrix는,

$$[1\ 1\ 1] \begin{bmatrix} 3x^2 & 0 \\ 0 & 3s^2 \\ 2x & 2s \end{bmatrix} = [3x^2 + 2x\ \ 3s^2 + 2s]$$

$$= \begin{bmatrix} \frac{\partial(x^3+y^3+x^2+s^2)}{\partial x} & \frac{\partial(x^3+s^3+x^2+s^2)}{\partial s} \end{bmatrix}$$

로 우리가 구하려고 하는 것을 얻게 된다.

지금까지 미분을 단순히 기울기를 구하는 것이 아닌 1차 근사를 찾는다는 것으로 생각하여, 기본적인 선형대수학의 사실을 이용하여 일반적인 함수에 대한 미분의 의미를 이해 할 수 있었다. 여기에서는 다루진 않았지만, coordinate를 바꾸었을땐 어떻게 되는지를 한 번 생각해 보길 바란다. 참고로 그땐, Fact 2의 대응되는 matrix들이 변하게 된다. 즉, Fact 2의 matrix들은 coordinate와 관계가 있다.

Reference

1. Steven A. Douglass, Introduction to Mathematical Analysis.

2. Kenneth Hoffman, Ray Kunze, Linear Algebra 2nd edition.

Borel set

KAIST 수리과학과 07학번 강종호

집합은 엄밀한 수학적 정의에서는 빠지지 않고 등장한다. 이 글에서는 Borel set의 정의와 그 의미에 대해 설명하고자 한다. 앞으로 해석학 쪽으로 좀 더 공부를 한다면 많이 접하게 될 집합이다. Borel set을 이해하기 위해서는 우선 σ–algebra에 대해 알아야 한다.

수학 용어에서 σ가 들어간다면 Countably infinite와 관계되는 경우가 많다. 어떤 집합을 자연수 전체의 집합에 대응시키는 $1-1$ 대응이 존재하면 그 집합을 Countably infinite이라 한다. 원소의 개수가 무한하지만 자연수로 셀 수 있다는 직관적인 의미에 부합한다. σ–algebra의 정의도 Countably infinite와 연관된다.

σ–algebra는 집합을 원소로 가지는 집합이다. 우리가 관심을 가지는 집합이 Ω라면 Ω의 부분집합들의 집합이 σ–algebra의 후보이다. 다음의 조건을 만족하는 부분 집합들의 집합 A를 σ–algebra라 부른다.

1. $\Omega \in A$

2. $X \in A \Rightarrow X^c \in A$
   Closed under complement. 즉, 어떤 집합이 A에 포함된다면 그 여집합도 A에 포함됨을 의미한다.

3. $X_i \in A \Rightarrow \cup_{i=1}^{\infty} X_i \in A$
   Closed under countable union. 즉, A에 속하는 Countable한 원소의 합집합이 A에 속함을 의미한다. (A의 원소는 집합이다.) Countable은 유한과 Countably infinite를 포함하는 개념이다. 임의의 개수의 원소의 합집합은 다시 A에 속하지 않아도 된다. (2, 3 번으로부터 De-Morgan의 법칙을 사용하여 $X_i \in A \Rightarrow \cap_{i=1}^{\infty} X_i \in A$임을 알 수 있다.)

Borel set은 σ–algebra의 구체적이면서도 매우 중요한 예다. 어려운 수학을 공부할수록 직관적으로 그리기 어려운 추상적인 집합들을 많이 다루게 된다. 하지만 해석학에서 직관적으로 생각하기 쉬운, 실수의 집합 $\mathbb{R}$은 항상 중요한 예가 된다. Borel set은 $\mathbb{R}$의 open set들을 모두 포함하는 최소의 σ–algebra이다. 여기서 최소라는 것은 집합의 포함 관계에 대한 것이다. σ–algebra들의 교집합 역시 σ–algebra이기에 최소의 σ–algebra가 존재함을 보장할 수 있다. open set들을 모두 포함하는 모든 σ-algebra들의 교집합이 우리가 원하는 Borel set이다. $\mathbb{R}$의 open set의 가장 대표적인 예는 open interval (a,b)이다. 직관적으로 Open set은 경계를 포함하지 않는 집합으로 생각할 수 있다. 엄밀하게는, X에 포함되는 임의의 점에 대해 그 점을 포함하면서 X에 포함되는 open interval이 존재하면 X는 open set이다. Borel set은 measure theory라는 해석학의 한 분야에서 중요한 역할을 한다. Measure theory는 말 그대로 집합에 크기를 주는 분야다. (a,b)가 있다면 그 길이 $b-a$를 (a,b)의 크기로 주는 것이 자연스러울 것이다. 우리의 목적은 더 복잡한 집합에도 크기를 주는 것이다. $\mathbb{R}$의 모든 부분집합에 크기를 줄 수 있으면 좋겠지만 그렇게 하면 우리가 원하는 조건들을 다 만족시키지 못한다. 하지만 가능한 한 많은 집합들에 크기를 주고 싶다. 그리고 그 대상이 Borel set인 것이다. (Measure theory는 확률론에서 중요한 역할을 한다. 어떤 사건에 확률을 주는 것을 Measure theory의 언어로 표현할 수 있다.) $\mathbb{R}$에서 크기를 주는 데 있어 기본적인 역할을 하는 것은 interval들이다. 그리고 Borel set은 모든 interval들의 countable개의 합집합과 교집합을 포함한다. 즉, 우리가 흔히 생각할 수 있는 집합들은 전부 포함한다. 수학을 공부하다 보면 난해한 정의를 많이 접하게 된다. 하지만 잘 생각해 보면 그러한 정의가 나온 데는 나름의 배경과 이유가 있는 경우가 많다. 그러한 배경을 찾아보고 음미해 보는 것도 가치 있는 일일 것이다.

Binary quadratic form

KAIST 수리과학과 07학번 배한울

정수론을 공부한 독자라면 $ax \equiv b \pmod{n}$꼴의 x에 대한 1차식이 해를 가질 조건이 $\gcd(a,n)|b$임을 알 것이다. 그렇다면 일반적으로 $ax^2 + bx + c \equiv 0 \pmod{n}(a \neq 0)$은 어떤 조건을 만족할 때 해가 존재할까? 이에 대한 답으로 이차잉여에 대한 이론들이 나왔다. 그 결과, 모든 소수 p와 정수 a에 대해 $x^2 \equiv a \pmod{p}$가 해를 갖는 조건을 찾는 것과 일반적인 이차식 해의 존재 조건을 찾는 문제가 같음을 알았다. $x^2 \equiv a \pmod{p}$의 해 존재 여부를 다루는 이차 잉여에 대한 이론들은 많은 독자들에게 이미 알려져 있어, 이차 잉여에 대한 이론들을 적용하여 생각해 볼 수 있는 Binary quadratic form에 대해 알아보고 간단히 Gaussian integer를 설명하겠다.

먼저 이차잉여에 대한 간단한 정리와 그에 필요한 정의를 설명없이 간단히 쓰겠다.

정의

소수 p와 p와 서로 소인 정수 a에 대해, $x^2 \equiv a \pmod{p}$의 해가 존재하면 $(\frac{a}{p}) = 1$이라 쓰고 a를 p의 이차잉여(quadratic residue)라고 한다. 그렇지 않으면 $(\frac{a}{p}) = -1$이라 쓰고 a를 p의 비이차잉여(quadratic non-residue)라고 한다.

Euler's criterion

소수 p와 서로 소인 정수 a는 다음을 만족한다.

$$\left(\frac{a}{p}\right) \equiv a^{\frac{p-1}{2}} \pmod{p}$$

Law of quadratic reciprocity(Gauss)

두 서로 다른 홀수 소수 p, q는 다음을 만족한다.
$$\left(\frac{q}{p}\right)\left(\frac{p}{q}\right) = (-1)^{\frac{(p-1)(q-1)}{4}}$$

정의

$f: Z^2 \to Z$가 어떤 $a, b, c \in Z$에 대해 $f(x, y) = ax^2 + bxy + cy^2$이면 binary quadratic form 이라 말한다. 또 이 binary quadratic form f의 discriminant d를 $d = b^2 - 4ac$으로 정의한다.

모든 binary quadratic form $f(x, y) = ax^2 + bxy + cy^2$는 다음과 같이 표현 될 수 있다. $f(x, y) = (x, y)\begin{pmatrix} a & \frac{b}{2} \\ \frac{b}{2} & c \end{pmatrix}\begin{pmatrix} x \\ y \end{pmatrix}$. 따라서 binary quadratic form들의 집합과 모든 행렬 $F = \begin{pmatrix} a & \frac{b}{2} \\ \frac{b}{2} & c \end{pmatrix}$ $(a, b, c \in Z)$들의 집합은 일대일 대응된다.

임의의 binary quadratic form $f(x, y) = ax^2 + bxy + cy^2$를 생각하자. $\det U = 1$이고 정수 항을 가진 $U = \begin{pmatrix} p & q \\ r & s \end{pmatrix}$에 대해(즉, $p, q, r, s \in Z$가 $ps - qr = 1$를 만족), $F' = \begin{pmatrix} a' & \frac{b'}{2} \\ \frac{b'}{2} & c' \end{pmatrix} = U^T F U$라 하자. F'에 대응하는 binary quadratic form는 $b' = 2apq + b(qr + ps) + 2crs$이면 $f'(x, y) = f(p, r)x^2 + b'xy + f(q, s)y^2$이다. 이 relation은 equivalence relation이다. F와 F'이 위와 같은 관계(relation)를 갖고 있을 때 relation을 $F \sim F'$이라 표현하기로 하자. 임의의 binary quadratic form F에 대해 $\begin{pmatrix} 1 & 0 \\ 0 & 1 \end{pmatrix}$로 인한 변환에서 $F \sim F'$이며, 행렬 $U = \begin{pmatrix} p & q \\ r & s \end{pmatrix}$을 통해 $F \sim F'$이면, $U^{-1} = \begin{pmatrix} s & -q \\ -r & p \end{pmatrix}$에서 $\det U^{-1} = sp - (-q)(-r) = ps - qr = 1$이고 $F = (U^{-1})^T F' U^{-1}$이므로 $F' \sim F$이다. 또 $hk - ij = 1$을 만족하는 $h, i, j, k \in Z$에 대해 $V = \begin{pmatrix} h & i \\ j & k \end{pmatrix}$이면 $\det UV =$

$\det U \det V = 1$이기 때문에 U로 인해 $F \sim F'$이고 V로 인해 $F' \sim F''$이면, UV로 인해 $F \sim F''$이다.

이 relation이 중요한 이유는 이러한 관계를 가진 두 binary quadratic form f와 f'가 의미있는 관계를 갖기 때문이다. 다음과 같이 설명할 수 있다.

정리 1

$A = \{n \in Z | n = f(x,y) \text{ for some } x,y \in Z\}$, $A' = \{n \in Z | n = f'(x,y) \text{ for some } x,y \in Z\}$이면 $A = A'$이다. 또한 $B = \{n \in Z | f(x,y) = n \text{ for some } x,y \in Z \text{ with } \gcd(x,y) = 1\}$, $B' = \{n \in Z | f'(x,y) = n \text{ for some } x, y \in Z \text{ with } \gcd(x,y) = 1\}$이면, $B = B'$이다.

증명 $U = \begin{pmatrix} p & q \\ r & s \end{pmatrix}$로 인한 변환에서 $F \sim F'$이라 하자. $n \in Z$가 어떤 $l', m' \in Z$에 대해, $n = f'(l', m') = (l' m') \begin{pmatrix} p & r \\ q & s \end{pmatrix} \begin{pmatrix} a & \frac{b}{2} \\ \frac{b}{2} & c \end{pmatrix} \begin{pmatrix} p & q \\ r & s \end{pmatrix} \begin{pmatrix} l' \\ m' \end{pmatrix}$이면, $\begin{pmatrix} l \\ m \end{pmatrix} = \begin{pmatrix} p & q \\ r & s \end{pmatrix} \begin{pmatrix} l' \\ m' \end{pmatrix} = \begin{pmatrix} pl' + qm' \\ rl' + sm' \end{pmatrix}$에 대해 $n = (l,m) \begin{pmatrix} a & \frac{b}{2} \\ \frac{b}{2} & c \end{pmatrix} = f(l,m)$이다.

반대로, $n = f(l,m)$이면 $\begin{pmatrix} l' \\ m' \end{pmatrix} = U^{-1} \begin{pmatrix} l \\ m \end{pmatrix} = \begin{pmatrix} s & -q \\ -r & p \end{pmatrix} \begin{pmatrix} l \\ m \end{pmatrix} = \begin{pmatrix} sl - qm \\ mp - lr \end{pmatrix}$에 대해 $n = (l', m') \begin{pmatrix} a' & \frac{b'}{2} \\ \frac{b'}{2} & c' \end{pmatrix} \begin{pmatrix} l' \\ m' \end{pmatrix} = f'(l', m')$이다. 따라서 $A = A'$이다.

위에서 $\gcd(l,m) = 1$인 경우, $l = pl' + qm'$, $m = rl' + sm'$에서 $\gcd(l', m')$이 l과 m 모두를 나눈다는 것을 알 수 있으므로 $\gcd(l', m') | 1 = \gcd(l, m)$이며 따라서 $\gcd(l', m') = 1$이다. 반대로, $\gcd(l', m') = 1$이면 $\gcd(l, m) = 1$이다. 즉 $B = B'$이다. $\square$

또 $F' = U^T FU$이면 $\det F = \det U^T \det F' \det U = \det F' (\because \det U^T = \det U = 1)$이므로, $F \sim F'$이면 F와 F'의 행렬식 값이 같다. discriminant $d = -4 \det F$이므로 $F \sim F'$이면 같은 discriminant를 갖는다. 결론적으로 두 binary quadratic form f와 f'가 위와 같은 관계를 가지면 equivalent하다고 표현하는 것은 자연스럽다.

다음은 위에서 설명한 binary quadratic form에 대한 중요한 사실이다.

정리 2

discriminant가 d인 어떤 binary quadratic form f에 대해 $f(x,y) = n$인 서로 소인 정수해 x, y가 존재하는 필요충분조건은 discriminant d에 대해 $x^2 \equiv d$ (mod $4n$)이 해를 갖는 것이다.

증명 $\Rightarrow$) $f(x,y) = ax^2 + bxy + cy^2$에서 $d = b^2 - 4ac$라고 하고, $p, q \in \mathbb{Z}$가 서로 소이며 $f(p,q) = n$이라 하자. p, q가 서로 소이므로 $ps - qr = 1$을 만족하는 어떤 정수 r, s가 존재한다. $U = \begin{pmatrix} p & q \\ r & s \end{pmatrix}$를 통해 F를 변환시킨 $F' = \begin{pmatrix} a' & \frac{b'}{2} \\ \frac{b'}{2} & c' \end{pmatrix} = U^T F U$는 binary quadratic form $f'(x,y) = f(p,q)x^2 + b'xy + c'y^2$에 대응한다. 이 변환에 의해 discriminant가 변하지 않으므로, $b'^2 - 4f(p,q)c = b'^2 - 4nc = d \Rightarrow b'^2 \equiv d \pmod{4n}$ 즉, $x^2 \equiv d \pmod{4n}$이 해를 갖는다. $\Leftarrow$) $x^2 \equiv d \pmod{4n}$의 해를 $x = b$라고 하면 어떤 정수 c에 대해 $b^2 - 4nc = d$이다. $f''(x,y) = nx^2 + bxy + cy^2$는 $f''(1,0) = n$을 만족하고 discriminant d를 갖는다. □

위와 같이 $f(x,y) = ax^2 + bxy + cy^2 = n$에 서로 소인 정수해 x, y가 존재하는지 여부를 판단할 때 이차잉여에 쓰였던 이론들이 적용된다. 여기서 주의할 것은 discriminant가 같은 binary quadratic form이라도 equivalent하지 않을 수 있다는 점이다. 예를 들면 $g(x,y) = 2x^2 + 2xy + 2y^2$와 $g'(x,y) = x^2 + 3y^2$의 discriminant는 각각 -12이다. 그러나 $g(x,y)$는 2로 나누어지므로 $g(x,y) = 1$의 해가 없지만, $g'(1,0) = 1$로 해가 존재한다. 따라서 정리1에 의해 두 binary quadratic form는 equivalent하지 않다. 정리2를 이용하여 어떤 정수 x, y에 대해 $x^2 + y^2 = n$을 만족하는 자연수 n을 찾아보자.

정의

어떤 binary quadratic form $F(x,y) = Ax^2 + Bxy + Cy^2$가 $-A < B \leq A \leq C$이거나 $0 \leq B \leq A = C$를 만족하면 reduced form이라고 하고, reduced되었다고 한다.

보조정리 3-1 binary quadratic form $f(x,y) = ax^2+bxy+cy^2$의 discriminant가 0보다 작고 $a > 0$이면 f와 equivalent한 어떤 reduced binary quadratic form $f'(x,y) = a'x^2 + b'xy + cy^2$ 가 유일하게 존재한다.

보조 정리 증명의 개요 임의의 $f(x,y) = ax^2 + bxy + cy^2$에 대해, f가 $S_m = \begin{pmatrix} 1 & m \\ 0 & 1 \end{pmatrix}$를 통해 $a'' = a, b'' = b+2am$인 a'', b''에 대해 $f''(x,y) = a''x^2 + b''xy + c''y^2$과 equivalent하다. 따라서 m을 적당히 선택하면, $-a'' < b'' \leq a''$인 f''과 equivalent함을 알 수 있다.

또 f가 $T = \begin{pmatrix} 0 & 1 \\ 1 & 0 \end{pmatrix}$을 통해 $a'' = c, c'' = a, b'' = -b$인 $f''(x,y) = a''x^2 + b''xy + c''y^2$과 equivalent하다. 따라서 T를 통해 $a'' \leq c''$인 f''과 equivalent함을 알 수 있다.

S_m, T를 유한 번 적당히 적용하면 x^2의 계수가 (필요하면) 감소만 하도록 하여 $f(x,y)$가 결국은 어떤 reduced form과 equivalent하다는 것을 알 수 있다.

유일함을 보이기 위해서는, $f(x,y)$가 reduced binary quadratic form $f'(x,y) = a'x^2 + b'xy + cy^2$와 equivalent라고 하면 f가 가질 수 있는 함수값 중 가장 작은 값이 차례대로 $a' \leq c' \leq a' - |b'| + c'$, discriminant $d < 0$이라는 사실과 정리 1을 이용한다. □

정리 3

자연수 n이 $x^2 + y^2 = n$의 정수 해 x, y를 가질 필요충분조건은 $n = 2^{a_0}p_1^{a_1}\ldots p_s^{a_s}q_1^{b_1}\ldots q_t^{b_t}$에서 p_i가 $4m+1$꼴의 소수, q_i가 $4m+3$꼴의 소수이면 모든 $1 \leq j \leq t$에 대해 b_j가 짝수인 것이다. 즉 $4m+3$꼴의 소수가 짝수 차수만큼만 나누는 모든 자연수를 나타낼 수 있다.

증명 $\Rightarrow$) $x^2 \equiv -y^2 \pmod{n}$ $\Rightarrow$ 모든 $4m+3$꼴의 소수 $p|n$에 대해 $x^2 \equiv -y^2 \pmod{p}$ 만약 $x \equiv y \equiv 0 \pmod{p}$이 아니라면, 어떤 정수 y'에 대해 $y'y \equiv 1 \pmod{p}$이므로 $x'^2 \equiv -1 \pmod{p}$의 해가 존재한다는 것인데, 이는 $4m+3$꼴의 소수 p에 대해 $(\frac{-1}{p}) = -1$이므로 모순이다. 따라서 $p^2|(x^2+y^2) = n$이다. $\frac{n}{p^2}$에 대해서도 $4m+3$꼴의 소수는 짝수차수로만 나눌 것이므로 결국은 $4m+3$꼴의 소수 $p|n$에 대해, 어떤 자연수 l이 존재하여 p^{2l}이 n을 나누지만 p^{2l+1}은 n을 나눌 수 없게 된다. $\Leftarrow$) $4m+1$꼴의 소수 또는 2만을 약수로 가지며, 1보다 큰 자연수 m에 대해 m^2이 n'을 나누지 않는(square free) 임의의 자연수 n'을 생각하자. 이러한 성질을 ★라고 하겠다. 이러한 n'에 대해 $x'^2 + y'^2 = n'$이 해를 갖는다는 사실을 보이겠다. 먼저 $n' = 1$이면, $1^2 + 0^2 = 1$로 해가 존재한다. $n' \neq 1$일 때를 고려하자. Euler's criterion를 이용하면 모든 $4m+1$꼴의 소수 p에 대해 $(-1)^{\frac{p-1}{2}} = 1$이므로 $x^2 \equiv -1 \pmod{p}$이 해가 존재함을 알 수 있고, $x^2 \equiv -1 \pmod{2}$도 해가 존재하므로, 중국인의 나머지 정리를 각각의 소수 $p|n'$에 대해 적용하여 $x^2 \equiv -1 \pmod{n'}$이 해를 갖는다는 사실을 알 수 있다. 따라서 $y^2 \equiv -4 \pmod{4n'}$의 해도 존재하고, 정리2에 의해 n'은 discriminant가 -4인 어떤 binary quadratic form f에 대해 $f(x'', y'') = n'$을 만족하는 서로 소인 정수 $x'', y''이 존재한다. 여기서 보조정리에 의해 discriminant가 -4인 임의의 binary quadratic form $f(x,y) = ax^2 + bxy + cy^2$가 $b'^2 - 4a'c' = -4$인 어떤 reduced binary quadratic form $f'(x,y) = a'x^2 + b'xy + cy^2$와 equivalent하다. 여기서 $b'^2 \leq a'^2$이고 $-a'c' \leq -a'^2$이므로 $-4 \leq -3a'^2 \Leftrightarrow a'^2 \leq \frac{4}{3}$이다. 따라서 $a' = 1, b' = 0, c' = 1$만 가능한 경우임을 알 수 있다. 즉 discriminant가 -4인 임의의 binary quadratic form $f(x,y) = ax^2 + bxy + cy^2$는 $x^2 + y^2$과 equivalent하다. 따라서 정리1에 의해 discriminat가 -4인 모든 binary quadratic form가 $x^2 + y^2$과 equivalent 하므로 어떤 서로 소인 정수 x', y'에 대해 $n' = x'^2 + y'^2$이다. ★을 만족하는 임의의 n'에 대해 $n' = x'^2 + y'^2$라고 하면, 임의의 정수 k에 대해 $n = k^2 n'$꼴의 정수는 $n = (kx')^2 + (ky')^2$을 만족한다. 즉, $n = 2^{a_0} p_1^{a_1} \ldots p_s^{a_s} q_1^{b_1} \ldots q_t^{b_t}$에서 p_i가 $4m+1$꼴의 소수, q_j가 $4m+3$꼴의 소수이면 모든 $1 \leq j \leq t$에 대해 b_j가 짝수인 n은 $x^2 + y^2 = n$의 정수해를 갖는다. $\square$

위 정리의 증명은 무한하강법이라고 불리는 방법으로도 어렵지 않게 증명 가능하나 위에서 설명한 정리를 이용하여 증명하고자 했다. 이 문제에서와 같이 보조정리를 활용한다면 비슷한 방법으로 $x^2 + 2y^2$꼴로 나타낼 수 있는 정수들이 $8m+5$와 $8m+7$꼴의 소수가 짝수 차수만큼만 나누는 모든 정수임을 보일 수 있다.

정리3에서 $x^2 + y^2$꼴로 나타나는 정수의 꼴을 알아봤는데 Gaussian integer라는 개념을 도입하면 정리3에서 나온 꼴의 정수를 모두 표현할 수 있다는 사실을 증명할 수 있다.

정의

임의의 $a, b \in Z$에 대해 $a + bi$꼴을 가진 복소수를 Gaussian integer라고 한다. $G = \{a + bi \in C | a, b \in Z\}$ 에 대해 norm $N : G \to Z$는 $N(a + bi) = (a + bi)\overline{(a + bi)} = (a + bi)(a - bi) = a^2 + b^2$와 같이 정의된다.

G는 자주 $Z[i]$라고 말한다. G는 곱셈과 덧셈에 대해 모두 닫혀있다. 여기서 norm N은 좋은 성질을 갖고 있다. 임의의 $\alpha, \beta \in G$에 대해 $N(\alpha\beta) = N(\alpha)N(\beta)$이며, $N(\alpha) = 1 \Leftrightarrow \alpha = 1$ or -1 or i or $-i$를 만족한다.

정의

$\alpha, \beta \in G$에 대해 어떤 $\gamma \in G$가 있어 $\alpha = \beta\gamma$이면 β가 α를 나눈다고 한다. 어떤 α가 $\beta\gamma$를 나눌 때마다, α가 적어도 β와 γ중 하나를 나눈다면 α를 Gaussian prime이라고 한다. $\alpha, \beta, \gamma \in G$에 대해 $\alpha = \beta\gamma$일 때마다 β 또는 γ가 $1, -1, i, -i$ 중에 하나여야 하면 α를 G에서 기약(irreducible)라고 한다.

$\alpha \in G$가 Gaussian Prime이면 어떤 $\beta, \gamma \in G$에 대해 $\alpha = \beta\gamma$일 때마다 α는 γ 또는 β를 나누므로 β 또는 γ가 $1, -1, i, -i$중에 하나여야만 한다. 즉 $\alpha \in G$가 Gaussian Prime이면 G에서 기약이다. G에서 기약이면 Gaussian prime이라는 사실도 알려졌는데 이를 증명 없이 사용하겠다. 이 사실을 이용하면 다음과 같이 정리3의 특수한 경우를 증명할 수 있다.

정리 4

임의의 홀수 소수 p가 어떤 정수 a, b에 대해 $p = a^2 + b^2$으로 나타내질 필요충분조건이 $p \equiv 1 \pmod 4$이다.

증명 ⇒) 홀수 소수 p가 어떤 정수 a, b에 대해 $a^2 + b^2 \equiv 1 \pmod{2}$이면 일반성을 잃지 않고 $a \equiv 1 \pmod 2$, $b \equiv 0 \pmod 2$ 이다. 결국은 $p = a^2 + b^2 \equiv 1 \pmod 4$가 성립함을 알 수 있다.

⇐) p가 $4m + 1$꼴의 소수라면 $(\frac{-1}{p}) = 1$이고 Euler's criterion에 의해 어떤 정수 n에 대해 $n^2 + 1 \equiv 0 \pmod p$이다. 소수 p와 $n^2 + 1$을 G의 원소로 생각하면, p는 $n^2 + 1 = (n+i)(n-i)$을 나눈다. p가 기약이라 가정하면 p가 Gaussian prime이므로 $n + i$ 또는 $n - i$를 나누는데, $n + i = p\beta$ 또는 $n - i = p\beta$를 만족하는 $\beta \in G$가 있을 수 없기 때문에 모순이 생긴다. 즉 $4m + 1$꼴의 소수 p는 기약이 될 수 없다. p가 기약이 아니므로 $1, -1, i, -i$이 아닌 어떤 $a + bi, c + di \in G$에 대해 $p = (a + bi)(c + di)$이다. 여기서 $p^2 = N(p) \equiv N((a+bi)(c+di)) = N(a+bi)N(c+di) = (a^2 + b^2)(c^2 + d^2)$ 이다. 여기서 가정에 의해 $a^2 + b^2 \neq 1$, $c^2 + d^2 \neq 1$, $c^2 + d^2 \neq 1$이므로 $a^2 + b^2 = c^2 + d^2 = p$이다. 즉 $p = x^2 + y^2$의 정수해가 존재한다. □

따름정리 4-1 자연수 n이 의 정수 해 를 가질 충분조건은 에서 p_i가 $4m + 1$꼴의 소수, q_j가 $4m + 3$꼴의 소수이면 모든 $1 \leq j \leq t$에 대해 b_j가 짝수인 것이다.

증명 이 정리가 정리3과 다른 점은 필요충분조건이 아닌 충분조건이라는 것이다. 정리3을 증명할 때와 같이 $4m + 1$꼴의 소수 또는 2만을 약수로 가지며, 1보다 큰 자연수 m에 대해 m^2이 n'을 나누지 않는(square free) 임의의 자연수 n' (성질 ★)에 대해 $x'^2 + y'^2 = n'$이 해를 갖는다는 사실을 보이겠다. $\alpha_0 = 1 + i \in G$에 대해 $N(\alpha_0) = 2$이다. 또 정리4를 적용하면, $1 \leq j \leq k$인 j에 대해 $4m + 1$꼴의 소수 p_j가 n'을 나눈다면 어떤 $\alpha_j = a_j + b_j i \in G$가 있어서 $N(\alpha_j) = a_j^2 + b_j^2 = p_j$이다. 따라서 2가 n'을 나눌 경우, $\alpha = \alpha_0 \alpha_1 \ldots \alpha_k = a + bi \in G$에 대해 $N(\alpha) = N(\alpha_0) \ldots N(\alpha_k) = 2p_1 \ldots p_k = n'$이고 $N(\alpha) = a^2 + b^2 = n'$이다. 또 2가 n'을 나누지 않을 경우, $\alpha = \alpha_1 \ldots \alpha_k = a + bi \in G_n$에 대해 $N(\alpha) = N(\alpha_1) \ldots N(\alpha_k) = p_1 \ldots p_k = n'$이고 $N(\alpha) = a^2 + b^2 = n'$이다. 결국 정리3의 증명과 같이 성질 ★을 가진 자연수 n'가 $x'^2 + y'^2 = n'$의 정수해를 가짐을 보였고, 임의의 정수 k에 대해 $n = k^2 n'$인 정수는 $n = (kx')^2 + (ky')^2$임을 알 수 있다. 이로써 증명하고자 하는 것이 사실임을 알 수 있다. □

이와 같이 다르게 보이는 분야의 연구로 비슷한 결과를 얻을 수 있다. 중간에 중요한 결과에 대한 증명이 생략되거나 간단히 설명되었는데 이 증명은 참고도서에서 찾아볼 수 있다. 또 binary quadratic form에 대한 이론은 변수 세 개를 지닌 ternary quadratic form으로 확장되거나 살펴본 바와 같이 quadratic field와 같은 연구로 확장되어 생각할 수 있다.

참고도서

1. A concise introduction to the theory of numbers written by Alan Baker.

2. An introduction to the theory of numbers written by Ivan Niven, Hebert S.Zuckerman and Hugh L.Montgomery

3. A first course in abstract algebra written by John B.Fraleigh

2008 제27회 전국 대학생 수학 경시대회

제1차 문제
2008년 11월 15일

189-1-1 꼭지점의 좌표가 (0,1,0), (1,2,1), (1,3,3), (3,1,2)인 사면체의 부피를 구하여라.

189-1-2 $0 < a,b,c,d < 1$일 때, 다음 부등식이 성립함을 보여라.

$$\sqrt{(1-ab)(1-cd)} \geq \sqrt{ac(1-b)(1-d)} + \sqrt{bd(1-a)(1-c)} + \sqrt{(1-a)(1-b)(1-c)(1-d)}$$

189-1-3 다음 적분을 계산하여라.

$$\int_0^\infty \frac{e^{-x} - e^{-2x}}{x} dx$$

189-1-4 $\alpha > 1$일 때, 다음 적분값이 존재함을 보여라.

$$\int_1^\infty \cos(x^\alpha) dx$$

189-1-5 다음 값을 구하여라.

$$\sin\frac{\pi}{10} \sin\frac{2\pi}{10} \cdots \sin\frac{9\pi}{10}$$

2008 제27회 전국 대학생 수학 경시대회

제2차 문제
2008년 11월 15일

189-2-1 모든 성분이 양수인 3×3 행렬 A의 역행렬 A^{-1}이 존재한다. A^{-1}의 성분 중에서 양수인 성분이 6개일 때, A^{-1}의 성분 중에서 음수인 성분은 3개임을 보여라.

189-2-2 폐구간 $[0,1]$에서 정의된 함수열 ϕ_n이 다음을 만족시킨다.

(a) $\phi_0(t) \equiv 0$.

(b) $\phi_0(t) = 1 + 2\sin\frac{t}{2} - \frac{1}{2}\int_0^t \phi_{n-1}(s)ds, n = 1, 2, \ldots$

폐구간 $[0,1]$에서 함수열 ϕ_n이 수렴함을 보이고 $\lim_{n\to\infty} \phi_n = \phi$을 구하여라.

189-2-3 모든 $n = 0, 1, 2, 3, \ldots$에 대해서 a_n은 0 또는 1이고, P와 Q는 다항식으로서 P의 차수가 Q의 차수보다 낮으며 $|x| < 1$인 영역에서 다음이 성립한다.

$$\sum_{n=0}^{\infty} a_n x^n = \frac{P(x)}{Q(x)}$$

이때, 적당한 자연수 p가 존재하여 모든 $n \geq 0$에 대하여 $a_{n+p} = a_n$이 성립함을 보여라.

189-2-4 $p_i, q_i > 0$이고 $\sum_{i=1}^{n} p_i = \sum_{i=1}^{n} q_i = 1$일 때, 다음 부등식이 성립함을 보여라.

$$\frac{1}{2}\sum_{i=1}^{n}(p_i - q_i)^2 \leq \sum_{i=1}^{n} p_i \ln\left(\frac{p_i}{q_i}\right)$$

189-2-5 수열 $\{x_n\}$이 다음 조건

$$x_m > 0, \ x_{m+n} \leq x_m + x_n, m, n = 1, 2, 3\ldots$$

을 만족할 때, 수열 $\{x_n/n\}$이 수렴함을 보여라.

2008 제2회 전국 대학생 공학수학 경시대회

제1차 문제
2008년 11월 15일

189-3-1 189-1-1 문제와 동일함.

189-3-2 189-1-3 문제와 동일함.

189-3-3

$$\int_0^{\sqrt{\frac{\pi}{2}}} \int_0^{\sqrt{\frac{\pi}{2}}} \int_0^{\sqrt{\frac{\pi}{2}}} xyz \cos(x^2 + y^2 + z^2) dx dy dz$$

189-3-4 189-1-4 문제와 동일함.

189-3-5 다음을 만족시키는 행렬 A를 하나만 구하여라.

$$\begin{bmatrix} 2 & -1 \\ -1 & 2 \end{bmatrix} = A^2$$

189-3-6 다음을 만족시키는 함수 $f(x,y,z)$를 구하여라.

$$\nabla f(x,y,z) = (ye^{xy+yz}, (x+z)e^{xy+yz}, ye^{xy+yz})$$

189-3-7 집합 $\{(x,y)|x^2+y^2=1\}$에서 함수 $f(x,y) = 3x^2 + 4xy + y^2$의 최대값을 구하여라.

189-3-8 다음을 만족시키는 3×1 행렬 $\mathbf{u}$와 $\mathbf{v}$를 모두 구하여라.

$$\begin{bmatrix} 5 & 2 & 3 \\ 15 & 6 & 9 \\ 10 & 4 & 6 \end{bmatrix} = \mathbf{uv}^{\mathbf{T}}$$

2008 제2회 전국 대학생 공학수학 경시대회

제2차 문제
2008년 11월 15일

189-4-1 $n \times n$ 행렬 $A = [a_{ij}]$의 원소가 임의의 $j = 1, 2, \ldots, n$에 대하여 $\sum_{i=1}^{n} a_{ij} = 0$을 만족할 때, A의 역행렬은 존재하지 않음을 보여라.

189-4-2 189-2-2 문제와 동일함.

189-4-3 다음 조건을 모두 만족시키는 다항함수 $u(x, y)$를 모두 구하여라.

(a) $u_{xx} + u_{yy} = 0$

(b) 모든 실수 x에 대하여 $u(x, 0) = u(x, \sqrt{3}x) = 0$.

(c) 모든 $x > 0$, $0 < y < \sqrt{3}x$에 대하여 $u(x, y) > 0$.

(d) 모든 실수 t에 대하여 $u(tx, ty) = t^n u(x, y)$를 만족시키는 양의 정수 n이 존재한다.

189-4-4 189-2-3 문제와 동일함.

189-4-5 다음에 주어진 4개의 자료 (x_i, y_i), $i = 1, 2, 3, 4$에 대하여 오차의 제곱의 합을 가장 작게 만드는 직선 $y = ax + b$를 구하여라.

$$(0, 0), (1, 1), (3, 2), (4, 5)$$

즉, 다음 값

$$E^2 = \sum_{i=1}^{4}(y_i - ax_i - b)^2$$

을 가장 작게 만드는 직선 $y = ax + b$를 구하여라.

2008 제22회 한국수학올림피아드 2차시험

고등부
2008년 8월 16일

187-1-1 삼차원 공간의 점들이 집합 $V = \{(s, y, z) | 0 \leq x, y, z \leq 2008, x, y, z$는 정수$\}$를 생각하자. 집합 V에 있는 각 점에 색칠을 하는데 두 점 사이의 거리가 정확히 1, $\sqrt{2}$ 또는 2인 경우에는 서로 다른 색이 칠해지도록 하려고 한다. 이 때 필요한 색의 최소 개수를 구하여라.

KAIST 08학번 류연식

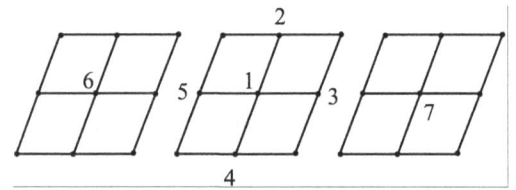

한 점의 색을 1이라고 하자. 1로 칠해진 점과 거리가 1인 점 6개는 각각 다른 색을 가져야 한다. 이를 2, 3, 4, 5, 6, 7이라고 하자. 이로써 적어도 7개의 색을 사용해야 한다.

7개의 색으로 칠한 실례가 존재함을 보이면 그것이 필요한 색의 최소개수가 된다.

(x, y, z)에서 칠하는 색의 값을 $f(x, y, z)$라고 하고 $f(x, y, z) = \overline{abc}_{(2)}(a \equiv x, b \equiv y, c \equiv z \pmod{2})$로 두자.

$\overline{abc}_{(2)}$는 7가지로 분류되므로, 이 때 모순이 없음을 보이자.

(x, y, z)에서의 색 $f(x, y, z)$과 모든 $(x \pm l, y \pm m, z \pm n)$에서의 색 $f(x \pm l, y \pm m, z \pm n)$이 다름을 보이면 된다. $(0 < l + m + n \leq 2)$

$$f(x, y, z) = f(x \pm l, y \pm m, z \pm n)$$
$$\Leftrightarrow \overline{(a \pm l)(b \pm m)(c \pm n)}_{(2)} - \overline{abc}_{(2)} \equiv \overline{(\pm l)(\pm m)(\pm n)}_{(2)} \equiv 0 \pmod{7}$$

$0 < |\overline{(\pm l)(\pm m)(\pm n)_{(2)}}| < 7$이므로 $f(x,y,z) = f(x \pm l, y \pm m, z \pm n)$인 경우가 없다.

∴ 7개의 색이 점들을 조건을 만족하게 칠할 수 있는 최소의 개수이다.

187-1-2 실수 $x_1, x_2, \ldots, x_n$에 대하여, $x_1 > 1, x_2 > 2, \ldots, x_n > n$일 때

$$\frac{(x_1 + x_2 + \cdots + x_n)^2}{\sqrt{x_1^2 - 1^2} + \sqrt{x_2^2 - 2^2} + \cdots + \sqrt{x_n^2 - n^2}}$$

의 최솟값을 구하여라.

───────────── 풀이 ─────────────

KAIST 08학번 류연식

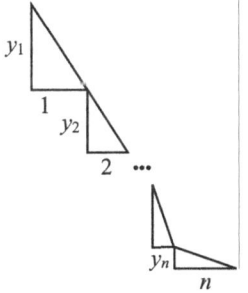

Let, $y_i = \sqrt{x_i^2 - i^2} (i = 1, 2, \ldots, n)$

높이를 i로 하고 빗변을 x_i로 갖는 직각삼각형들을 그리면 아래와 같은 부등식을 얻을 수 있다.

$$\frac{(\sum_{i=1}^n x_i)^2}{\sum_{i=1}^n y_i} \geq \frac{(\sum_{i=1}^n y_i)^2 + (\sum_{i=1}^n i)^2}{\sum_{i=1}^n y_i} = \sum_{i=1}^n y_i + \frac{(\sum_{i=1}^n i)^2}{\sum_{i=1}^n y_i}$$

$$\geq \sqrt{\sum_{i=1}^n y_i \times \frac{(\sum_{i=1}^n i)^2}{\sum_{i=1}^n y_i}} = 2\sum_{i=1}^n i = n(n-1) (\text{by } AM \geq GM)$$

첫 부등식의 등호조건은 그림의 직각삼각형의 빗변이 일직선이 되는 것이므로 $\frac{y_i}{i} = C$일 때이다. 산술기하의 등호 조건이 $\sum_{i=1}^n y_i = \frac{(\sum_{i=1}^n i)^2}{\sum_{i=1}^n y_i}$이므로

$$\left(\sum_{i=1}^{n} y_i\right)^2 = \left(\sum_{i=1}^{n} i\right)^2$$

$$\sum_{i=1}^{n} y_i = \sum_{i=1}^{n} i$$

한편,
$$\sum_{i=1}^{n} y_i = \sum_{i=1}^{n} iC = C\sum_{i=1}^{n} i$$

$\therefore C = 1$

$\Rightarrow y_i = i$

$\sqrt{x_i^2 - i^2} = i$

$\therefore \forall_{i=1,2,\ldots,n}, x_i = i = \sqrt{2}$이 등호조건.

187-1-3 원 O위에 5개의 점 A, B, C, D, E가 반시계방향으로 순서대로 놓여 있다. $AC = CE$이고, 선분 BD는 두 선분 AC, CE와 각각 점 P, Q에서 만난다. 두 선분 AP, BP와 호 AB(점 C를 포함하지 않는)에 모두 접하는 원을 O_1이라 하고, 두 선분 DQ, EQ와 호 DE(점 C를 포함하지 않는)에 모두 접하는 원을 O_2라 하자. 두 원 O_1, O_2가 원 O에 내접하는 두 점을 각각 R, S라 하자. 두 직선 RP와 SQ의 교점을 X라 할 때, 직선 XC가 $\angle ACE$의 이등분선임을 보여라.

―――――|풀이|―――――

KAIST 08학번 나기훈

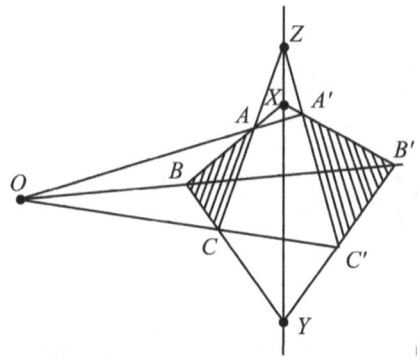

Lemma 1 데자르그 정리

서로 배경에 위치해 있는 두 삼각형에 대하여 각 쌍을 이루는 변의 고정3점은 한 직선 상에 있다. 이 정리는 역도 성립하며 위 그림에서 $AA'//BB'//CC'$일 때도 성립이 되고 $AB//A'B'//YZ$일 때도 성립하며 역도 성립합니다.

Lemma 2

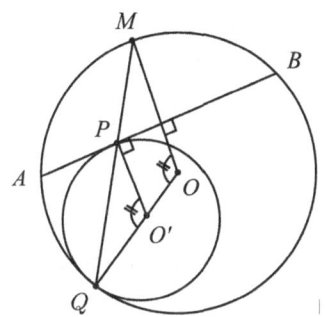

원 위의 임의의 현에 대하여 현과 원에 동시에 접하는 작은 원이 현과 원과 만나는 두점과 현을 중심으로 작은 원의 반대쪽의 호의 중점은 한 직선위에 있다.

증명 원 O위의 현 AB와 원 O와 접하는 원 O'에 대하여 현과의 접점을 P, 원과의 접점을 Q라하고 호 AB의 중점을 M이라 합시다.
우선 $OP \perp AB$, $OM \perp AB$임을 알 수 있습니다.

$$\therefore O'P // Om$$

$QO' : O'P = QO : OM = 1 : 1$이므로

$$\triangle QO'P \backsim \triangle QOM$$

$\therefore Q, P, M$은 일직선 상에 있습니다. □

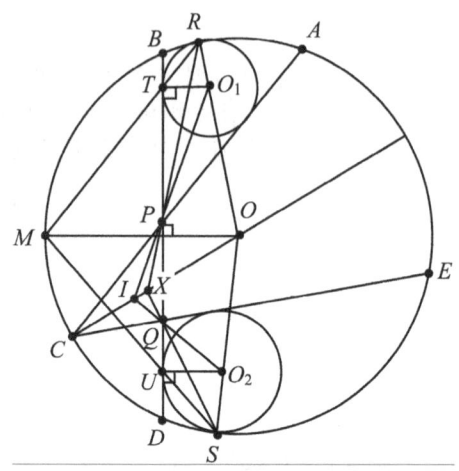

원 O_1, O_2와 원 O와의 교점을 R, S, 현 BD와의 교점을 T, U라 하자. 현 BD를 중심으로 O_1, O_2의 반대쪽에 있는 호 BD의 중점을 M이라 하면 RT와 SU는 M에서 만난다. (Lemma 2)

또한 $TO_1//MO//UO_1$이므로 (Lemma 1)에 의하여 TU, RS, O_1O_2가 한 점에서 만나거나 평행하다.

그리고 R, O_1, O와 S, O_2, O는 각각 한 직선상에 있음은 자명하다. 그리고 O_1P와 O_2P의 교점을 I라 하면 PQ, RS, O_1O_2는 한 점에서 만나거나 평행하다고 위에서 증명했으므로 (Lemma 1)에 의하여 O, I, X는 한 직선상에 있게 된다.

그리고 O_1P, O_2Q는 $\angle CPQ, \angle CQP$의 이등분선이므로 I는 $\triangle CPQ$의 내심, $AC = EC$이므로 O, I는 $\angle ACE$의 이등분선 상에 있게 된다.

O, I, X는 일직선상에 있다고 했으므로 X는 $\angle ACE$의 이등분선 상에 존재한다.

187-1-4 모든 양의 정수의 집합을 N이라 하자. 집합 N의 세 부분 집합 A, B, C가 다음의 조건들을 모두 만족하면 A, B, C를 N의 '분할'이라 한다.

(i) $A, B, C \neq \phi$ (ii) $A \cap B = B \cap C = C \cap A = \phi$ (iii) $A \cup B \cup C = N$

아래의 세 조건을 모두 만족하는 N의 분할 A, B, C가 존재하지 않음을 보여라.

(1) 모든 $a \in A, b \in B$에 대하여, $a + b + 2008 \in C$,

(2) 모든 $b \in B, c \in C$에 대하여, $b + c + 2008 \in A$,

(3) 모든 $c \in C, a \in A$에 대하여, $c + a + 2008 \in B$

|증명|

W.L.O.G $\{2008 \times 1, 2008 \times 2, \ldots, 2008 \times n\} \subset A$, $2008 \times (n+1) \in B$

LET, $a \in A, b \in B, c \in C$

i) $n \geq 3$

$\{2008 \times 1, 2008 \times 2, \ldots, 2008 \times n\} \subset A, 2008 \times (n+1) \in B \to \{2008 \times (n+3), 2008 \times (n+4), \ldots, 2008 \times (2n+2)\}$

$\{b | b = c + a + 2008\} = \{2008 \times (n+5), 2008 \times (n+6), \ldots, 2008 \times (3n+3)\} \subset B$

$\therefore 2008 \times (n+5) \in B, 2008 \times (n+5) \in C$이므로 모순.

ii) $n = 2$

$\{2008 \times 1, 2008 \times 2\} \subset A, 2008 \times 3 \in B \to \{2008 \times 5, 2008 \times 6\} \subset C \to \{2008 \times 9, 2008 \times 10\} \subset A$

한편, $\{2008 \times (5+2+1), 2008 \times (6+2+1)\} = \{2008 \times 8, 2008 \times 9\} \subset B$

$\therefore$모순.

iii) $n = 1$

$2008 \times 1 \in A, 2008 \times 2 \in B \to 2008 \times 4 \in C$

$2008 \times 3 \in B$

($\because 2008 \times 3 \in A \to 2008 \times (3+2+1) = 2008 \times 6 \in C, 2008 \times (4+1+1) = 2008 \times 6 \in B \Rightarrow$ 모순.

$2008 \times 3 \in C \to 2008 \times (2+3+1) = 2008 \times 6 \in A, 2008 \times (4+1+1) = 2008 \times 6 \in B \Rightarrow$ 모순.)

$\to \{2008 \times 1, 2008 \times 7, 2008 \times 8\} \subset A, \{2008 \times 2, 2008 \times 3, 2008 \times 6\} \subset B, \{2008 \times 4, 2008 \times 5\} \subset C$

$2008 \times (1+6+1) = 2008 \times 8 \in C$이므로 모순.

2008의 배수에 대하여 중복된 원소가 생김으로서 분할이 존재하지 않는다.

$\therefore$ 모든 자연수에 대한 분할 역시 존재하지 않는다.

187-1-5 5이상의 소수 p 각각에 대하여, $1 + (\frac{1}{2^2} + \frac{1}{3^2} + \cdots + \frac{1}{n^2}) \times (2^2 \times 3^2 \times \cdots \times n^2)$이 p의 배수가 되는 정수 $n(n \geq 2)$이 존재함을 보여라.

증명

KAIST 08학번 류연식

claim $n = p - 1 \Rightarrow 1 + (\frac{1}{2^2} + \cdots \frac{1}{n^2})(2^2 \times \cdots n^2) \equiv 0 \pmod{p}$
$\sum_{i=2}^{p-1} \{\frac{(p-1)!}{i}\}^2 \equiv -1 \pmod{p}$을 보이면 된다.

Lemma $\{\frac{(p-1)!}{2}, \frac{(p-1)!}{3}, \ldots, \frac{(p-1)!}{p-1}\} \equiv \{1, 2, \ldots, p-2\} \pmod{p}$
$\frac{(p-1)!}{1} \equiv p - 1 \pmod{p}$ (by Wilson's theorem)이므로

$$\Leftrightarrow \{\frac{(p-1)!}{1}, \frac{(p-1)!}{2}, \frac{(p-1)!}{3}, \ldots, \frac{(p-1)!}{p-1}\}$$
$$\equiv \{1, 2, \ldots, p-2, p-1\} \pmod{p}$$

두 집합이 같은 개수의 원소를 가지고 있으므로 $\frac{(p-1)!}{l} \equiv \frac{(p-1)!}{k} \Leftrightarrow k \equiv l \pmod{p}$임을 보이면 된다.
$[\Rightarrow]$ $l^*(p-1)! \equiv k^*(p-1)!$ (t^*는 $t \times t^* \equiv 1 \pmod{p}$가 되게하는 수)
$k \times (p-1)! \equiv l \times (p-1)!$
$-k \equiv -l \pmod{p}$
$\therefore$ 성립
$[\Leftarrow]$ 자명.
이로써 $\{\frac{(p0 1!}{2}, \frac{(p-1)!}{3}, \ldots, \frac{(p-1)!}{p-1}\} \equiv \{1, 2, \ldots, p-2\} \pmod{p}$의 성립이 증명된다. $\diamond$

$$\sum_{i=2}^{p-1} \{\frac{(p-1)!}{i}\}^2 \equiv \sum_{i=1}^{p-2} i^2 \pmod{p} \text{ (by Lemma)}$$

5이상의 소수는 $6t \pm 1$꼴이이다.
i) $p = 6k + 1$

$$\sum_{i=1}^{p-2} i^2 \equiv \frac{6k(6k-1)(12k-1)}{6}$$
$$\equiv (6k-1)(12k^2 - 5k + 1) - 1 \equiv -1 \pmod{p}$$

ii) $p = 6k - 1$

$$\sum_{i=1}^{p-2} i^2 \equiv \frac{(6k-3)(6k-2)(12k-5)}{6}$$

$$\equiv (6k-1)(12k^2 - 13k - 4) - 1 \equiv -1 \pmod{p}$$

$\therefore n = p - 1 \Rightarrow 1 + (\frac{1}{2^2} + \cdots \frac{1}{n^2})(2^2 \times \cdots n^2) \equiv 0 \pmod{p}$ ◇

$\therefore \exists_{n \geq 2}, 1 + (\frac{1}{2^2} + \cdots \frac{1}{n^2})(2^2 \times \cdots n^2) \equiv 0 \pmod{p}$

187-1-6 원 Γ에 내접하는 사각형 $ABCD$가 있다. 점 A에서의 원 Γ의 접선에 평행하고 점 D를 지나는 직선이 원 Γ와 만나는 두 교점 중 D가 아닌 점을 E라 하자. 원 Γ위의 점 F가 직선 CD에 대하여 점 E의 반대편에 있고 두 조건 $AE \cdot AD \cdot CF = BE \cdot BC \cdot DF$; $\angle CFD = 2\angle AFB$를 모두 만족한다.

점 A에서의 원 Γ의 접선과 점 B에서의 원 Γ의 접선, 그리고 직선 EF가 모두 한 점에서 만남을 보여라.

─────── 풀이 ───────

(주) 186-1-5 풀이와 유사함.

187-1-7 다음의 세 조건을 모두 만족하는 함수 $f : R \to R$는 오직 $f(x) = x$ 하나뿐임을 보여라. 단, R은 모든 실수의 집합이다.

(1) 모든 실수 $x \neq 0$에 대하여, $f(x) = x^2 f(\frac{1}{x})$,

(2) 모든 실수 x, y에 대하여, $f(x+y) = f(x) + f(y)$,

(3) $f(1) = 1$.

(주) 이 문제는 아직 풀이가 접수되지 않았습니다. PROPOSAL로 넘깁니다.

187-1-8

양의 정수 s, t에 대하여, 모든 항이 양의 정수인 수열 a_n을 다음과 같이 정의하자.

$a_n = s, a_2 = t$, 그리고 모든 $n \geq 1$에 대하여

$$a_{n+2} = [\sqrt{a_n + (n+2)a_{n+1} + 2008}]$$

단, $[x]$는 x를 넘지 않는 최대 정수이다. 이 때, 집합 $\{n$은 양의 정수$|a_n \neq n\}$이 유한집합임을 보여라.

풀이

KAIST 수리과학과 07학번 심규석

s와 t 값에 관계없이 $a_3 > 3, a_4 > 4$임은 분명하다.
여기서 $a_n \geq n, a_{n+1} \geq n+1$이라고 가정하면,

$$a_{n+2} = [\sqrt{a_n + (n+2)a_{n+1} + 2008}] \geq [\sqrt{(n+2)^2 + 2006}] \geq n+2$$

임을 알 수 있고, 즉, $a_n \geq n$이 성립.

(claim) $b_n = a_n - n$이라고 하면, $b_{n+2} < \max[b_n, b_{n+1}]$ ($n \geq 2008$이고, $b_n \geq 1$일 때)가 성립한다.

증명 $b_{n+2} \geq \max[b_n, b_{n+1}]$이라고 가정하면,

$$b_{n+2} + (n+2) = [\sqrt{a_n + (n+2)a_{n+1} + 2008}]$$
$$\leq \sqrt{a_n + (n+2)a_{n+1} + 2008}$$
$$= \sqrt{b_n + (n+2)b_{n+1} + (n+2)^2 + 2006}$$
$$b_{n+1} + n + 2 \leq \sqrt{b_n + (n+2)b_{n+1} + (n+2)^2 + 2006}$$

양변을 제곱하면, $(n+2)b_{n+1} + b_{n+1}^2 \leq b_n + 2006 \cdots$ ①
마찬가지로 $b_n + n + 2 \leq \sqrt{b_n + (n+2)b_{n+1} + (n+2)^2 + 2006}$
양변을 제곱하면, $(2n+3)b_n + b_n^2 \leq (n+2)b_{n+1} + 2006 \cdots$ ②
①과 ②를 더하면 $2(n+1)b_n + b_n^2 + b_{n+1}^2 \leq 5012$가 나오는데, $n \geq 2008$, $b_n \geq 1$일 때라고 가정했으므로 모순. □

(claim)에 의해 $\max[b_n, b_{n+1}]$은 증가하지 않으며, 계속 양수값으로 일정할 수도 없다. 따라서 $\max[b_N, b_{N+1}] = 0$이 되는 자연수 N 값이 존재.
즉, $a_N = N, a_{N+1} = N+1$인 2008 이상의 자연수 N이 존재한다.

문제에서 주어진 점화식을 이용해 $a_N = N$, $a_{N+1} = N+1$일 때, 수학적 귀납법으로 $a_n = n(n \geq N)$임을 쉽게 증명 할 수 있다.

∴ $\{n$은 양의정수$|a_n \neq n\}$은 1부터 $N-1$까지의 자연수만을 원소로 가질 수 있으므로 유한집합이다.

PROPOSALS SOLUTIONS

Proposals Solutions코너는 독자분들과 함께 문제를 생각해보는 코너입니다. 독자분들 중에서 자신이 창작한 문제가 있는 분이나 Proposals란에 실린 문제를 푸신 분은 수학문제연구회로 보내주시면 실어드리겠습니다. 보낼 때는 FAX나 우편, 홈페이지 등으로 보내시면 됩니다. 이미 풀이가 실린 문제일지라도 색다른 풀이를 보내주시면 실어드리겠습니다.

PROPOSALS

189-1
서울휘문중학교 2학년
김도윤

$n^{2008} + 2008^n =$ 소수 or 완전제곱수가 되는 모든 양의 정수 n의 개수를 구하시오.

189-2
KAIST 08학번
나기훈

원 O위에 점 $A_1, A_2, A_3, A_4, A_5, A_6$가 존재하고 A_i, A_{i+1}과 $A_{i+3}A_{i+5}$가 평행하지 않으며($i = 1, 2, \ldots, 6, A_{i+6} = A_i$), A_i와 A_{i+1}에서의 접선은 평행하지 않습니다. A_1A_2와 A_4A_5의 교점을 P, A_1A_6와 A_3A_4의 교점을 Q라 하고 A_i, A_{i+1}에서의 접선의 교점을 B_i라 했을 때 B_1B_4, B_3B_6의 교점을 X라 하면 $OX \perp PQ$임을 보이시오

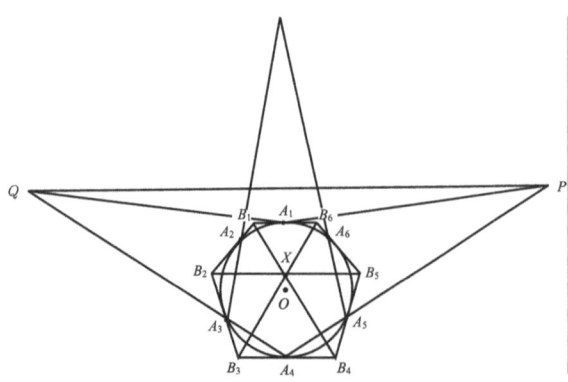

□ SOLUTIONS

185-2-17
22회 한국수학올림피아드
1차시험 고등부

다음 그림과 같이 합동인 두 정육각뿔의 밑면을 만든 도형에서 모서리들을 길로 간주하자. 점 P에서 점 Q로 이동했다가 다시 점 P로 돌아오는 경로의 수를 구하여라. 단, 한 번 지나간 점이나 모서리는 다시 지나가지 않는다.

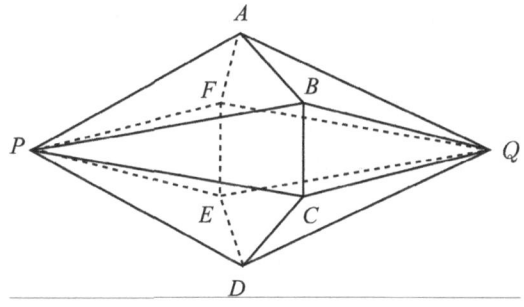

━━━━━━━━━━━ 풀이 ━━━━━━━━━━━

KAIST 08학번 류연식

$P \to X_1 \to Y_1 \to Q \to X_2 \to Y_2 \to P$의 경로를 따른다고 하자.

Let, $i = X_1$과 Y_1사이의 변의 개수

X_2, Y_2는 X_1, Y_1을 지날 수 없으므로 X_1, Y_1사이의 변과 X_1, Y_1과 연결되는 모든 변을 지날 수 없다.

∴ $Q \to X_2 \to Y_2 \to P$는 $6 - (i+1)$개 이하의 점과 $6 - (i+2)$개 이하의 변을 사용하여야 한다.

이 때 X_1, Y_1으로 인해 지나갈 수 없는 부분을 제외하고 생각하면 쌍($6 - (i+2)$)각뿔로 생각 할 수 있다. 그러나 이들의 한 변은 지나갈 수 없는 변이다.

∴ $Q \to X_2 \to Y_2 \to P$의 경로는 $X_2 \to Y_2$가 결정되면 방향은 지날 수 없는 변으로 인해 유일하게 결정된다.

Let, $f(i) = X_1$과 Y_1사이의 변의 개수 i에 따른 (X_1, Y_1)의 경우의 수

($f(0) = 6, f(1) = f(2) = f(3) = f(4) = 12$)

전체 경우의 수는 다음과 같은 식으로 표현 가능하다.

$\sum_{i=0}^{4} f(i)\{6 - (i+1)\}^2 = 510$

KAIST Math Problems of the Week

2008년 9월부터 KAIST 수리과학과에서는 KAIST 전체 학부생을 대상으로 매주 수학문제풀이 대회를 열기로 하였습니다. 매주 제일 좋은 풀이를 제출한 학생의 답안을 온라인에 공개할 예정이고, 학기 별로 1위, 2위, 3위를 선정합니다.

2008-6 $f(x)$를 x에 관한 정수계수 다항식이라 하자. $f(x)$가 상수 다항식이 아니면 $f(x) \equiv 0 \pmod{p}$가 해 x를 갖게하는 무한히 많은 소수 p가 있음을 증명하시오.

──────────── 증명 ────────────

KAIST 08학번 양해훈

결론을 부정하여 유한개의 소수들 $p_1, p_2, \ldots, p_n$이 존재하여 이 소수들에 대해서만 $f(x) \equiv 0 \pmod{p}$가 해를 가진다고 하자. 그러면 임의의 정수 k에 대해, $f(k)$는 $p_1, \ldots, p_n$의 곱으로 나타내어진다.

$f(x) = a_0 + a_1 x + \cdots + a_m x^m$이라 하자.

x가 정수이면 $a_0 x$도 정수이므로, $f(a_0 x) = g(x) = a_0 + a_1 a_0 x + \cdots + a_m a_0^m x^m$이라 하면 $g(k)$ 또한 $p_1, \ldots, p_n$의 곱으로 나타내어진다.

또한 $g(x)$는 언제나 a_0의 배수이므로, $h(x) = g(x) a_0 = 1 + a_1 x + \cdots + a_m a_0^{m-1} x^m$이라 하면 $h(k)$ 또한 $p_1, \ldots, p_n$의 곱으로 나타내어진다.

이제 $h(x, p_1 p_2 \ldots p_n) = p(x)$

$$1 + p_1 p_2 \ldots p_n x (a_1 x + \cdots + a_m a_0^{m-1} p_1^{m-1} p_2^{m-1} \cdots p_n^{m-1} x^{m-1})$$

이 되는데, 이 함수는 이제까지와 같은 이유로 임의의 정수 k에 대해 $p(k)$가 $p_1, \ldots, p_n$의 곱으로 나타내어질 것이다.

또한, $p(k)$는 $p(k) \equiv 1 \pmod{p_1}, \ldots, p(k) \equiv 1 \pmod{p_n}$을 당연히 만족하게 되는데, 또한 $p(k)$는 상수가 아니니 이는 모순이다. 따라서 처음 가정이 잘못되었으며 본 문제는 증명되었다.

2008-7 $3^x + 5^{x^2} = 4^x + 4^{x^2}$의 모든 실수해를 찾아라.

──────────── 풀이 ────────────

KAIST 수리과학과 04학번 윤혜원

$f(x) = 5^{x^2} - 4^{x^2}$이고 $f(x) = 4^x - 3^x$이라 하자.
만약, $x = 0, 1$일 때, $f(x) = g(x)$이다.
우리는 $f(x) = g(x)$의 해가 오직 $0, 1$임을 보이겠다.

(claim 1) $0 > x \Rightarrow f(x) > g(x)$

증명 만일 $0 > x$이면, $4^x - 3^x < 0$이고 $5^{x^2} - 4^{x^2} > 0$ □

(claim 2) $x > 1 \Rightarrow f(x) > g(x)$

증명 먼저 $5^{x^2} - 4^{x^2} > 5^x - 4^x$임을 보이자.
$$5^{x^2} - 4^{x^2} > 5^x - 4^x \Leftrightarrow 5^x(5^{x(x-1)} - 1) > 4^x(4^{x(x-1)} - 1)$$

$5^z > 4^z$이고 $z > 0$일 때, $5^z - 1 > 4^z - 1 > 0$
이제 $5^x - 4^x > 4^x - 3^x$임을 보이자.
$x > 1$로 고정하고, $h(y) = (y+1)^x - y^x$라 하자.

$$\frac{d}{dy}h(y) = x(y+1)^{x-1} - xy^{x-1} = x((y+1)^{x-1} - y^{x-1})$$

곧, $y > 0$일 때, $\frac{d}{dy}h(y) > 0$이고 $h(y)$는 $y > 0$에서 증가한다. □

(claim 3) $1 > x > 0 \Rightarrow g(x) > f(x)$

증명 먼저 $5^x - 4^x > 5^{x^2} - 4^{x^2}$임을 보이자.
$$5^x - 4^x > 5^{x^2} - 4^{x^2} \Leftrightarrow 5^x(1 - 5^{x(x-1)}) > 4^x(1 - 4^{x(x-1)})$$

$z > 0$일 때, $5^z > 4^z$이고 $1 - 5^z > 1 - 4^z > 0$
이제 $4^x - 3^x > 5^x - 4^x$임을 보이자.
$1 > x > 0$으로 고정하고 $h(y) = (y+1)^x - y^x$

$$\frac{d}{dy}h(y) = x(y+1)^{x-1} - xy^{x-1} = x((y+1)^{x-1} - y^{x-1})$$
$$= x\left(\frac{1}{(y+1)^{1-x}} - \frac{1}{y^{1-x}}\right)$$

곧, $y > 0$일 때, $\frac{d}{dy}h(y) < 0$이고 $h(y)$는 $y > 0$에서 감소한다.
∴ $f(x) = y(x)$의 해는 오직 $0, 1$이다. □

2008-8 A가 0과 1로만 된 정사각행렬이라 하자. 만일 A의 모든 고유값이 양의 실수값이면 고유값은 모두 1과 같다.

―|풀이|―

KAIST 수리과학과 04학번 윤혜원

사영기하학의 기본 원리들 중 하나인 쌍대의 원리를 이 문제에 적용할 수 있다.

(쌍대의 원리) 한 정리에서 점과 선이라는 단어와 '한 직선 위에 있다.' '한 점에서 만난다'와 같은 말들을 서로 바꾸어 다른 정리를 만들었을 때, 두 정리는 동치이다.

우리는 쌍대의 원리로 주어진 문제를 이렇게 바꿀 수 있다.

> 실사영평면 위의 유한한 직선들이 빨강이나 파랑으로 모두 칠해졌으며, 모두 한 점에서 만나지 않는다고 하자. 그러면 교차점 중 적어도 하나에는 한 색깔의 선들만이 교차한다. 이 점을 단색점이라 하자.

가정에 의해, 둘보다는 많은 직선들이 있다. 그리고 결론을 부정하여 단색점이 없다고 하자. 셋 이상의 선이 만나는 점이 없다면, 같은 색의 직선 둘의 교차점은 단색점이 된다. 따라서 세개 이상의 직선이 만나는 교차점이 적어도 하나 존재한다. 이 점을 p라고 하자.

l_1, l_2, l_3을 p를 지나는 직선들이라고 하자. p를 지나는 직선들이 모두 한 색깔이면 안 되므로, 일반성을 잃지 않고 l_1과 l_2는 빨강, l_3은 파랑이라 할 수 있다. p를 지나지 않는 직선 모두가 빨강이라면, 그것들 중 하나가 l_1과 만나는 점은 단색점이 된다. 따라서 p를 지나지 않는 파란색 선 l'이 존재한다. 이제 삼각형 $l_1 l_2 l'$은 l_3에 의해 두 부분으로 나뉜다.(평면과는 달리, 실사영평면에서는 이것이 항상 가능하다.) 이러한 직선 3이 존재하는 삼각형 $l_1 l_2 l'$을 특성삼각형이라고 부르자.

직선의 수가 유한하므로 특성삼각형의 수도 유한하다. 따라서 그 중에는 다른 특성삼각형을 포함하지 않는 특성삼각형이 적어도 하나 존재한다. 이제 특성삼각형 $l_1 l_2 l_*$이 그러한 특성삼각형이고 l_3이 이 삼각형을 나누며, l_1, l_2, l_3은 한 점에서 만난다고 하자.

이제 다음을 증명하면 이 문제는 증명된다.

(claim) l_3과 l_*의 교차점 9는 단색점이다.

아니라고 하자. 3과 별은 모두 파랑이기 때문에 9를 지나는 빨간선 l_c가 존재해야 한다. 그리고 l_c는 삼각형 $l_1 l_2 l_\star$과 $l_2 l_3 l_\star$ 중 어느 하나는 반드시 나누어야 한다. 일반성을 잃지 않고 삼각형 $l_1 l_3 l_\star$을 l_c가 나눈다고 하자. 그러면 $l_c, l_1, l_3, l_\star$으로부터 특성삼각형 $l_1 l_3 l_\star$을 얻는데, 이것은 $l_1 l_2 l_\star$에 포함되는 특성삼각형이다. 모순.

MATH LETTER 모음집 제16권
통권 180~189호

발행일 초판1쇄 2018년 4월 10일
지은이 한국과학기술원 수학문제연구회
디자인 · 인쇄 셈틀로미디어
전화 070-8288-3184 | **팩스** 070-4132-3184
등록번호 제2015-000008호

정가 : 25,000원

이 책에 실린 독창적인 내용과 체재는 무단 전재, 복제할 수 없습니다.
잘못 만들어진 책은 바꾸어 드립니다.